图解数控车床加工工艺与编程

从新手到高手

翟瑞波　编著

 化学工业出版社

·北京·

内 容 简 介

本书依据数控车床编程与操作的应知应会要求编写。全书分为 7 个章节，包括数控车床加工工艺基础、数控车床加工编程基础、数控车编程常用指令（FANUC 系统）、数控车编程常用指令（SIEMENS 系统）、常用指令的综合应用、典型零件加工和数控车床操作。本书采用图解形式讲解，内容循序渐进，同时将应用技巧贯穿其中，适合新手到高手的逐步成长需求，具有较强的实用性、适用性。

本书可作为从事数控加工工艺制订、数控车床程序编制、操作人员的自学和技能提高学习用书，也可作为数控应用专业学生的教材和参考书。

图书在版编目（CIP）数据

图解数控车床加工工艺与编程：从新手到高手/翟瑞波编著. —北京：化学工业出版社，2021.10（2024.5重印）
ISBN 978-7-122-39808-6

Ⅰ.①图…　Ⅱ.①翟…　Ⅲ.①数控机床-车床-加工工艺②数控机床-车床-程序设计　Ⅳ.①TG519.1

中国版本图书馆 CIP 数据核字（2021）第 174946 号

责任编辑：王　烨　　　　　　　　　　　文字编辑：陈　喆
责任校对：杜杏然　　　　　　　　　　　装帧设计：刘丽华

出版发行：化学工业出版社（北京市东城区青年湖南街 13 号　邮政编码 100011）
印　　装：北京科印技术咨询服务有限公司数码印刷分部
787mm×1092mm　1/16　印张 18¼　字数 489 千字　2024 年 5 月北京第 1 版第 2 次印刷

购书咨询：010-64518888　　　　　　　　售后服务：010-64518899
网　　址：http://www.cip.com.cn
凡购买本书，如有缺损质量问题，本社销售中心负责调换。

定　　价：79.80 元

前言

PREFACE

　　随着制造业的高速发展，高精度、复杂零件的加工更多地采用数控机床完成，数控车床作为其重要的组成部分得到广泛的使用。为了提高数控加工人员从事数控加工工艺制订、数控车床加工程序编制的合理性、适用性，同时考虑到学习的循序渐进性，以及新手从零基础开始并逐渐成为高手的学习特点，特编写本书。

　　数控加工的关键，一是数控加工工艺制订，二是程序编制，三是机床操作。数控加工工艺是基础，也是从新手到高手的关键。数控程序的编制，首先要制订一个合理的数控加工工艺，这里要考虑数控机床（机床的性能、机床的操作系统）、数控刀具、夹具（工件的装夹）；其次考虑编程零点的设置、编程时的数据处理、数据点的计算；然后编制程序，编程时还要考虑程序简单易行，机床便于操作。数控加工主要依据数控加工工艺和加工程序要求来完成零件加工，因而坐标系零点数据的获得、刀具数据的获得和机床操作是关键。只有将数控加工工艺制订、程序编制、机床操作这三点进行通盘考虑，融会贯通，才能编制出好的程序，获得好的零件加工精度和高的加工效率。

　　本书从数控车床加工工艺讲起，重点讲解了 FANUC 系统和 SIEMENS 系统的常用指令、指令的综合应用、典型零件加工以及这两种系统数控机床的操作。书中基本指令讲解更多采用图解方式，综合实例与生产实际贴合紧密、涵盖全面，从零件加工工艺安排到程序编制、机床操作都思路清晰、明了易懂。同时将大量的数控加工应用技巧贯穿其中，并将书中实例在机床上进行实际验证，使读者在掌握指令的基础上对指令的灵活应用有更深的理解。

　　本书可作为从事数控加工工艺制订、数控机床程序编制、操作人员的自学、提高技能用书，也可作为数控应用专业学生的教材和参考书。

　　本书在编写过程中得到中国国防邮电职工技术协会数控车、数控编程专业技术委员会的领导及专家韩国宏、戴天方、牟文平、张艳枝的指导和帮助，在此一并表示感谢。

　　由于笔者水平有限，不足之处恳请批评指正。

编著者

目录

CONTENTS

第4章　数控车编程常用指令（SIEMENS系统）

第5章　常用指令的综合应用

第6章　典型零件加工

第7章　数控车床操作

参考文献

第**1**章

数控车床加工工艺基础

1.1 数控车床概述

数控车床是目前使用最广泛的数控机床之一。数控车床主要用于加工轴类、盘类等回转体零件。通过数控加工程序的运行，可自动完成内外圆柱面、圆锥面、成形表面、螺纹和端面等工序的切削加工，并能进行车槽、钻孔、扩孔、铰孔等工作。车削中心可在一次装夹中完成更多的加工工序，提高了加工精度和生产效率，特别适合于复杂形状回转类零件的加工。

1.1.1 数控车床分类

（1）按主轴位置分类

① 卧式数控车床　卧式数控车床是主轴轴线处于水平位置的数控车床，如图1-1所示。卧式数控车床又分为数控水平导轨卧式车床和数控倾斜导轨卧式车床。其倾斜导轨结构可以使车床具有更大的刚性，并易于排除切屑。

② 立式数控车床　立式数控车床是主轴轴线处于垂直位置的数控车床，如图1-2所示。立式数控车床有一个直径很大的圆形工作台，用来装夹工件。这类车床主要用于加工径向尺寸大、轴向尺寸相对较小的大型复杂零件。

图1-1　卧式数控车床

图1-2　立式数控车床

(2) 按可控轴数分类

① 两轴控制的数控车床　机床上只有一个回转刀架，可实现两坐标轴控制，如图 1-3 所示的单刀架数控车床。

② 四轴控制的数控车床　机床上有两个独立的回转刀架，可实现四轴控制，如图 1-4 所示的双刀架数控车床。

③ 多轴控制的数控机床　机床上除控制 X、Z 两坐标轴外，还可控制其他坐标轴，实现多轴控制，如具有 C 轴控制功能。车削加工中心或柔性制造单元，多具有多轴控制功能。

图 1-3　单刀架数控车床

图 1-4　双刀架数控车床

(3) 按系统功能分类

① 经济型数控车床　经济型数控车床（图 1-5）一般是以普通车床的机械结构为基础，经过改进设计而得的。它的特点是一般采用开环伺服系统，自动化程度和功能都比较差。车削加工精度也不高，适用于要求不高的回转类零件的车削加工，多用于采用工序分散的流水线生产。

② 全功能型数控车床　全功能型数控车床（图 1-6）就是日常所说的"数控车床"。它的控制功能是全功能型的，带有高分辨率的 CRT，具有各种显示、图形仿真、刀具和位置补偿等功能，带有通信或网络接口。采用闭环或半闭环控制的伺服系统，可以进行多个坐标轴的控制。具有高刚度、高精度和高效率等特点。全功能型数控车床可同时控制两个坐标轴，即 X 轴和 Z 轴，适用于一般回转类零件的车削加工。

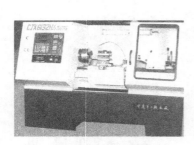

图 1-5　经济型数控车床

图 1-6　全功能型数控车床

③ 车削加工中心　车削加工中心是以全功能型数控车床为主体，配备刀库、自动换刀器、分度装置、铣削动力头和机械手等部件，实现多工序复合加工的机床。

车削加工中心在数控车床的基础上，增加了 C 轴和动力头，可控制 X 轴、Z 轴和 C 轴，联动控制轴可以是（X，Z）、（X，C）、（Z，C）。由于增加了C轴和铣削动力头，这种数控车床的加工功能大大增强，除可以进行一般车削外，还可以进行径向和轴向铣削、曲面铣削、中心线不在零件回转中心的孔和径向孔的钻削等加工。车削加工中心如图1-7所示。

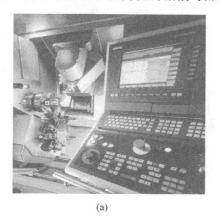
(a)

(b)

图 1-7　车削加工中心

1.1.2 数控车削的加工对象

① 精度要求高的回转体零件　由于数控车床的刚性好，制造和对刀精度高，以及能方便和精确地进行人工补偿，甚至自动补偿，因此能够加工尺寸精度要求高的零件，在有些场合可以以车代磨。此外由于数控车削时刀具运动是通过高精度插补运算和伺服驱动来实现的，再加上机床的刚性好和制造精度高，所以能加工形状及位置精度要求高的零件。

② 表面粗糙度好的回转体零件　数控车床能加工出表面粗糙度值小的零件，不仅是因为机床的刚性好和制造精度高，还由于它具有恒线速度切削功能。在材质、精车余量和刀具一定的情况下，表面粗糙度取决于切削速度和进给速度。使用数控车床的恒线速度切削功能，就可以选用最佳线速度来切削端面，这样可切削出表面粗糙度值小的表面，且一致性较好。数控车削还适合于车削各部位表面粗糙度要求不同的零件。粗糙度值要求小的表面可以用减小进给速度的方法来实现，粗糙度值要求大的表面可相应的提高进给速度，以提高效率。

③ 轮廓形状复杂的回转体零件　由于数控车床具有直线和圆弧插补功能，部分车床数控装置还有某些非圆曲线插补功能，所以可以车削由任意直线和曲线组成的形状复杂的回转体零件和尺寸较难控制的零件。

组成零件轮廓的曲线可以是数学方程式描述的曲线，也可以是列表曲线。对于由直线或圆弧组成的轮廓，直接利用机床的直线或圆弧插补功能。对于由非圆曲线组成的轮廓，可以用非圆曲线插补功能；若所选机床没有曲线插补功能，则应先用直线或圆弧去逼近，然后再用直线或圆弧插补功能进行插补切削。车削圆柱零件和圆锥零件既可选用普通车床也可选用数控车床，复杂回转体零件则在数控车床上容易加工出来。

④ 带横向加工的回转体零件　带有键槽或径向孔，或端面有分布的孔系，以及有曲面的盘套或轴类零件（如带有法兰的轴套、带有键槽或方头的轴类零件等）可选择车削加工中心加工。

⑤ 带特殊螺纹的回转体零件　普通车床所能加工的螺纹相当有限，它只能加工等导程的直、锥面的公（英）制螺纹，而且一台车床只能限定加工若干种导程。数控车床不但能车削任何等导程的直、锥和端面螺纹，而且能车削变导程，以及要求等导程与变导程之间平滑过渡的螺纹（如非标丝杠），还具有高精密螺纹切削功能。

图 1-8 所示为数控车削加工的零件。

图 1-8　数控车削加工的零件

1.1.3　数控车床主要技术参数

数控车床主要技术参数包括最大回转直径；最大加工直径、最大加工长度；主轴转速范围、功率，主轴通孔直径；尾座套筒直径、行程、锥孔尺寸；刀架刀位数、刀具安装尺寸、工具孔直径；坐标行程；定位精度、重复定位精度（包括坐标、刀架）；快速进给速度、切削进给速度；外形尺寸、净重等技术参数。

1.1.4　数控车床的结构

（1）卧式数控车床的组成

数控车床一般由数控装置、床身、主轴箱（主传动系统）、刀架进给系统（进给传动系统）、尾座、液压系统、冷却系统、润滑系统、排屑器等部分组成。图 1-9 所示为数控车削中心的组成。

① 床身　卧式数控车床的床身结构主要有水平床身、倾斜床身以及水平床身倾斜滑板等，一般中小型数控车床多采用倾斜床身或水平床身倾斜滑板结构。倾斜床身外形美观，占地面积小，易于排屑和冷却液的排流，便于操作与观察。易于安装上下料机械手，实现全面自动化，而且可采用封闭截面整体结构，提高床身的刚度。床身导轨倾斜度多为 45°、60° 和 70°，

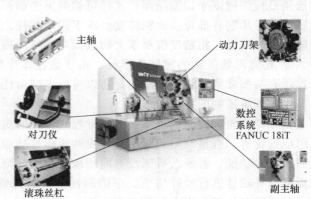

图 1-9　数控车削中心的组成

但倾斜角度太大会影响导轨的导向性及受力情况。水平床身加工工艺性好，其刀架水平放置，有利于提高刀架的运动精度，但这种结构床身下部空间小，排屑困难。图 1-10 所示为卧式数控车床的床身结构。

② 主传动系统　数控车床的主传动系统一般采用直流或交流无级调速电动机，由数控系统指令控制，实现自动无级调速及恒切削速度控制。

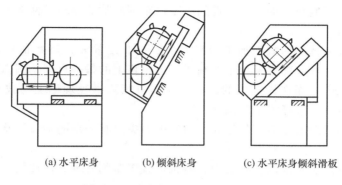

(a) 水平床身　　(b) 倾斜床身　　(c) 水平床身倾斜滑板

图 1-10　卧式数控车床的床身结构

③ 进给传动系统　车床进给传动系统一般由横向进给传动系统和纵向进给传动系统组成。横向进给传动系统是带动刀架做横向（X 轴）移动的装置，它控制工件的径向尺寸；纵向进给传动系统是带动刀架做纵向（Z 轴）移动的装置，它控制工件的轴向尺寸。

（2）数控车床的结构特点

数控车床与普通车床相比，其结构具有以下特点。

① 数控车床刀架的两个方向的运动分别由两台伺服电机驱动，一般采用与滚珠丝杠直接连接，传动链短。

② 数控车床刀架移动一般采用滚珠丝杠副，丝杠两端安装滚珠丝杠专用轴承，它的接触角比常用的向心推力球轴承大，能承受较大的轴向力；数控车床的导轨、丝杠采用自动润滑，由数控系统控制定期、定量供油，润滑充分，可实现轻拖动。

③ 数控车床一般采用镶钢导轨，摩擦因数小，机床精度保持时间较长，可延长其使用寿命。

④ 数控车床主轴通常采用主轴电动机通过一级带传动（主轴电动机由数控系统控制，采用直流或交流控制单元来驱动），实现无级变速，不必用多级齿轮副来进行变速。

⑤ 数控车床具有加工冷却充分、防护严密等特点，自动运转时一般都处于全封闭或半封闭状态。

⑥ 数控车床一般还配有自动排屑装置、液压动力卡盘及液压顶尖等辅助装置。

1.2　数控车床用刀具、夹具及典型结构

1.2.1　数控车床用刀具

1.2.1.1　常用刀具的类型

数控车床用的车刀一般分为三类，即尖形车刀、圆弧形车刀和成形车刀。

（1）尖形车刀

以直线形切削刃为特征的车刀一般称为尖形车刀，如图 1-11 所示。这类车刀的刀尖（同时也为其刀位点）由直线形的主、副切削刃构成，如 90°内、外圆车刀，左、右端面车刀，切槽（断）车刀及刀尖倒棱很小的各种外圆和内孔车刀。

用这类车刀加工零件时，其零件的轮廓形状主要由一个独立的刀尖或一条直线形主切削刃

位移后得到，它与另两类车刀加工时所得到的零件轮廓形状的原理是截然不同的。

（2）圆弧形车刀

圆弧形车刀是较为特殊的数控加工用车刀，如图 1-12 所示。其特征是，构成主切削刃的刀刃形状为一圆度误差或轮廓误差很小的圆弧；该圆弧上的每一点都是圆弧形车刀的刀尖，因此，刀位点不在圆弧上，而在该圆弧的圆心上；车刀圆弧半径理论上与被加工零件的形状无关，并可按需要灵活确定或经测定后确认。

当某些尖形车刀或成形车刀（如螺纹车刀）的刀尖具有一定的圆弧形状时，也可作为这类车刀使用。

圆弧形车刀可以用于车削内、外表面，特别适宜于车削各种光滑连接（凹形）的成形面。

（3）成形车刀

成形车刀也叫样板车刀，其加工零件的轮廓形状完全由车刀刀刃的形状和尺寸决定，如图 1-13 所示。数控车削加工中，常见的成形车刀有小半径圆弧车刀、非矩形车槽刀和螺纹车刀等。

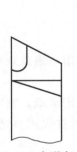

图 1-11　尖形车刀

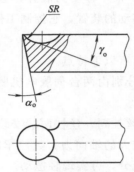

图 1-12　圆弧形车刀

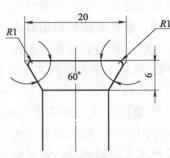

图 1-13　切槽成形车刀

1.2.1.2　常用车刀的刀位点

常用车刀的刀位点如图 1-14 所示。

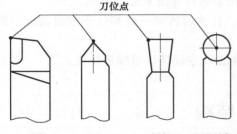

(a) 90°偏刀　(b) 螺纹车刀　(c) 切断刀　(d) 圆弧车刀

图 1-14　常用车刀的刀位点

1.2.1.3　常用车刀的几何参数

刀具切削部分的几何参数对零件的表面质量及切削性能影响极大，应根据零件的形状、刀具的安装位置以及加工方法等，正确选择刀具的几何形状及有关参数。

（1）尖形车刀的几何参数

尖形车刀的几何参数主要是指车刀的几何角度。其选择方法与使用普通车削时基本相同，但应结合数控加工的特点（如走刀路线及加工干涉等）进行全面考虑。

例如：在加工如图 1-15 所示的零件时，要使其左右两个 45°锥面由一把车刀加工出来，则车刀的主偏角应取 50°～55°，副偏角取50°～52°，这样既保证了刀头有足够的强度，又利于主、副切削刃车削圆锥面时不致发生加工干涉。

选择尖形车刀不发生干涉的几何角度，可用作图或计算的方法。如副偏角的大小，

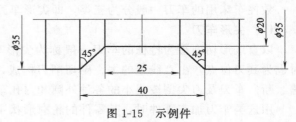

图 1-15　示例件

大于作图或计算所得不发生干涉的极限角度值6°～8°即可。当确定几何角度困难或无法确定（如尖形车刀加工接近于半个凹圆弧的轮廓等）时，则应考虑选择其他类型车刀后，再确定其几何角度。

（2）圆弧形车刀的选用和几何参数

① 圆弧形车刀的选用　对于某些精度要求较高的曲面车削或大圆弧面的批量车削，以及尖形车刀所不能完成的加工，宜选用圆弧形车刀进行。

圆弧形车刀具有宽刃切削（修光）性质，能使精车余量相当均匀而改善切削性能，还能一刀车出跨多个象限的圆弧面。

例如，当图1-16所示零件的曲面精度要求不高时，可以选择尖形车刀进行加工；当曲面形状精度和表面粗糙度均要求较高时，应选择圆弧形车刀加工，如图1-17所示。因为尖形车刀主切削刃的实际吃刀深度在圆弧轮廓段总是不均匀的，当车刀主切削刃靠近其圆弧终点时，该位置上的切削深度（a_{p1}）将大大超过其圆弧起点位置上的切削深度（a_p），致使切削阻力增大，可能产生较大的线轮廓度误差，并增大其表面粗糙度数值。

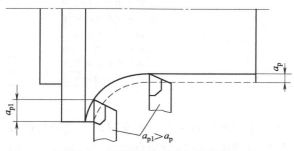

图1-16　切削深度不均匀性示例

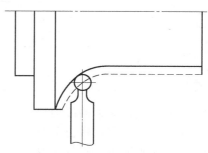

图1-17　曲面车削示例

② 圆弧形车刀的几何参数　圆弧形车刀的几何参数除前角及后角外，主要包括车刀圆弧切削刃的形状及半径。当选择车刀圆弧半径的大小时，应考虑两点：第一，车刀切削刃的圆弧半径应当小于或等于零件凹形轮廓上的最小曲率半径，以免发生加工干涉；第二，该半径不宜选择太小，否则既难于制造，还会因其刀头强度太弱或刀体散热能力差，使车刀容易受到损坏。

圆弧形车刀前、后角的选择，原则上与普通车刀相同，只不过形成其前角（大于0°时）的前刀面一般都为凹球面，形成其后角的后刀面一般为圆锥面。圆弧形车刀前、后刀面的特殊形状是为满足刀刃上的每一个切削点，使其都具有恒定的前角和后角，以保证切削过程的稳定性及加工精度而设计的。为了制造车刀的方便，在精车时，其前角多选择0°（无凹球面）。

1.2.1.4　机夹可转位车刀的选用

为了减少换刀时间和方便对刀，便于实现机械加工的标准化，数控车削加工时常采用机夹可转位车刀。

（1）数控车床机夹可转位车刀的特点

数控车床所采用的机夹可转位车刀，其几何参数是通过刀片结构形状和刀体上刀片槽座的方位安装组合形成的，它与通用车床相比，一般无本质上的区别，其基本结构、功能特点是相同的。但数控车床的加工工序是自动完成的，因此对可转位车刀的要求又有别于通用车床所使用的刀具，其具体要求、特点和目的如表1-1所示。

（2）机夹可转位车刀的种类

机夹可转位车刀按其用途可分为外圆车刀、仿形车刀、端面车刀、内圆车刀、切断车刀、螺纹车刀和切槽车刀等，见表1-2。

表 1-1　机夹可转位车刀的要求、特点和目的

要求	特　　　点	目　　　的
精度高	采用 M 级或更高精度等级的刀片；多采用精密级的刀杆；用带微调装置的刀杆在机外预调好	保证刀片重复定位精度，方便坐标设定，保证刀尖位置精度
可靠性高	采用断屑可靠性高的断屑槽型或有断屑台和断屑器的车刀；采用结构可靠的车刀，采用复合式夹紧结构和夹紧可靠的其他结构	断屑稳定，不能有紊乱和带状切屑；适应刀架快速移动和换位以及整个自动切削过程中夹紧不得有松动的要求
换刀迅速	采用车削工具系统；采用快换小刀夹	迅速更换不同形式的切削部件，完成多种切削加工，提高生产效率
刀片材料	刀片较多采用涂层刀片	满足生产节拍要求，提高加工效率
刀杆截形	刀杆较多采用正方形刀杆，但因刀架系统结构差异大，有的需采用专用刀杆	刀杆与刀架系统匹配

表 1-2　机夹可转位车刀的种类

类型	主偏角	适用机床
外圆车刀	45°、50°、60°、75°、90°	普通车床和数控车床
仿形车刀	93°、107.5°	仿形车床和数控车床
端面车刀	45°、75°、90°	普通车床和数控车床
内圆车刀	45°、60°、75°、90°、91°、93°、95°、107.5°	普通车床和数控车床
切断车刀		普通车床和数控车床
螺纹车刀		普通车床和数控车床
切槽车刀		普通车床和数控车床

（3）机夹可转位车刀的结构

数控车床一般选用可转位车刀。这种车刀就是使用可转位刀片的机夹车刀，即把经过修磨的可转位刀片用夹紧组件夹紧在刀杆上，车刀在使用过程中，一旦切削刃磨钝后，通过刀片的转位，就可用新的切削刃继续切削。数控车床使用的转位车刀具有定位准确、夹紧可靠、换刀迅速等特点。

1）机夹可转位车刀的组成

机夹可转位车刀一般由刀杆（刀体）、刀片、刀垫、夹紧元件组成，如图 1-18 所示。

① 刀杆　刀片和刀垫的载体，承担和传递切削力及切削扭矩。

② 刀片　承担切削，形成被加工表面。

③ 刀垫　保护刀杆，确定刀片（切削刃）的位置。

④ 夹紧元件　夹紧刀片和刀垫。

2）机夹可转位车刀的刀片紧固方式

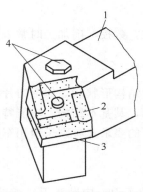

图 1-18　机夹可转位车刀

1—刀杆；2—刀片；3—刀垫；4—夹紧元件

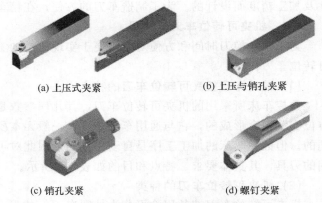

(a) 上压式夹紧　　　　(b) 上压与销孔夹紧

(c) 销孔夹紧　　　　(d) 螺钉夹紧

图 1-19　可转位车刀刀片的紧固方式

在国家标准中，一般紧固方式有上压式夹紧、上压与销孔夹紧、销孔夹紧和螺钉夹紧四种，如图 1-19 所示。

3）机夹可转位车刀的刀片型号表示方法和刀片类型

① 机夹可转位车刀的刀片型号表示方法　机夹可转位车刀刀片已有相应的 ISO 标准和 GB 国家标准，标准以若干英文字母代码和阿拉伯数字组合构成，表示刀片的各项特征和尺寸。

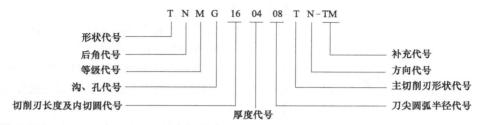

第一位字母为形状代号，表示刀片的形状，包括正方形、正三角形、菱形等。

第二位字母为后角代号，表示刀片的后角。

第三位字母为等级代号，表示刀片的制造精度等级，它有 A～U 不同等级，A 级精度最高。

第四位字母为沟、孔代号，表示刀片的表面形状（指断屑槽和安装孔）。

数字前两位为切削刃长度及内切圆代号，表示切削刃长度和内切圆直径；中间两位为厚度代号，是指刀片的厚度；后两位为刀尖圆弧半径代号（一般指数值）。

在数字代号后的第一位字母表示主切削刃形状代号，包括锋利刃、圆弧刃等；下一位字母表示方向代号，包括无方向性以及左、右方向切削刀具（由断屑槽区分）；最后两位字母为补充代号，主要是指适用的材料及使用工艺特性。例如，刀片代号"TNMG160408TN-TM"表示刀片为正三角形、后角 0°、制造精度等级 M 级、具有中间圆孔和双面断屑槽、内切圆直径为 16mm、刀片厚度为 04 级（4.76mm）、刀尖圆弧半径为 0.8mm、主切削刃带负倒棱角、无切削方向规定（即左右切削方向均可）、钢用半精加工。具体刀片型号的表示方法可查阅相关资料。

② 机夹可转位车刀的刀片类型　常见的机夹可转位车刀的刀片类型如图 1-20 所示。

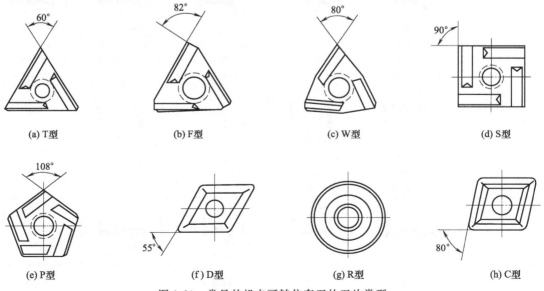

图 1-20　常见的机夹可转位车刀的刀片类型

4）机夹可转位车刀的刀片选择

机夹可转位车刀刀片的选择，主要依据是被加工表面的形状、切削方法、刀具寿命、刀片的转位次数等因素。选择刀片尺寸、形状、刀尖圆弧半径、后角时，应注意以下几点。

① 刀片尺寸的选择　刀片尺寸的大小主要取决于加工时需要的有效切削刃长度L，而有效切削刃长度L与背吃刀量a_p和主偏角κ_r有关，如图 1-21 所示。具体选择时可查阅参考相关刀具手册等资料。

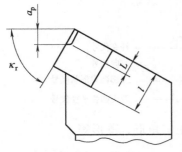

图 1-21　切削刃长度、背吃
刀量与主偏角的关系

l—切削刃长度；

L—有效切削刃长度

② 刀片形状的选择　一般外圆车削常用 80°凸三边形（W型）、四方形（S 型）和 80°菱形（C 型）刀片。仿形加工常用55°（D 型）、35°（V 型）菱形和圆（R 型）刀片，90°主偏角常用三角形（T 型）刀片。表 1-3 所示为被加工表面形状及适用的刀片形状。

不同的刀片形状有不同的刀尖强度，一般刀尖角越大，刀尖强度越大，反之亦然，圆刀片（R 型）刀尖角最大，如图 1-22 所示。在选用时，应根据加工条件恶劣与否，按重、中、轻切削有针对性地选择。在机床刚性、功率允许的条件下，大余量、粗加工应选用刀尖角较大的刀片；反之，机床刚性和功率小、小余量切削、精加工时宜选用刀尖角较小的刀片。

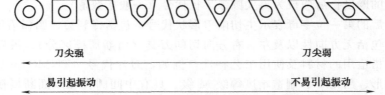

刀尖强		刀尖弱
易引起振动		不易引起振动

图 1-22　刀片形状与刀尖强度、切削振动示意图

表 1-3　被加工表面形状及适用的刀片形状

车削外圆表面	主偏角	45°	45°	60°	75°	95°
	刀片形状及加工示意图	45°	45°	60°	75°	95°
	推荐选用刀片	SCMA SPMR SCMM SNMM-8 SPUN SNMM-9	SCMA SPMR SCMM SNMG SPUN SPGR	TCMA TNMM-8 TCMM TPUN	SCMM SPUM SCMA SPMR SNMA	CCMA CCMM CNMM-7
车削端面	主偏角	75°	90°	90°	95°	
	刀片形状及加工示意图	75°	90°	90°	95°	
	推荐选用刀片	SCMA SPMR SCMM SPUR SPUN CNMG	TNUN TNMA TCMA TPUM TCMM TPMR	CCMA	TPUN TPMR	
车削成形面	主偏角	15°	45°	60°	90°	93°
	刀片形状及加工示意图	15°	45°	60°	90°	
	推荐选用刀片	RCMM	RNNG	TNMM-8	TNMG	TNMA

③ 刀尖圆弧半径选择　任何一把尖形车刀都带有一定的刀尖圆弧，国家标准规定的刀尖圆弧半径的尺寸系列有 0.2mm、0.4mm、0.8mm、1.2mm、1.6mm、2.0mm、2.4mm、3.2mm。刀尖圆弧半径的大小不仅直接影响刀尖的强度，也直接影响到被加工表面的粗糙度和刀具耐用度。刀尖圆弧半径增大会提高刀刃强度，刀具前后刀面磨损减少，但也会使被加工表面粗糙度值增大，同时也会增大切削力，易产生振动。

刀尖圆弧半径选择的一般原则是：切削深度较小的精加工、细长轴加工或机床刚度较差情况下，选用较小的刀尖圆弧半径；粗加工时需要刀刃强度高，应选择较大的刀尖圆弧半径，通常选用 1.2～1.6mm；刀尖圆弧半径一般宜选取进给量的 2～3 倍。

④ 刀片后角的选择　常用的刀片后角有 N(0°)、C(7°)、P(11°)、E(20°) 等型号。选择后角时，一般可参考以下几点选取：粗加工、半精加工可选用 N 型；半精加工、精加工可选用 C 型、P 型，也可选用带断屑槽的 N 型；加工铸铁可选用 N 型；加工不锈钢可选用 C 型、P型；加工铝合金可选用 P 型、E 型。

机夹可转位车刀刀片的选择除刀片尺寸、刀片形状、刀尖圆弧半径、刀片后角外，还要考虑刀杆头部形式、左右手柄、断屑槽、刀片的装夹方式、刀片精度等级等方面。

1.2.2　刀架系统

① 回转刀架　图 1-23 所示为回转刀架，刀具沿圆周方向安装在刀架上，可以安装径向车刀、轴向车刀。

② 排式刀架　排式刀架一般用于小规格数控车床，以加工棒料或盘类零件为主，如图 1-24 所示。

(a) 四位方刀架　　　　　(b) 回转刀架

图 1-23　回转刀架类型　　　　　　　　图 1-24　排式刀架

③ 铣削动力头　数控车床刀架安装铣削动力头后可扩展数车加工能力。图 1-25 为铣削动力头以及加工零件切削状态。

1.2.3　数控车床用夹具

(1) 数控机床夹具的要求

① 推行标准化、系列化和通用化。

② 发展组合夹具和拼装夹具，降低生产成本。

③ 提高精度。

④ 提高夹具的高效自动化水平。

(2) 数控车床夹具的类型

① 数控车床夹具主要有三爪自定心卡盘、四爪单动卡盘、花盘等。

三爪自定心卡盘（图 1-26）用于回转工件的装夹；四爪单动卡盘（图 1-27）用于非回转体或偏心件的装夹；通常用花盘装夹不对称和形状复杂的工件，装夹时需反复校正和平衡。

图 1-25　铣削动力头以及加工零件切削状态

图 1-26　三爪自定心卡盘

图 1-27　四爪单动卡盘

　　② 液压夹盘和液压尾架　液压夹盘和液压尾架用来夹紧工件，具有稳定可靠的特点。图 1-28 所示为液压夹盘。图 1-29 所示为可编程控制液压尾架。

(a) 中空液压夹盘

(b) 中实液压夹盘

图 1-28　液压夹盘

图 1-29　可编程控制液压尾架

1.2.4　其他配置

　　数控车床的其他配置包括接触式对刀仪、弹簧夹头卡盘、工件接收器、跟刀架等，如图 1-30 所示。

(a) 接触式对刀仪

(b) 弹簧夹头卡盘

(c) 工件接收器

(d) 跟刀架

图 1-30　数控车床的其他配置

1.3　数控车削加工工艺

制定数控车削加工工艺主要内容包括：选择并确定数控加工的内容，对零件图样进行数控加工工艺分析，零件图形的数学处理及编程尺寸设定值的确定，数控车削加工工艺过程的拟定，加工余量、工序尺寸及公差的确定，切削用量的选择，编制数控车削加工工艺文件。

1.3.1　零件图的工艺分析

在选择并决定数控加工零件及其加工内容后，应对零件的数控加工工艺性进行全面、认真、仔细的分析，主要包括零件图样分析与零件结构工艺性分析两部分。

(1) 零件图样分析

1) 尺寸标注方法分析

对于数控加工来说，零件图上应以同一基准引注尺寸或直接给出坐标尺寸，这就是坐标标注法。这种尺寸标注法既便于编程，也便于尺寸之间的相互协调，又利于设计基准、工艺基准、测量基准与编程原点设置的统一，如图1-31所示。

零件设计人员在标注尺寸时，一般总是较多地考虑装配等使用特性方面的要求，因而常采用局部分散标注法，如图1-32所示。这样会给工序安排与数控加工带来不便。实际上，由于数控加工精度及重复定位精度都很高，不会

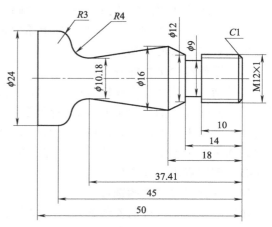

图 1-31　坐标标注法标注尺寸

因产生较大的积累误差而破坏使用特性，因此，也可将局部分散标注法改为坐标标注法。

2）零件轮廓的几何要素分析

在手工编程时要计算构成零件轮廓的每一个节点坐标，在自动编程时要对构成零件轮廓的所有几何元素进行定义，因此在分析零件图时，要分析几何元素的给定条件是否充分、正确，各元素间的关系如何通过计算确定。

如图 1-33 所示零件，$R5$ 圆弧与 20°圆锥面及 $R35$ 圆弧面相切，因此圆弧的切点坐标尺寸需通过计算或 CAD 绘图得到。

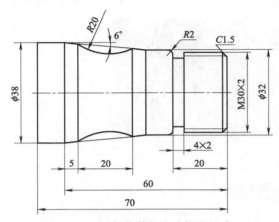

图 1-32　局部分散标注法标注尺寸

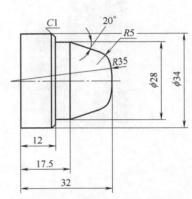

图 1-33　零件轮廓的几何要素分析

3）精度及技术要求分析

对被加工零件的精度及技术要求进行分析，是零件工艺性分析的重要内容，只有在分析零件精度和表面粗糙度的基础上，才能对加工方法、装夹方法、进给路线、刀具及切削用量等进行正确合理的选择。

精度及技术要求分析的主要内容如下。

① 分析精度及各项技术要求是否完整、是否合理。对采用数控加工的表面，其精度要求应尽量一致，以便最后能连续加工。

② 分析本工序的数控车削加工精度能否达到图纸要求，若达不到，需采用其他措施（如磨削）弥补的话，注意给后续工序留有余量。

③ 找出图样上有位置精度要求的表面，这些表面应在一次安装下完成。

④ 对表面粗糙度要求较高的表面，应确定用恒线速切削。

⑤ 材料与热处理要求，零件图样上给定的材料与热处理要求，是选择刀具、数控车床型号、确定切削用量的依据。

（2）零件结构工艺性分析

零件结构工艺性是指零件对加工方法的适应性，即所设计的零件结构应便于加工成形并且成本低、效率高。例如图 1-34（a）所示零件，需要用 3 把不同宽度的切槽刀切槽，如无特殊需要，显然是不合理的。若改成图 1-34（b）所示结构，只需一把刀即可切出 3 个槽，既减少了刀具数量，少占了刀架刀位，又节省了换刀时间。在结构分析时，若发现问题，应向设计人员或有关部门提出修改意见。

（3）零件安装方式的选择

在数控车床上零件的安装方式与卧式车床一样，要合理选择定位基准和夹紧方案，主要注意以下两点。

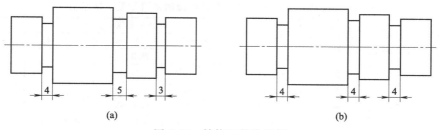

图 1-34　结构工艺性示例

① 力求设计、工艺与编程计算的基准统一，这样有利于提高编程时数值计算的简便性和精确性。

② 尽量减少装夹次数，尽可能在一次装夹后，加工出全部待加工面。

1.3.2　切削用量的选择

数控车削加工中的切削用量包括：背吃刀量 a_p、主轴转速 n 或切削速度 v（用于恒线速度切削）、进给速度或进给量 f。这些参数均应在机床给定的允许范围内选取。

车削用量（a_p、f、v）选择是否合理，对于能否充分发挥机床潜力与刀具切削性能，实现优质、高产、低成本和安全操作具有很重要的作用。车削用量的选择原则是粗车时，首先考虑选择尽可能大的背吃刀量 a_p，其次选择较大的进给量 f，最后确定一个合适的切削速度 v。增大背吃刀量 a_p 可使走刀次数减少，增大进给量 f 有利于断屑。

精车时，加工精度和表面粗糙度要求较高，加工余量不大且较均匀，因此选择精车的切削用量时，应着重考虑如何保证加工质量，并在此基础上尽量提高生产率。因此，精车时应选用较小（但不能太小）的背吃刀量 a_p 和进给量 f，并选用性能高的刀具材料和合理的几何参数，以尽可能提高切削速度 v。

(1) 背吃刀量 a_p 的确定

在工艺系统刚度和机床功率允许的情况下，尽可能选取较大的背吃刀量，以减少进给次数。当零件精度要求较高时，则应考虑留出精车余量，其所留的精车余量一般比普通车削时所留余量小，常取 0.1～0.5mm。

(2) 进给速度 f 的确定

进给速度是指在单位时间内，刀具沿进给方向移动的距离（mm/min）。数控车床常选用每转进给量（mm/r）表示进给速度。

$$v_f = nf$$

式中，f 为进给量，粗车时一般取 0.3～0.8mm/r，精车时常取 0.1～0.3mm/r，切断时常取 0.05～0.2mm/r。

表 1-4 为硬质合金车刀粗车外圆及端面时的进给量参考值，表 1-5 为按表面粗糙度选择进给量，供参考选用。

(3) 主轴转速的确定

① 车外圆时主轴转速　只车外圆时，主轴转速应根据零件上被加工部位的直径，并按零件和刀具材料以及加工性质等条件所允许的切削速度来确定。

切削速度除计算和查表选取外，还可以根据实践经验确定。需要注意的是，交流变频调速的数控车床低速输出力矩小，因而切削速度不能太低。

切削速度确定后，用公式 $n = 1000v_c / \pi d$ 计算主轴转速 n(r/min)。表 1-6 为硬质合金外圆车刀切削速度的参考值。

表 1-4　硬质合金车刀粗车外圆及端面时的进给量 f 参考值

加工工件材料	车刀刀杆尺寸(B×H)/mm	工件直径/mm	切削深度 a_p/mm				
			≤3	>3~5	>5~8	>8~12	12以上
			进给量 f/(mm/r)				
碳素结构钢与合金结构钢	16×25	20	0.3~0.4	—	—	—	—
		40	0.4~0.5	0.3~0.4	—	—	—
		60	0.5~0.7	0.4~0.6	0.3~0.5	—	—
		100	0.6~0.9	0.5~0.7	0.5~0.6	0.4~0.5	—
		400	0.8~1.2	0.7~1.0	0.6~0.8	0.5~0.6	—
	20×30 25×25	20	0.3~0.4	—	—	—	—
		40	0.4~0.5	0.2~0.4	—	—	—
		60	0.6~0.7	0.5~0.7	0.4~0.6	—	—
		100	0.8~1.0	0.7~0.9	0.5~0.7	0.4~0.7	—
		400	1.2~1.4	1.0~1.2	0.8~1.0	0.6~0.9	0.4~0.6
铸铁及铜合金	16×25	40	1.2~1.4	1.0~1.2	0.8~1.0	0.6~0.9	0.4~0.6
		60	0.6~0.8	0.5~0.8	0.4~0.6	—	—
		100	0.8~1.2	0.7~1.0	0.6~0.8	0.5~0.7	—
		400	1.0~1.4	1.0~1.2	0.8~1.0	0.6~0.8	—
	20×30 25×25	40	0.4~0.5	—	0.4~0.7	—	—
		60	0.6~0.9	0.8~1.2	0.7~1.0	0.5~0.8	—
		100	0.9~1.3	1.2~1.6	1.0~1.3	0.9~1.1	0.7~0.9
		600	1.2~1.8				

注：1. 加工断续表面及有冲击时，表内的数值乘以系数 0.8。

2. 加工耐热钢及合金时，不采用大于 1.0mm/r 的进给量。

3. 加工淬火钢时，当工件硬度为 44~56HRC 时，表内进给量的值乘以 0.8；当工件硬度为 57~62HRC 时，表内进给量的值乘以 0.5。

表 1-5　按表面粗糙度选择进给量 f 的参考值

工件材料	切削速度/(m/min)	表面粗糙度 Ra/μm	刀尖圆弧半径 r/mm		
			0.5	1.0	2.0
			进给量 f/(mm/r)		
铸铁、铝合金、青铜	不限	10~5	0.25~0.40	0.40~0.50	0.50~0.60
		5~2.5	0.15~0.20	0.25~0.40	0.40~0.60
		2.5~1.25	0.1~0.15	0.15~0.20	0.20~0.35
合金钢及碳钢	<50	10~5	0.30~0.50	0.45~0.60	0.55~0.70
	>50		0.40~0.55	0.55~0.65	0.65~0.70
	<50	5~2.5	0.18~0.25	0.25~0.30	0.30~0.40
	>50			0.30~0.35	0.35~0.50
	<50	2.5~1.25	0.10	0.11~0.15	0.15~0.22
	50~100		0.11~0.16	0.16~0.25	0.25~0.35
	>100		0.16~0.20	0.20~0.25	0.25~0.35

表 1-6　硬质合金外圆车刀切削速度 v_c 的参考值

工件材料	热处理状态	a_p/mm		
		(0.3,2)	(2,6)	(6,10)
		f/(mm/r)		
		(0.08,0.3)	(0.3,0.6)	(0.6,1)
		v_c/(m/min)		
低碳钢(易切钢)	热轧	140~180	100~120	70~90
中碳钢	热轧	130~160	90~110	60~80
	调质	100~130	70~90	50~70
合金结构钢	热轧	100~130	70~90	50~70
	调质	80~110	50~70	40~60

续表

工件材料	热处理状态	a_p/mm		
		(0.3,2)	(2.6)	(6,10)
		$f/(mm/r)$		
		(0.08,0.3)	(0.3,0.6)	(0.6,1)
		$v_c/(m/min)$		
工具钢	退火	90~120	60~80	50~70
灰铸铁	HBS<190	90~120	60~80	50~70
	HBS=190~225	80~110	50~70	40~60
高锰钢			10~20	
铜及铜合金		200~250	120~180	90~120
铝及铝合金		300~360	200~400	150~200
铸铝合金(Si13%)		100~180	80~150	60~100

注：切削钢及灰铸铁时刀具耐用度约为60min。

如何确定加工时的切削速度，除可参考表1-6列出的数值外，主要根据实践经验进行确定。

② 车螺纹时主轴转速　在车削螺纹时，车床的主轴转速将受到螺纹的螺距 P （或导程）大小、驱动电机的升降频特性，以及螺纹插补运算速度等多种因素影响，故对于不同的数控系统，推荐不同的主轴转速选择范围。大多数经济型数控车床推荐的车螺纹时的主轴转速计算式（r/min）为

$$n \leqslant \frac{1200}{P} - k$$

式中　P——被加工螺纹螺距，mm；

k——保险系数，一般取80。

此外，在安排粗车削、精车削用量时，应注意机床说明书给定的允许切削用量范围。对于主轴采用交流变频调速的数控车床，由于主轴在低转速时转矩降低，尤其应注意此时切削用量的选择。

1.3.3　加工方案的确定

一般根据零件的加工精度、表面粗糙度、材料、结构形状、尺寸及生产类型确定数控车削回转表面的加工方案和装夹方法。

(1) 数控车削回转表面的加工方案的确定

① 加工公差等级为IT8~IT9级、表面粗糙度为 $Ra1.6~3.2\mu m$ 的除淬火钢以外的常用金属，可采用普通型数控车床，按粗车、半精车、精车的方案加工。

② 加工公差等级为IT6~IT7级、表面粗糙度为 $Ra0.2~0.63\mu m$ 的除淬火钢以外的常用金属，可采用精密型数控车床，按粗车、半精车、精车、细车的方案加工。

③ 加工公差等级为IT5级、表面粗糙度为 $Ra<0.2\mu m$ 的除淬火钢以外的常用金属，可采用高档精密型数控车床，按粗车、半精车、精车、精密车的方案加工。

(2) 装夹方法的确定

数控车床上零件的安装方法与普通车床一样，要尽量选用已有的通用夹具装夹，且应注意减少装夹次数，尽量做到在一次装夹中能把零件上所有要加工的表面都加工出来。零件定位基准应尽量与设计基准重合，以减少定位误差对尺寸精度的影响。

数控车床多采用三爪自定心卡盘夹持工件；轴类工件还可采用尾座顶尖支持工件。由于数控车床主轴转速极高，为便于工件夹紧，多采用液压高速动力卡盘，因它在出厂时已通过了严

格平衡，所以具有高转速（极限转速可达 6000～8000r/min）、高夹紧力（最大推拉力为 2000～8000N）、高精度、调爪方便、通孔、使用寿命长等优点。此外，还可使用软爪夹持工件，软爪弧面由操作者随机配制，可获得理想的夹持精度。通过调整油缸压力，可改变卡盘夹紧力，以满足夹持各种薄壁和易变形工件的特殊需要。

为减少细长轴加工时受力变形，提高加工精度，以及在加工带孔轴类工件内孔时，可采用液压自动定心中心架，其定心精度可达 0.03mm。此外，数控车床加工中还有其他相应的夹具，它们主要分为两大类，即用于轴类零件的夹具和用于盘类零件的夹具。

① 用于轴类零件的夹具　用于轴类零件的夹具有自动夹紧拨动卡盘、拨齿顶尖、三爪拨动卡盘和快速可调万能卡盘等。

数控车床加工轴类零件时，坯件装夹在主轴顶尖和尾座顶尖之间，由主轴上的拨盘或拨齿顶尖带动旋转。这类夹具在粗车时可以传递足够大的转矩，以适应主轴的高速旋转的车削。

② 用于盘类零件的夹具　用于盘类零件的夹具主要有可调卡爪式卡盘和快速可调卡盘，这类夹具适用于无尾座的卡盘式数控车床。

1.3.4　工序的划分

(1) 数控车削加工工序的划分

对于需要多台不同的数控机床、多道工序才能完成加工的零件，工序划分自然以机床为单位来进行。而对于需要很少的数控机床就能加工完零件全部内容的情况，数控加工工序的划分一般可按下列方法进行。

① 以一次安装所进行的加工作为一道工序　将位置精度要求较高的表面安排在一次安装下完成，以免多次安装所产生的安装误差影响位置精度。

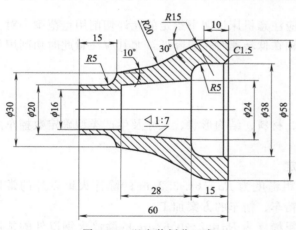

图 1-35　以安装划分工序

如图 1-35 所示零件，毛坯 $\phi60\times65$ 圆棒料，需经 3 次安装完成加工。

a. 夹持毛坯，平端面，车外圆 $\phi59\times20$，加工内腔。

b. 工件掉头装夹 $\phi59$ 外圆，平端面保总长 60。

c. 工件以 1∶7 锥孔与芯轴配合装夹，加工外形。

② 以一个完整数控程序连续加工的内容作为一道工序　有些零件虽然能在一次安装中加工出很多待加工面，但考虑到程序太长，会受到某些限制。

③ 以工件上的结构内容组合用一把刀具加工作为一道工序　有些零件结构较复杂，既有回转表面，也有非回转表面；既有外圆、平面，也有内腔、曲面。对于加工内容较多的零件，按零件的结构特点将加工内容组合分成若干部位，每一部位用一把典型刀具加工。这时可以将组合在一起的所有部位作为一道工序。

④ 以粗、精加工划分工序　对于容易发生加工变形的零件，通常粗加工后需要进行矫形，这时粗加工和精加工作为两道工序，可以采用不同的刀具或不同的数控车床加工。对毛坯余量较大和加工精度要求较高的零件，应将粗车和精车分开，划分成两道或更多的工序。

下面以车削图 1-36 所示零件为例，说明工序的划分及安装方式的选择。毛坯 $\phi60$ 圆棒料，批量生产，加工时用一台数控车床。

加工工序：

工序一：

a. 装夹 φ60 外圆，伸出长度 80，平端面，钻 φ18×75 孔，外圆车刀，钻头。

b. 车外形（加工示意图见图 1-37），外圆车刀。

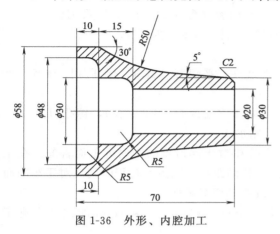

图 1-36　外形、内腔加工

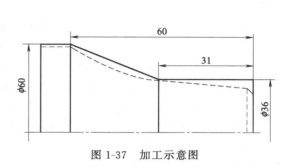

图 1-37　加工示意图

c. 切断保证总长 70.5，切断刀。

工序二：

掉头装夹 φ36 外圆，平端面保证总长 70，车 φ58×15 外圆，加工内腔，外圆刀，镗孔刀。

工序三：

工件掉头装夹 φ58 外圆、φ20 内孔加堵头（一夹一顶），加工外形，外圆车刀。

综上所述，在数控加工划分工序时，一定要视零件的结构与工艺性，零件的批量，机床的功能，零件数控加工内容的多少，程序的大小，安装次数及本单位生产组织状况，灵活掌握。

(2) 回转类零件非数控车削加工工序的安排

① 零件上有不适合数控车削加工的表面，如渐开线齿形、键槽、花键表面等，必须安排相应的非数控车削加工工序。

② 零件表面硬度及精度要求均较高，热处理需安排在数控车削加工之后，则热处理之后一般安排磨削加工。

③ 零件要求特殊，不能用数控车削加工完成全部加工要求，则必须安排其他非数控车削加工工序，如喷丸、滚压加工、抛光等。

④ 零件上有些表面根据工厂条件采用非数控车削加工更合理，这时可适当安排这些非数控车削加工工序，如铣端面打中心孔等。

1.3.5　加工顺序和进给路线的确定

(1) 加工顺序安排的一般原则

① 先粗后精　粗车将在较短的时间内将工件表面上的大部分加工余量切掉，这样既提高了金属切除率，又满足了精车余量均匀性要求。若粗车后所留余量的均匀性满足不了精加工的要求时，则要安排半精车，以便使精加工的余量小而均匀。精车时，刀具沿着零件的轮廓一次走刀完成，以保证零件的加工精度。

如图 1-38 所示零件加工，毛坯 φ25 圆棒料。

加工工序：

工序一：

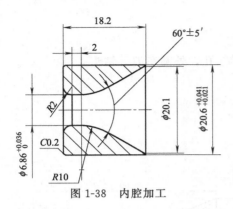

图 1-38　内腔加工

a. 平端面，钻 $\phi 6 \times 24$（有效长度 24mm）孔，外圆车刀，A3 中心钻，钻头（$\phi 6$）。

b. 钻深为 16.2mm 的孔（以钻头顶点算起），钻头（$\phi 20$，顶角改磨为 60°）。

c. 加工右端内腔（含 $\phi 6.86$ 孔），镗孔刀。

d. 切断保证总长 18.5，切断刀。

工序二：

工件掉头装夹，平端面，倒角，保证总长 18.2，外圆车刀。

工序三：加工左端内腔（$R2$ 圆弧），镗孔刀。

其中工序一的工步 a、b 均为粗加工，工步 c 为精加工。

② 先近后远　这里所说的远与近，是按加工部位相对于起刀点的距离远近而言的。在一般情况下，离起刀点远的部位后加工，以便缩短刀具移动距离，减少空行程时间。对于车削而言，先近后远还有利于保持坯件或半成品的刚性，改善其切削条件。

例如，当加工如图 1-39 所示零件时，如果按 $\phi 38mm$—$\phi 36mm$—$\phi 34mm$ 的次序安排车削，不仅会增加刀具返回对刀点所需的空行程时间，而且一开始就削弱了工件的刚性，还可能使台阶的外直角处产生毛刺（飞边）。对这类直径相差不大的台阶轴，当第一刀的背吃刀量（图中最大背吃刀量可为 3mm 左右）未超限时，宜按 $\phi 34mm$—$\phi 36mm$—$\phi 38mm$ 的次序先近后远地安排车削。

③ 内外交叉　对既有内表面（内型、腔），又有外表面的零件，安排加工顺序时，应先粗加工内外表面，然后精加工内外表面。

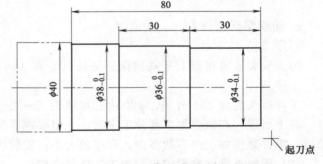

图 1-39　先近后远示例

加工内外表面时，通常先加工内型和内腔，然后加工外表面。原因是控制内表面的尺寸和形状较困难，刀具刚性相应较差，刀尖（刃）的耐用度易受切削热的影响而降低，以及在加工中清除切屑较困难等。

④ 刀具集中　即用一把刀加工完相应各部位，再换另一把刀，加工相应的其他部位，以减少空行程和换刀时间。

⑤ 基面先行　用作精基准的表面应优先加工出来，原因是作为定位基准的表面越精确，装夹误差就越小。例如加工轴类零件时，总是先加工中心孔，再以中心孔为精基准加工外圆表面和端面。

（2）进给路线的确定

确定进给路线的工作重点，主要在于确定粗加工及空行程的进给路线，因精加工切削过程的进给路线基本上都是沿其零件轮廓顺序进行的。

起刀点是在数控机床上加工零件时，刀具相对于零件运动的起始点。进给路线是指刀具从起刀点开始运动起，直至返回该点并结束加工程序所经过的路径，包括切削加工的路径及刀具引入、切出等非切削空行程。

① 刀具引入、切出　在数控车床上进行加工时，尤其是精车时，要妥当考虑刀具的引入、切出路线，尽量使刀具沿轮廓的切线方向引入、切出，以免因切削力突然变化而造成弹性变

形，致使光滑连接轮廓上产生表面划伤、形状
突变或滞留刀痕等疵病。车螺纹时，必须设置
升速段 δ_1 和降速段 δ_2，这两段螺纹导程小于实
际的螺纹导程，如图 1-40 所示。

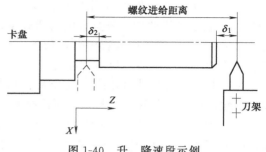

图 1-40　升、降速段示例

② 确定最短的空行程路线　在保证加工质
量的前提下，使加工程序具有最短的进给路线，
不仅可以节省整个加工过程的执行时间，还能
减少一些不必要的刀具消耗及机床进给机构滑
动部件的磨损等。

确定最短的走刀路线，除依靠大量的实践经验外，还应善于分析，必要时可辅以一些简单
计算。

a. 合理设置起刀点（图 1-41），图 1-41（a）为采用矩形循环方式进行粗车的一般情况示
例。考虑到精车等加工过程中需方便地换刀，故其换刀点宜设置在离坯件较远的位置处，同时
将起刀点与换刀点重合在一起。图 1-41（b）则是将起刀点与换刀点分离，仍按相同的切削量
进行切削进给。显然，图 1-41（b）所示的进给路线短。该方法也可用在其他循环（如螺纹车
削）切削的加工中。

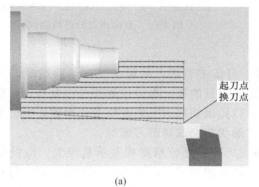
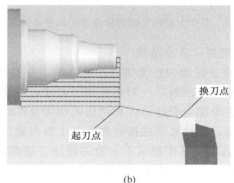

(a)　　　　　　　　　　　　　　　　(b)

图 1-41　巧用起刀点

b. 合理设置换（转）刀点。换（转）刀点的设置应考虑换（转）刀的方便和安全，尽可
能缩短空行程距离。

c. 合理安排"回零"路线。在选择"回零"指令时，在不发生加工干涉现象的前提下，
宜尽量采用 X、Z 坐标轴双向同时"回零"指令，该指令功能的"回零"路线将是最短的。

③ 确定最短的切削进给路线　切削进给路线为最短，可有效地提高生产效率，降低刀具
的损耗等。在安排粗加工或半精加工的切削进给路线时，应同时兼顾到被加工零件的刚性及加
工的工艺性等要求，不要顾此失彼。

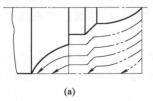
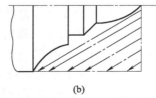
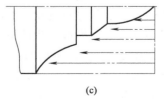

(a)　　　　　　　　　　(b)　　　　　　　　　　(c)

图 1-42　粗车进给路线示例

图 1-42 为粗车示例件（图中实线部分）时几种不同切削进给路线的安排示意图。其中图 1-42（a）表示利用数控系统具有的封闭式复合循环功能控制车刀沿着工件轮廓进行进给的路线；图 1-42（b）为利用其程序循环功能安排的"三角形"进给路线；图 1-42（c）为利用其矩形循环功能而安排的"矩形"进给路线。

对以上三种切削进给路线，经分析和判断后可知，矩形循环进给路线的进给长度总和最短。因此，在同等条件下，其切削所需时间（不含空行程）最短，刀具的损耗最少。

④ 大余量毛坯的阶梯切削进给路线　图 1-43 所示为车削大余量毛坯的阶梯切削进给路线，按 1～5 的顺序切削，每次背吃刀量 a_p 相等。根据数控车床的加工特点，还可以放弃常用的阶梯车削法，改用依次从轴向和径向进刀、顺工件毛坯轮廓进给的路线，如图 1-44 所示。

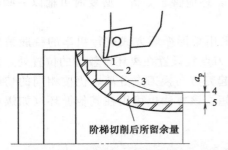

图 1-43　车削大余量毛坯的阶梯切削进给路线

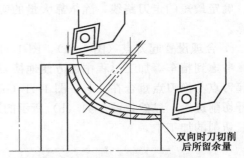

图 1-44　双向进刀的进给路线

⑤ 精加工进给路线

a. 完工轮廓的连续切削进给路线。在安排一刀或多刀进行的精加工进给路线时，其零件的完工轮廓应由最后一刀连续加工而成，并且加工刀具的进、退刀位置要考虑妥当，尽量不要在连续的轮廓中安排切入和切出或换刀及停顿，以免因切削力突然发生变化而破坏工艺系统的平衡状态，致使光滑连接轮廓上产生表面划伤、形状突变或滞留刀痕等。

b. 各部位精度要求不一致的精加工进给路线。若各部位精度相差不是很大，应以最严格的精度为准，连续走刀加工所有部位；若各部位精度相差很大，则精度接近的表面安排在同一把刀的走刀路线内加工，并先加工精度较低的部位，最后再单独安排精度高的部位的走刀路线。

⑥ 特殊的进给路线　在数控车削加工中，一般情况下，Z 坐标轴方向的进给路线都是沿着坐标的负方向进给的，但有时按这种常规方式安排进给路线并不合理，甚至可能产生加工缺陷。

例如，图 1-45 所示为用尖形车刀加工大圆弧内表面的两种不同的进给路线。对于图 1-45（a）所示的第一种进给路线（刀具沿 $-Z$ 方向进给），因切削时尖形车刀的主偏角为 $100°\sim 105°$，这时切削力在 X 向的分力 F_p 将沿着图 1-45 所示的 $+X$ 方向作用，当刀尖运动到圆弧的换象限处，即由 $-Z$、$-X$ 向 $-Z$、$+X$ 变换时，吃刀抗力 F_p 马上与传动拖板的传动力方向相同，若螺旋副间有机械传动间隙，就可能使刀尖嵌入零件表面（即扎刀），其嵌入量在理论上等于其机械传动间隙量（图 1-46）。即使该间隙量很小，由于刀尖在 X 方向换向时，横向拖板进给过程的位移量变化也很小，加上处于动摩擦与静摩擦之间呈过渡状态的拖板惯性的影响，仍会导致横向拖板产生严重的爬行现象，从而大大降低零件的表面质量。

对于图 1-45（b）所示的第二种进给路线（刀具沿 $+Z$ 方向进给），因为刀尖运动到圆弧的换象限处，即由 $+Z$、$-X$ 向 $+Z$、$+X$ 方向变换时，吃刀抗力 F_p 与丝杠传动横向拖板的传动力方向相反（图 1-47），不会受螺旋副机械传动间隙的影响而产生扎刀现象，所以图 1-47 所示进给路线是较合理的。

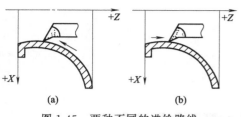

图 1-45 两种不同的进给路线

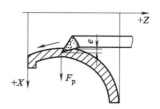

图 1-46 扎刀现象

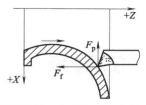

图 1-47 合理的进给路线

第❷章

数控车床加工编程基础

2.1 数控车床的坐标系

2.1.1 数控机床的坐标系

(1) 坐标轴和运动方向命名的原则

① 标准坐标系是一个右手直角笛卡儿坐标系，如图 2-1 所示。

② 假定刀具相对于静止的工件而运动，当工件移动时，可在坐标轴符号上加"′"表示。

③ 刀具远离工件的运动方向为坐标轴的正方向。

④ 机床主轴旋转运动的正方向是按照右旋螺纹进入工件的方向。

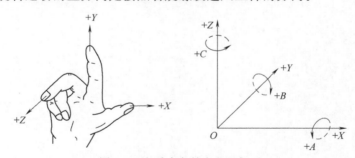

图 2-1　右手直角笛卡儿坐标系

(2) 坐标轴的规定

① Z 坐标轴。在机床坐标系中，规定传递切削动力的主轴为 Z 坐标轴。如机床上有几个主轴，则选一垂直于工件装夹面的主轴作为主要的主轴。

② X 坐标轴。X 坐标轴是水平的，它平行于工件装夹平面。如果 Z 坐标是水平（卧式）的，当从主要刀具的主轴向工件看时，向右的方向为 X 的正方向；如果 Z 坐标是垂直（立式）的，当从主要刀具的主轴向立柱看时，X 的正方向指向右边。

③ Y 坐标轴。Y 坐标轴是根据 Z 和 X 坐标轴，按照右手直角笛卡儿坐标系确定。

④ 如在 X、Y、Z 主要直线运动之外另有第二组、第三组平行于它们的运动，可分别将它们的坐标定为 U、V、W 和 P、Q、R。

⑤ 旋转坐标轴 A、B、C 分别表示其轴线平行于 X、Y、Z 的旋转坐标轴，可用右手螺旋定则判定（图 2-2），大拇指为坐标轴正向，则弯曲的四指为旋转坐标轴的正向。

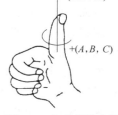

图 2-2　右手螺旋定则

2.1.2　数控车床坐标系的确定

(1) 坐标系的确定

数控车床的坐标系是以径向为 X 轴方向，轴向为 Z 轴方向，以刀具远离工件的方向为坐标轴正向，如图 2-3 所示为卧式数控车床的坐标系。刀架前置时 $+X$ 向前；刀架后置时 $+X$ 向后。

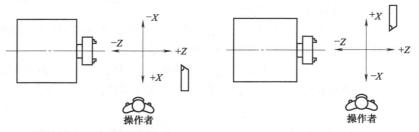

(a) 普通卧式前置刀架数控车床坐标系　　　　(b) 普通卧式后置刀架数控车床坐标系

图 2-3　卧式数控车床的坐标系

(2) 机床原点 (机械原点)

机床原点是机床坐标系的原点，它在机床装配、调试时就已确定下来，是机床制造商设置在机床上的一个物理位置。其作用是使机床与控制系统同步，建立测量机床运动坐标的起始点。

在数控车床上，机床原点一般取在卡盘端面与主轴轴线的交点处。同时，通过设置参数的方法，也可将机床原点设定在 X、Z 坐标的正方向极限位置上。如图 2-4 所示。

(3) 机床参考点

与机床原点相对应的还有一个机床参考点，它是机床制造商在机床上用行程开关设置的一个物理位置，与机床的相对位置是固定的。机床参考点一般不同于机床原点。

数控车床上的机床参考点是离机床原点最远的极限点。如图 2-5 所示为数控车床的参考点与机床原点。

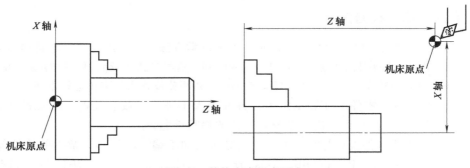

图 2-4　数控车床机床原点

2.1.3　工作坐标系

工作坐标系是编程人员在编程和加工时使用的坐标系，是程序的参考坐标系，工作坐标系的原点设置以机床坐标系为参考点，一般在一个机床中可以设定 6 个工作坐标系，同时还可以

在程序中多次设置原点。设置时一般用 G50
或 G54～G59 等指令。当工作坐标系设置在
工件表面上时又称为工件坐标系。

编程人员以工件图纸上某点为工作坐标
系的原点，称为工作原点。工作原点一般设
在工件的设计工艺基准处，便于尺寸计算。
编程时的刀具轨迹坐标点是按工件轮廓在工
作坐标系中的坐标确定。

在加工时，工件随夹具安装在机床上，
这时测量工作原点与机床原点间的距离称作

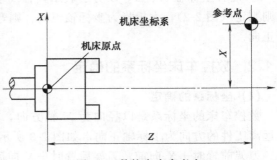

图 2-5　数控车床参考点

工作原点偏置，该偏置预存到数控系统中。在加工时，工作原点偏置能自动加到工作坐标系
上，使数控系统可按机床坐标系确定加工时的绝对坐标值。

在编制数控车削程序时，工作原点的设定通常是将主轴中心设为 X 轴方向的原点。将加
工工件精切后的右端面或精切后的夹紧定位面设定为 Z 轴方向的原点，如图 2-6 所示。

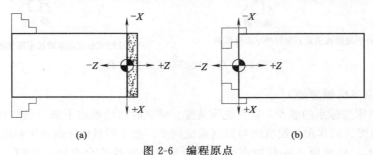

图 2-6　编程原点

2.2　编程的一般步骤

所谓编程，即把零件的工艺过程、工艺参数及其他辅助动作，按动作顺序，按数控机床规
定的指令、格式编成加工程序，输入控制装置，从而操纵机床进行加工。

2.2.1　数控车床编程方法

① 手工编程　利用一般的计算工具，通过各种数学方法，人工进行刀具轨迹坐标点的运算
（也可用 CAD/CAM 软件获取坐标点），并进行指令编制。这种方式比较简单，很容易掌握，适应性
较大。适用于中等复杂程序、计算量不大的零件编程。对机床操作人员来讲必须掌握。

② 自动编程　分析零件图样和制定工艺方案由人工进行，数学处理、编写程序、检验程
序由计算机完成。效率高，可解决复杂形状零件的编程难题。

利用 CAD/CAM 软件可进行零件的设计、分析及加工编程的编制，常用的软件包括 UG、
Pro/Engineer、Cimatron、PowerMill、Mastercam、CAXA 等。该种方法适用于制造业中的
CAD/CAM 集成系统。目前正被广泛应用，该方式适应面广、效率高，程序质量好，适用于
各类柔性制造系统（FMS）和集成制造系统（CIMS），但投资大，掌握起来需要一定时间。

2.2.2　手工编程的一般步骤

① 确定工艺过程及工艺路线　既要按一般工艺原则确定工艺方法，划分加工阶段，选择

机床、刀具、切削用量及定位夹紧方法；又要根据数控机床加工特点，做到工序集中、换刀次数少、空行程路线短等。

② 计算刀具轨迹的坐标值 根据零件的形状、尺寸确定走刀路线，计算出零件轮廓线上各几何要素的起点、终点、圆弧的圆心坐标。当用直线、圆弧来逼近非圆曲线时，应计算曲线上各节点的坐标值。

③ 编写加工程序 手工编程适合零件形状较简单、加工工序较短、坐标计算较简单的场合，对于形状复杂（如空间自由曲线、曲面）、工序很长、计算烦琐的零件，可采用计算机辅助编程。

④ 程序输入数控系统 可通过键盘直接将程序输入数控系统，也可采用计算机传输程序。

⑤ 程序检验 对有图形显示功能的数控机床，可进行图形模拟加工，检查刀具轨迹是否正确。对无此功能的数控机床可进行空运行检验。

手工编程的一般过程如图 2-7 所示。

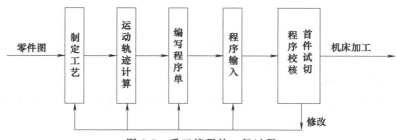

图 2-7 手工编程的一般过程

2.2.3 数控车床编程规则

2.2.3.1 数控车床编程特点

(1) 绝对值编程和增量值编程

绝对值编程时，用 X、Z 表示 X 轴与 Z 轴的坐标值；增量值编程时，用 U、W 表示 X 轴与 Z 轴的移动量。数控车床编程时，也可以用绝对值编程和增量值编程混合起来进行编程的方法（称为混合编程），如 G01 X50.0 W-10.0。编程时常用绝对值编程。

(2) 直径编程和半径编程

对于 U 和 X 坐标值，数控车床编程时有直径编程和半径编程两种方法，采用哪种方法要受系统的参数决定。车床出厂时均设定为直径编程，所以编程时与 X 轴有关的各项一定要用直径编程。如果需用半径编程，则要改变系统中的几项参数，使系统处于半径编程状态。

(3) 固定切削循环功能

数控车床具备各种不同形式的固定切削循环功能，如内（外）圆柱面、圆锥面固定切削循环；端面固定切削循环；切槽循环；螺纹固定切削循环及复合切削循环等，这些循环指令可简化编程。

(4) 刀具位置补偿

数控车床具有刀具位置补偿功能，可以完成刀具磨损、刀尖圆弧半径补偿以及安装刀具时产生的误差补偿。

2.2.3.2 编程规则

(1) 自保持功能

为了使编程和输入尽可能简单，大多数 G 代码和 M 代码都具有自保持功能（即模态码、续效码），除非是被取代或取消，否则总是有效的。另外，X、Y、Z、F、S 的内容不变，下一程序段会自动接受该内容，因此也可不编写和不输入。

例如：

```
N40 G00 X30.0 Z5.0 S700 T0101;
N50 G00 X0 Z5.0 S700 T0101;
N60 G01 X0 Z0 F0.2 S700 T0101;
N70 G01 X25.0 Z0 F0.2 S700 T0101;
```

以上程序可简写为：

```
N40 G00 X30.0 Z5.0 S700 T0101;
N50 X0;
N60 G01 Z0 F0.2;
N70 X25.0;
```

这样，程序编写和输入计算机就方便多了。

（2）指令的取消和替代

G 代码和 M 代码可分成不同的组（详见 FANUC 系统指令代码），同组中的代码，后编入的代码有效。

例如：

```
N40 G00 X30.0 Z5.0;
N50 G01 Z- 25.0 F0.2;
```

N50 中 G01 取消 N40 中的 G00。

数控操作系统中有一些特殊的 G 指令和 M 指令可直接取消其他规定的几个指令。

如：G40 取消 G41、G42；

M30 程序结束，并执行 M05（主轴停）、M09（切削液停）。

（3）初始状态

各类数控机床有其通电后的初始状态，常见的包括绝对值编程、米制单位、取消刀补、切削液停、主轴停等。

2.2.3.3 程序结构

（1）程序号

每一种工件在编程时，必须先指定一个程序号，并编在整个程序的开始。在 FANUC 系统中程序编号的结构如下：

O____；

└────用 4 位数(1 ～ 9999) 表示，不允许为 0

程序编号可用下列方式：

O3；

O03；

O103；

O1003；

O1234；

例如：O100；（名字）　　程序编号

M02；　　　　　　　程序结束

在程序后面可注释程序的名字和年月日并用括号括起。程序名可用 16 位字符表示，要求有利于理解。程序号要单独使用一个程序段。

程序在存储器中的位置决定了该程序的一些权限，根据程序的重要程度和使用频率，用户可选择合适的程序号，具体如表 2-1 所示。

表 2-1　程序编号使用规则

O1～O7999	程序能自由存储、删除和编辑
O8000～O8999	不经设定该程序，就不能进行存储、删除和编辑
O9000～O9019	用于特殊调用的宏程序
O9020～O9899	如果不设定参数，就不能进行存储、删除和编辑
O9900～O9999	用于机器人操作程序

（2）一个"字"

某个程序中安排字符的集合，称为"字"。程序段由各种"字"组成。指令字代表某一信息单元；每个指令字由地址符和数字组成，它代表机床的一个位置或动作。

（3）程序段

程序段由程序段号及各种"字"组成。

程序段格式是指令字在程序段中排列的顺序，不同的数控系统有不同的程序段格式。一个程序段中各字也可不按顺序排列（但为了编程方便，常按一定顺序排列），这种格式虽然增加了地址读入电路，但是编程直观灵活，便于检查。常见程序格式见表 2-2。

表 2-2　常见程序格式

1	2	3	4	5	6	7	8	9	10	11
N＿	G＿	X＿ U＿ Q＿	Y＿ V＿ P＿	Z＿ W＿ R＿	I＿ J＿ K＿ R＿	F＿	S＿	T＿	M＿	L$_F$
顺序号	准备 功能	坐　标　字				进给功能	主轴转 速功能	刀具功能	辅助功能	结束符号

1）准备功能（G 功能）

由表示准备功能的地址符"G"和两位数字组成，是使机床做好某种操作准备的指令。G功能代码已标准化。

2）坐标字

由坐标地址代码的字母（如 X、Y 等）开头。各坐标轴的地址符按下列顺序排列：X、Y、Z、U、V、W、Q、P、R、A、B、C、D、F，其中，数字的格式含义如下。

如果机床设置加工单位以脉冲为单位，则：

X50.
X50.0 } 都可以表示 X 轴坐标为 50。
X50000

如果机床设置加工单位以 mm 为单位，则：

50
50. } 具有同样作用。

例如：O123；（程序号）

    N11＿；   设定刀具出发点

    ＿；

    ……

    N12＿；   粗切外径

    ……   （略）

    N901＿； 反复利用

    ……   的程序段

    N902＿； （略）

    N13＿；   加工槽

    ＿；

    N14＿；   精切外径

    P901 Q902；

     └─调出 N901～N902 程序段并执行

    N15＿；

    ＿；

    M30；

3）程序段号及加工顺序

① 进给功能 F 由进给地址符 F 及数字组成，数字表示所选定的进给速度，单位一般为 mm/min 或 mm/r。

② 主轴转速功能 S 由主轴地址符 S 及数字组成，数字表示主轴转速，单位为 r/min。

③ 刀具功能 T 由地址符 T 和数字组成，用于指定刀具的号码。

④ 辅助功能（M 功能） 由辅助操作地址符"M"和两位数字组成。M 功能的代码已标准化。

⑤ 程序段结束符号 列在程序段的最后一个有用的字符之后，表示程序段的结束。用 ISO 标准时为"L_F"，有的用"；"或"＊"表示。

4）准备程序段和结束程序段

每个程序的格式不可能完全相同，但是一个完整的程序必须具备准备程序段和结束程序段。

① 准备程序段，一般必须具备以下几个指令。

a. 程序号（O0001～O7999）。

b. 编程零点的确定，也就是零点偏置尺寸（如 G50 X150.0 Z200.0；）。

c. 刀具数据（如 T0202）。

d. 主轴转速（如 S500）。

e. 主轴旋转方向（M03、M04）。

f. 刀具快速定位的位置尺寸（如 G00 X __ Z __ ;）。

② 结束程序段，一般必须具备以下几个指令。

a. 刀具快速退回远离工件（如返回参考点）。

b. 主轴停转（M05）。

c. 取消刀具数据补偿（T0000）。

d. 程序结束并返回程序开始（M30）

5）常用 G 代码和 M 代码

① 准备功能　也叫 G 功能或 G 代码，它是使数控机床或数控系统建立起某种加工方式的指令。

G 代码由地址符 G 和其后面的两位数字组成，从 G00～G99 共有 100 种。G 功能的代号已标准化，表 2-3 为我国 JB/T 3208—1999 标准中规定的 G 功能的含义。

G 指令主要用于规定刀具和工件的相对运动轨迹、机床坐标系、坐标平面、刀具补偿等多种功能，它为数控系统的插补运算做准备，故 G 指令一般位于程序段中坐标尺寸字的前面。常用的 G 指令将在后面的章节中介绍。

表 2-3　G 功能的含义

代码	分组	含义	格式
G00	01	快速进给、点定位	G00 X __ Z __
G01		直线插补	G01 X __ Z __
G02		圆弧插补 CW（顺时针）	$\begin{Bmatrix} G02 \\ G03 \end{Bmatrix} X\_Z\_\begin{Bmatrix} R\_ \\ I\_K\_ \end{Bmatrix}$
G03		圆弧插补 CCW（逆时针）	
G04	00	暂停	G04 [X|U|P] X,U 单位为 s;P 单位为 ms（整数）
G20	06	英制输入	
G21		米制输入	
G28	0	回归参考点	G28 X __ Z __
G29		由参考点回归	G29 X __ Z __
G32	01	螺纹切削（由参数指定绝对和增量）	G×× X|U __ Z|W __ F|E __,F 为指定单位为 0.01mm/r 的螺距;E 为指定单位为 0.0001mm/r 的螺旋
G40	07	刀具补偿取消	G40
G41		左半径补偿	$\begin{Bmatrix} G41 \\ G42 \end{Bmatrix} D××$
G42		右半径补偿	
G50	00		设定工件坐标系:G50 X Z 偏移工件坐标系:G50 U W
G53		机械坐标系选择	G53 X __ Z __
G54	12	选择工作坐标系 1	G××
G55		选择工作坐标系 2	
G56		选择工作坐标系 3	
G57		选择工作坐标系 4	
G58		选择工作坐标系 5	
G59		选择工作坐标系 6	
G70	00	精加工循环	G70 P(ns)　Q(nf)
G71		外圆粗车循环	G71 U(Δd)　R(e) G71 P(ns)　Q(nf)　U(Δu)　W(Δw)　F(f)
G72		端面粗切削循环	G72 W(Δd) R(e) G72 P(ns) Q(nf) U(Δu) W(Δw) F(f) S(s) T(t)
G73		封闭切削循环	G73 U(i)　W(Δk)　R(d) G73 P(ns)　Q(nf)　U(Δu)　W(Δw)　F(f)
G74		端面切断循环	G74 R(e) G74 X(U) __ Z(W) __ P(Δi)Q(Δk)R(Δd)F(f)
G75		内径/外径切断循环	G75 R(e) G75 X(U) __ Z(W) __ P(Δi)Q(Δk)R(Δd)F(f)

代码	分组	含义	格式
G76		复合型螺纹切削循环	G76 P(m) (r) (a) Q(Δd_{min}) R(d) G76 X(U)__ Z(W)__ R(i) P(k)Q(Δd)F(l)
G90	01	直线车削循环加工	G90 X(U)__ Z(W)__ F __ G90 X(U)__ Z(W)__ R __ F __
G92		螺纹车削循环	G92 X(U)__ Z(W)__ F __ G92 X(U)__ Z(W)__ R __ F __
G94		端面车削循环	G94 X(U)__ Z(W)__ F __ G94 X(U)__ Z(W)__ R __ F __
G98	05	每分钟进给速度	
G99		每转进给速度	

注：1. 与坐标设定有关的指令有 G53～G59、G17～G19。

2. 与坐标轴移动有关的指令有 G00、G01、G02、G03。

3. 刀具补偿指令有 G40、G41、G42。

4. 与指令确定的数值有关的指令有 G90、G91、G94、G95、G20、G21。

5. 可简化编程的指令表有 G71～G76。

② 辅助功能 也叫 M 功能或 M 代码。

辅助功能表示一些机床辅助动作及状态的指令，由地址码 M 和后面的两位数字表示，从 M00～M99 共有 100 种。M 代码指令也分为续效指令与非续效指令，一个程序段中一般有一个 M 代码指令，如同时有多个 M 代码指令，则最后一个有效。此类指令是控制数控机床或数控系统的开、关功能的命令。如主轴的转向与启停，冷却液系统开、关，工作台的夹紧与松开，程序结束等，常用的辅助功能 M 代码含义如表 2-4 所示。

注意：各种机床的 M 代码规定有差异，编程时必须根据说明书的规定进行。

表 2-4 常用的辅助功能 M 代码含义

代码	含义	格式
M00	停止程序运行	
M01	选择性停止	
M02	结束程序运行	
M03	主轴正向转动	
M04	主轴反向转动	
M05	主轴停止转动	
M06	换刀指令	M06 T __
M08	冷却液开启	
M09	冷却液关闭	
M30	结束程序运行且返回程序开头	
M98	子程序调用	M98 P××××× 调用程序号为 O××××的程序××次
M99	子程序结束	子程序格式： O×××× … … M99

第**3**章

数控车编程常用指令
(FANUC系统)

3.1 基本指令

3.1.1 工件坐标系设定指令 G50

编程时，首先应该确定工件原点并用 G50 指令设定工件坐标系。车削加工工件原点一般设置在工件右端面或左端面与主轴轴线的交点处。该指令通过规定刀具起刀点与工件原点的距离来确定坐标系。

指令格式：

G50 X __ Z __ ;

其中：X、Z 值为刀尖起始点（即起刀点）相对工件原点的 X 向和 Z 向坐标。

例 3-1：图 3-1 所示，用工件坐标系设定指令 G50 试编制程序。

程序为：G50 X150.0 Z200.0；

当刀具的起刀点空间位置一定时，工件原点选择不同，刀具在工件坐标系中的坐标值 X、Z 也不同。

数控车床也可通过设置刀具数据来确定工件坐标系原点（详见机床操作）。

3.1.2 工作坐标系的原点设置选择指令 G54～G59

一般数控机床可以预先设定 6 个（G54～G59）工作坐标系，这些坐标系在机床重新开机时仍然存在。6 个工作坐标系皆以机床原点为参考点，分别测出工件原点相对机床原点的坐标值（即原点偏置值），并输入 G54～G59 对应的存储单元中，在执行程序时，遇到 G54～G59 指令后，便将对应的原点偏置值取出来参加计算，从而得到刀具在机床坐标系中的坐标值，控制刀具运动，如图 3-2 所示。

在接通电源和完成原点返回后，系统自动选择工件坐标系 1（G54）。在有"模态"命令对这些坐标做出改变之前，它们将保持有效。

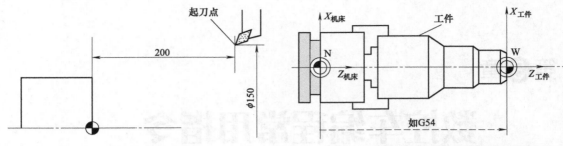

图 3-1　工件坐标系设定指令 G50　　　　图 3-2　工作坐标系的原点设置选择指令

3.1.3　暂停指令 G04

延时等待指令 G04 又称暂停指令，该指令可以使刀具做短时间的无进给光整加工，用于切槽，钻镗孔，自动加工螺纹，也可用于拐角轨迹控制等场合。

指令格式：G04　$\begin{cases} P\_\_; \\ U\_\_; \end{cases}$

（G99）G04 U（P）__；暂停进刀的主轴回转数

（G98）G04 U（P）__；暂停进刀的时间

> 例如：G98 G04 P1600;进给暂停 1.6s（P 单位为 ms，P 值须为整数）
>
> 　　　G98 G04 U1.6;进给暂停 1.6s（U 单位为 s）
>
> 　　　G99 G04 U2.0;进给暂停 2 转后，执行下一程序段

3.1.4　主轴转速设置指令 S 和转速控制指令 G96、G97、G50

数车加工时，计算式为

$$v = \frac{\pi D n}{1000}$$

式中　v——切削速度，m/min；

　　　D——工件直径，mm；

　　　n——主轴转速，r/min。

由上式可知，n 不变时，如果 D 下降，则 v 下降。当切削至工件中心时，$v=0$，因此加工端面时，工件表面粗糙度变化大。v 不变时，如果 D 下降，则 n 上升。当 D 为零时，n 为无穷大，因此当 v 不变（主轴线速度恒定）时，须设置主轴最高转速。

（1）主轴线速度恒定指令 G96

指令格式：G96　S__；　　　S 的单位为 m/min

此时应限制主轴最高转速，即用 G50 指令。

指令格式：G50　S1500；　　主轴最高转速限制为 1500m/min

（2）直接设定主轴转速指令 G97

指令格式：G97 S__；　　　　S 的单位为 r/min

注意：一般系统默认设置为 G97；G96、G97 均为模态指令，可相互取消。

3.1.5　每转进给指令 G99 和每分钟进给指令 G98

指令格式：G99　F__；F 单位为 mm/r

G98 F__；F 单位为 mm/min

G98、G99 均为模态指令，机床初始状态默认为 G99。

3.1.6 参考点返回指令 G28

G28 指令可使刀具自动返回参考点（一般设置为机床原点）或经过某一中间位置，再回到参考点。

指令格式：G28 X(U)__ Z(W)__ T00；

其中，X(U)__ Z(W)__ 为中间点的坐标，T00 为取消刀补。

例 3-2：图 3-3 所示，用参考点返回指令 G28 试编制程序。

程序为：

```
G28 X100.0 Z150.0 T00；
```

注意：① 中间点的确定应考虑到不致发生碰撞。

② 编程时也可以从当前点直接回参考点，此时当前点应脱离工件，则程序为：

```
G28 U0 W0 T00；
```

3.1.7 刀具功能指令 T

T 指令可指定刀具及刀具补偿（图 3-4）。

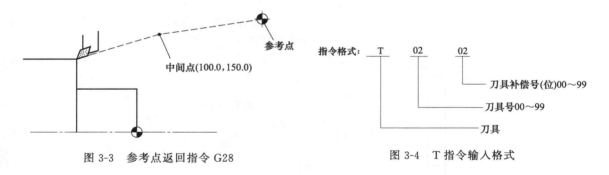

图 3-3 参考点返回指令 G28　　　　图 3-4 T 指令输入格式

注意：① 刀具号可与转位刀架上的刀具号相对应。

② 刀具补偿包括形状补偿和磨损补偿，具体数值可到相应刀具补偿位去查找。

③ 为了方便，刀具号和刀具补偿号通常需一致。

④ 刀具号为 0 或 00 时，取消刀具；刀具补偿号为 0 或 00 时，相当于取消补偿（如 T0 或 T00；T0200）。

例如：刀具功能程序

G00 X100.0 Z50.0 T0101；

3.1.8 辅助功能指令 M

M00——程序停止。

M01——选择停止。

M02——程序结束。

M03、M04、M05——主轴正转、反转、停转。

M08——切削液开。

M09——切削液关。

M30——程序结束并返回。

M98——子程序调用。

M99——子程序调用返回（子程序结束）。

3.2　快速点定位指令 G00、直线插补指令 G01

3.2.1　快速点定位指令 G00

G00 指令命令刀具以点位控制方式，从刀具所在点快速移动到目标位置，无运动轨迹要求，不须特别规定进给速度（图 3-5）。

(1) 指令格式

G00 X(U)＿ Z(W)＿；

> 程序为：G00 X60.0 Z5.0；
> 或　　 G00 U- 60.0 W- 85.0;

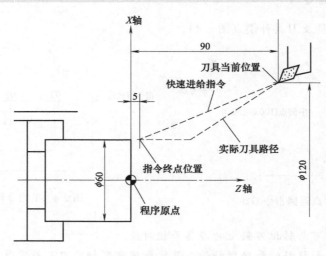

图 3-5　快速点定位

(2) 注意事项

① 移动速度为 X 轴 8000mm/min，Z 轴 12000mm/min（由机床设定速度）。

② 刀具轨迹不是标准的直线插补。各轴按同一速度进给，距离短的轴先到尺寸，如图 3-5 所示。因此使用 G00 指令时，一定要注意避免刀具和工件及夹具发生碰撞。

3.2.2　直线插补指令 G01

G01 指令命令刀具以一定的进给速度，从当前点直线移动到目标点。

(1) 指令格式

G01 X(U)＿ Z(W)＿ F＿；

其中，F 为进给速度，单位为 mm/min 或 mm/r，一般车削时默认设置为 mm/r。

使用 G01 指令可以实现纵向切削、横向切削、锥度切削等形式的直线插补运动，如图 3-6 所示。

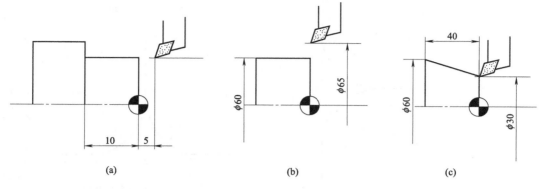

图 3-6 直线插补指令 G01

图 3-6(a):G01 Z- 10. 0 F0. 2;或 G01 W- 15. 0 F0. 2;

图 3-6(b):G01 X0 F0. 2; 或 G01 U-65. 0 F0. 2;

图 3-6(c):G01 X60. 0 Z- 40. 0 F0. 2; 或 G01 U30. 0 W-40. 0 F0. 2;

(2) 指令用途

G01 指令在数控车床编程中，还可以直接进行倒角（C 指令）、倒圆角（R 指令）。

1) 倒角（45°倒角）

由轴向切削向端面切削倒角，即由 Z 轴向 X 轴倒角，i 的正负根据倒角是向 X 轴正向还是负向判定，如图 3-7（a）所示。编程格式为 G01 Z(W)__ C$\pm i$。由端面切削向轴向切削倒角，即由 X 轴向 Z 轴倒角，k 的正负根据倒角是向 Z 轴正向还是负向判定，如图 3-7（b）所示。其编程格式为 G01 X(U)__ C$\pm k$。

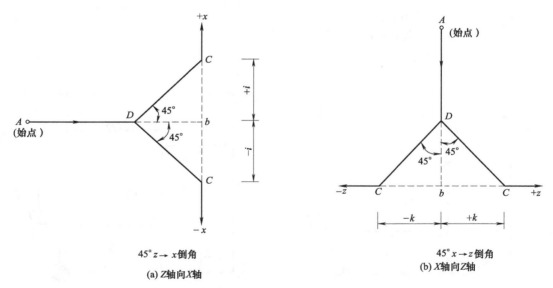

图 3-7 G01 倒角

2) 倒圆角（1/4 圆角）

编程格式为 G01 Z(W)__ R$\pm r$ 时，圆弧倒角情况如图 3-8（a）所示。

编程格式为 G01 X(U)__ R$\pm r$ 时，圆弧倒角情况如图 3-8（b）所示。

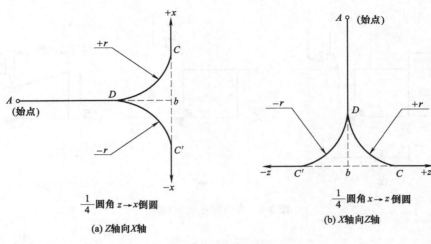

$\frac{1}{4}$ 圆角 $z \rightarrow x$ 倒圆

(a) Z 轴向 X 轴

$\frac{1}{4}$ 圆角 $x \rightarrow z$ 倒圆

(b) X 轴向 Z 轴

图 3-8　G01 倒圆角

编程练习：

例 3-3：倒角如图 3-9 所示，试编程。

> 程序为：G01 Z- 35.0 C4.0 F0.2；
> 　　　　　X80.0 C- 3.0；
> 　　　　　Z- 60.0；

注意：① C4.0 倒角，因为 Z 轴切削向 X 轴正向倒角，所以为 C4.0。

　　　　② C-3.0 倒角，因为 X 轴切削向 Z 轴负向倒角，所以为 C-3.0。

例 3-4：倒圆如图 3-10 所示，试编程。

> 程序为：G01 Z- 35.0 R5.0 F0.2；
> 　　　　　X80.0 R- 4.0；
> 　　　　　Z- 60.0；

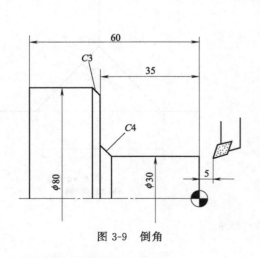

图 3-9　倒角

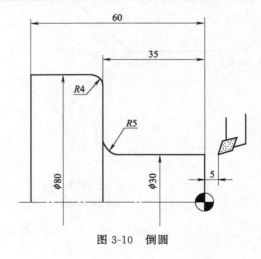

图 3-10　倒圆

3）任意角度的倒角与倒圆

① 在直线或圆弧插补指令尾部加上 C ＿，可自动插入任意角度倒角，如图 3-11（a）所示。

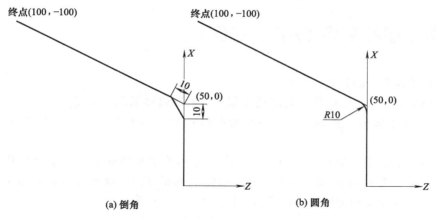

图 3-11　任意角度的倒角与倒圆

程序:G01 X50.C10.;
　　　G01 X100.Z- 100.;

② 在直线或圆弧程序段尾部加上 R __，可自动插入任意角度的倒圆，如图 3-11（b）所示。

程序:G01 X50.R10.;
　　　G01 X100.Z- 100.;

例 3-5: 完成图 3-12 所示工件的外形精加工程序，毛坯为 φ35 圆棒料。

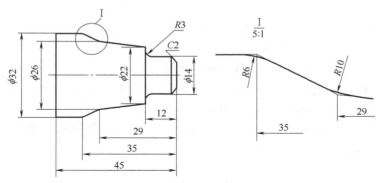

图 3-12　任意角度的倒角与倒圆

程序：

```
　⋮
G0 X0;
G1 Z0 F0.15;
　　X14.C- 2.;
　　Z- 12.R3.;
　　X22.;
　　X26.Z- 29.R10.;
　　X32.Z- 35.R6.;
　　Z- 50.;
　⋮
```

3.3 圆弧插补指令 G02、G03

(1) 圆弧插补指令的判定

圆弧插补指令 G02、G03 使刀具从圆弧起点，沿圆弧移动到圆弧终点。

① 圆弧插补有顺圆、逆圆之分，G02 为顺时针圆弧插补指令，G03 为逆时针圆弧插补指令。

② 顺、逆圆弧插补运动的判断方法：按右手直角笛卡儿坐标系及右手定则判定，拇指指向 X 轴正方向，中指指向 Z 轴正方向，食指指向 Y 轴正方向，观察者逆着 Y 轴正向看，走刀方向绕 Y 轴顺时针转动的为顺圆，反之为逆圆，如图 3-13 所示。

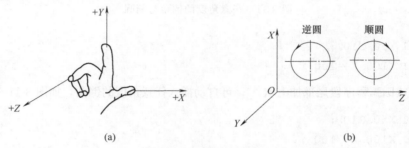

图 3-13 顺逆圆的判定

③ 指令格式：

G02 /G03 X(U)＿ Z(W)＿ R＿ F＿；

或：G02 /G03 X(U)＿ Z(W)＿ I＿ K＿；

其中：a. X（U）＿ Z（W）＿为圆弧终点坐标。

b. I＿ K＿为圆心相对于圆弧起点的坐标增量，$I = X_{圆心} - X_{圆弧起点}$，$K = Z_{圆心} - Z_{圆弧起点}$，I，K 为零时可以省略不写，如图 3-14 所示。

c. R 为圆弧半径。若 G02 X＿ Z＿ R＿ I＿ K＿ F＿；则执行 R 指令（优先）。圆弧＜180°时 R 为正，圆弧≥180°时 R 为负。

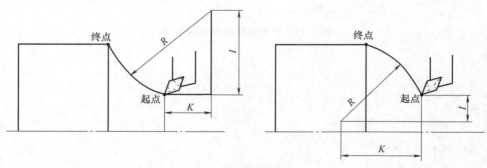

图 3-14 圆弧插补

(2) 圆弧插补指令的应用

例 3-6：完成如图 3-15 所示的圆弧插补程序。

对于图 3-15（a）：

① G02 X80.0 Z－10.0 R10.0； 或 G02 U20.0 W－10.0 R10.0。

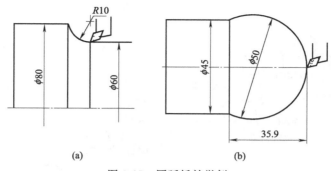

图 3-15　圆弧插补举例

② G02 X80.0 Z－10.0 I10.0 K0；或 G02 U20.0 W－10.0 I10.0 K0；

对于图 3-15（b）：

① G03 X45.0 Z－35.9 R25.0；或 G03 U45.0 W－35.9 R25.0。

② G03 X45.0 Z－35.9 I0 K－25.0；或 G03 U45.0 W－35.9 I0 K－25.0。

注意：建议初学者必须掌握 I、K 值的判定。R 值的正负规定，因系统不同而有所不同。I、K 值各系统均相同。

例 3-7：编写如图 3-16 所示的圆弧轮廓的精加工程序（工件原点在右端面）。

程序：

```
G00 X0 Z1.0;
G01 Z0 F0.2;
G03 X32.0 Z- 16.0 R16.0;
G02 X38.0 W- 3.0 R3.0;
```

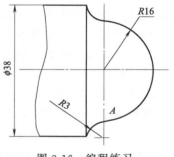

图 3-16　编程练习

3.4　刀具（尖）半径补偿指令

（1）刀具（尖）半径补偿的作用

数控车床是按刀具（尖）对刀的，但由于车刀刀尖总有一段半径很小的圆弧，因此对刀时刀尖的位置是一个假想刀尖（即车外圆、车端面时，刀刃上起切削作用的点沿坐标轴方向延伸的汇交点为假想刀尖点），如图 3-17 所示。

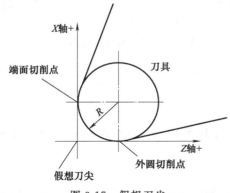

图 3-17　假想刀尖

编程时按假想刀尖轨迹编程，即工件轮廓与假想刀尖重合，而车削时实际起作用的切削刃却是刀尖圆弧上的各切点，这样会引起加工表面的形状误差。车内外圆柱、端面时，并无误差产生，因为实际切削刃的轨迹与工件轮廓一致。车锥面、倒角或圆弧时，会造成欠切削或过切削的现象，如图 3-18 所示。

采用刀具半径补偿功能，刀具运动轨迹指的不是刀尖，而是刀尖上刀刃圆弧的中心位置的运动轨迹。编程者按工件轮廓线编程，数控系统会自动完成刀心轨迹的偏置，即执行刀具半径补偿后，刀具会自动偏

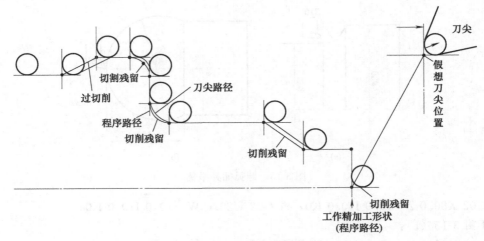

图 3-18　欠切削及过切削现象

离工件轮廓一个刀尖圆弧半径值，使刀刃与工件轮廓相切，从而加工出所要求的工件轮廓。数控系统还能自动完成直线与直线转接、圆弧与圆弧转接和直线与圆弧转接等夹角过渡功能。

（2）刀具（尖）半径补偿的方法

刀具半径补偿的方法是通过键盘输入刀具参数，并在程序中采用刀具半径补偿指令。

1）刀具（尖）参数

刀具（尖）参数包括刀尖半径、车刀形状、刀尖圆弧位置。这些都与工件的形状有关，必须用参数输入刀具数据库，图 3-19 所示为刀具补偿设置页面。假想刀尖圆弧位置序号共有 10 个（0～9）。图 3-20 为刀尖编号示意图。

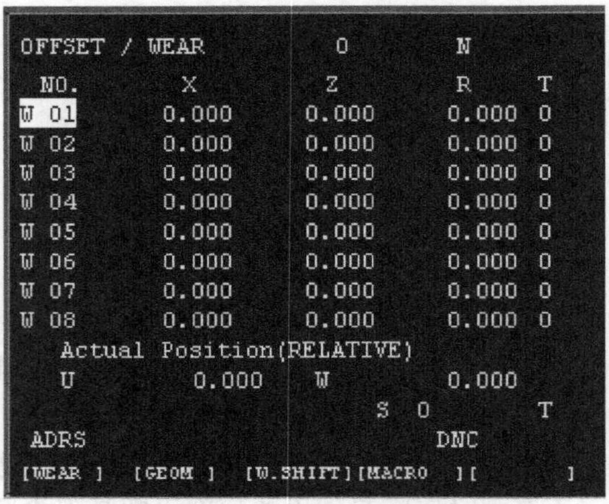

图 3-19　刀具补偿设置页面

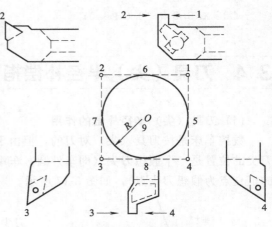

图 3-20　刀尖编号示意图

图 3-21 所示为几种数控车床用刀具的假想刀尖位置。

2）刀具（尖）半径补偿指令 G40、G41、G42

① 取消刀具半径补偿指令 G40。

G40 应写在程序开始的第一个程序段以及取消刀具半径补偿的程序段。G40 取消 G41、G42。

② G41：刀具半径左补偿；G42：刀具半径右补偿。

判定：沿着刀具运动方向看，刀具在工件切削位置左侧称为左补偿；刀具在工件切削位置

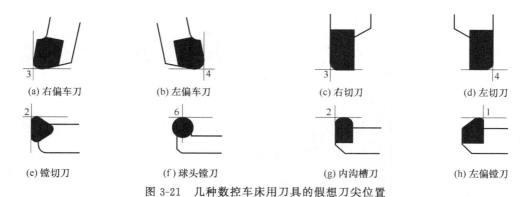

(a) 右偏车刀　　(b) 左偏车刀　　(c) 右切刀　　(d) 左切刀

(e) 镗切刀　　(f) 球头镗刀　　(g) 内沟槽刀　　(h) 左偏镗刀

图 3-21 几种数控车床用刀具的假想刀尖位置

右侧称为右补偿，如图 3-22 所示。

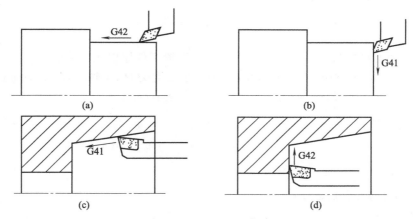

图 3-22 G41、G42 指令

(3) 刀具（尖）半径补偿注意事项

加刀具半径补偿或去除刀具半径补偿最好在工件轮廓线以外且未加刀补点至加刀补点距离应大于刀具（尖）半径，未去刀补点至去除刀补点处距离应大于刀具（尖）半径。

G41、G42 不能重复使用，即在程序中前面有了 G41 指令后，不能再直接使用 G42。若想使用，则必须先用 G40 取消原补偿状态后，再使用 G41 或 G42，否则补偿就不正常了。

G41、G42 指令可与 G00 或 G01 指令写在同一个程序段内，在这个程序段的下一个程序开始点位置，与程序中刀具路径垂直的方向线通过刀尖圆心。

用 G40 指令取消刀具半径补偿，在指令 G40 程序段的前一个程序段的终点位置，与程序中刀具路径垂直的方向线通过刀尖圆弧中心。

在使用 G41 或 G42 指令时，不允许有两句连续的非移动指令，否则刀具在前面程序段的终点的垂直位置停止，且产生过切或欠切现象。

非移动指令包括 M 代码、S 代码、暂停指令 G04、某些 G 代码（如 G50、G96）、移动量为零的切削指令（如 G01 U0 W0）。

(4) 刀具（尖）补偿实例

例 3-8：根据图 3-23 中利用刀具（尖）半径补偿做出的刀具路径完成程序编制，刀尖 R 为 0.4mm。

程序：

```
O0012;
```

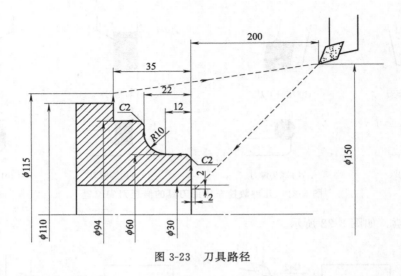

图 3-23　刀具路径

```
G50 X150.0 Z200.0;                      设置工件原点在右端面
G00 G40 G97 G99 S500 T0101 M03 F0.2;    T01 号刀具,主轴转速 500r/min,进给速度
                                        0.2mm/r
G42 X26.0 Z2.0;
G01 Z0;
    X60.0 C- 2.0;
    Z-12.0;
G02 X80.0 Z-22.0 I10.0 K0;
G01 X94.0 C-2.0;
    Z-35.0;
G40 X115.0;                             去刀补
G00 X150.0 Z200.0;
G28 U0 W0 T0 M05;                       返回参考点,取消刀具,主轴停转
M30;
```

例 3-9：根据图 3-24 中利用刀具半径补偿做出的刀具路径完成程序编制，刀尖 R 为 0.4mm。

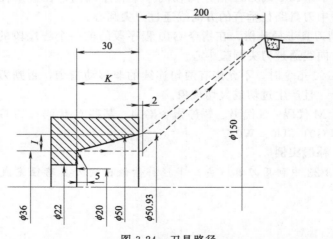

图 3-24　刀具路径

程序：

```
O0013;
G50 X150.0 Z200.0;
G40 G97 G99 S500 M03 F0.2 T0202;
G00 G41 X50.93 Z2.0;
G01 X36.0 Z-30.0;
G00 G40 X20.0 Z-25.0 I-7.0K-30.0；去刀补
G01 G42 Z-30.0;                （I、K为工件斜面方向，防止过切）
X36.0;
G00 G40 Z2.0 I7.0 K30.0;       去刀补
G00 X150.0 Z200.0;
G28 U0 W0 T0 M05;              返回参考点，取消刀具，主轴停转
M30;
```

注意： 在阶梯、锥面连接处，退刀时指定 G40，在指定 G40 的程序里可使用反映斜面方向的 I、K 地址来防止工件被过切，如图 3-24 所示。

3.5　数控车削循环指令 ::

外径、内径、端面、螺纹切削的粗加工，刀具常常要反复地执行相同的动作，才能加工到工件要求的尺寸。为了简化程序，数控装置可以用一个程序段指定刀具做反复切削，这就是固定循环功能。车削固定循环分为单一形状固定循环和多重复合循环。

3.5.1　单一循环指令

单一形状固定循环有三种循环指令，分别是 G90、G92 和 G94，其中 G92 在螺纹切削部分中介绍。

(1) 外径/内径切削循环指令 G90

1) 圆柱面切削循环

格式：G90 X(U)＿ Z(W)＿ F＿;

其中，X(U)、Z(W) 为切削终点坐标。车削循环过程如图 3-25（a）所示。

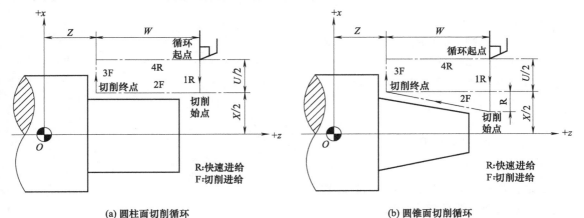

图 3-25　外径/内径切削循环

例 3-10：如图 3-26 所示，完成 $\phi35$ 圆柱面粗车，外圆留余量 0.4mm，端面留余量 0.2mm。

程序：

```
O0014;
G40 G97 G99 S600 M03 T0101 F0.2;
G00 X55.0 Z5.0;
G90 X45.0 Z-24.8;
    X40.0;
    X35.4;
G00 X150.0 Z200.0;
    M01;
```

2）锥面车削循环

指令格式：G90 X(U)__ Z(W)__ R__ F__;

其中，X(U)、Z(W) 为切削终点坐标；R（或 I）为圆锥面加工起、终点半径差，有正、负号。车削循环过程如图 3-25（b）所示。

锥度 R（或 I）的符号确定方法：锥面起点坐标大于终点坐标时为正，反之为负。

例 3-11：如图 3-27 所示，完成锥面粗车。

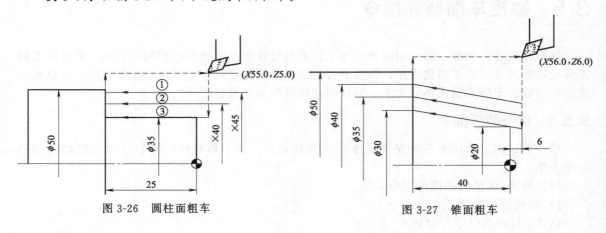

图 3-26　圆柱面粗车　　　　　　　　图 3-27　锥面粗车

程序：

```
O0015;
G40 G97 G99 S600 M03 T0101 F0.2;
G00 X56.0 Z6.0;
G90 X40.0 Z-40.0 R-5.75;
    X35.0;
    X30.4;
G00 X150.0 Z200.0;
M01;
```

注意：此例中 $R = 46 \times (20-30)/2/40 = -5.75$。

（2）端面切削循环指令 G94

1）垂直端面车削固定循环

指令格式：G94 X(U)＿ Z(W)＿ F ＿；

其中，X(U)、Z(W) 表示切削终点坐标，车削循环过程如图 3-28（a）所示。

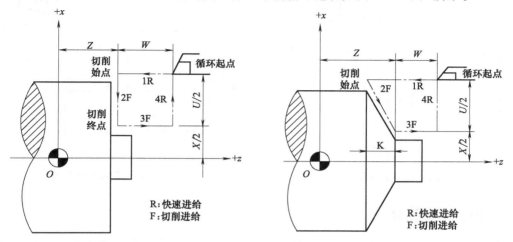

(a) 垂直端面车削固定循环　　　　(b) 锥形端面车削固定循环

图 3-28　端面粗车固定循环（G94）

2）锥形端面车削固定循环

指令格式：G94 X(U)＿ Z(W)＿ K ＿ F ＿；

其中，X(U)、Z(W) 为切削终点坐标；K 为圆锥面起、终点 Z 坐标的差值，有正、负号。

车削循环过程如图 3-28（b）所示。

例 3-12：完成图 3-29 所示 ϕ30 垂直端面粗车。

程序：

```
O0016;
G40 G97 G99 S500 M03 T0101 F0.15;
G00 X65.0 Z5.0;
G94 X30.4 Z- 5.0;
    Z- 10.0;
    Z- 14.8;
G00 X150.0 Z200.0;
M01;
```

例 3-13：完成图 3-30 所示锥形端面粗车。

程序：

```
O0016;
  G40 G97 G99 S500 M03 T0101 F0.15;
  G00 X55.0 Z2.0;
  G94 X20. Z0 K-5.;
      Z- 5.0;
      Z- 10.0;
  G00 X150.0 Z200.0;
M01;
```

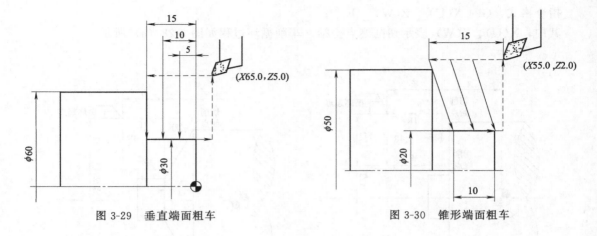

图 3-29　垂直端面粗车　　　　　　图 3-30　锥形端面粗车

3.5.2　复合循环指令

当工件的形状较复杂（如有台阶、有锥度、圆弧等），若使用基本插补指令或单一固定循环切削指令，粗车时为了考虑精车余量，在计算粗车的坐标点时，会非常繁杂。如果使用复合固定循环指令，则只需依据指令格式设定粗车时每次的切削深度、精车余量、进给量等参数，在接下来的程序段中给出精车时的加工路径，机床可以自动计算出粗车的刀具路径，自动进行粗加工，因此在编制程序时可省很多时间，也使程序得到进一步简化。

复合固定循环指令有精加工循环指令 G70，外径、内径的粗加工循环指令 G71、端面粗加工循环指令 G72，闭合车削循环指令 G73，端面啄式钻孔循环指令 G74，外径、内径啄式钻孔循环指令 G75。

(1) 精加工循环指令 G70

在采用 G71、G72、G73 指令进行粗车后，用 G70 指令进行精车循环切削。

指令格式：G70 P(ns) Q(nf)；

其中，ns 为精加工程序组的第一个程序段的顺序号；nf 为精加工程序组的最后一个程序段的顺序号。

编程注意事项：

① 精车过程中的 F、S、T 在程序段 P __ 到 Q __ 间指定。

② 在车削循环期间，刀具（尖）半径补偿功能有效。

③ 在 P __ 和 Q __ 之间的程序段不能调用子程序。

(2) 外径、内径粗加工循环指令 G71

G71 指令用于粗车圆柱棒料，以切除较多的加工余量。

指令格式：G71 U(Δd) R(e)；

　　　　　G71 P(ns) Q(nf) U(Δu) W(Δw) F __ S __ T __；

其中，ns、nf 含义同 G70；Δd 为粗加工每次切深（半径编程）；e 为退刀量；Δu 为 X 轴方向精加工余量（直径值）；Δw 为 Z 轴方向精加工余量；F、S、T 为粗车过程中从程序号 P 到 Q 之间包括的任何 F、S、T 功能都被忽略，只有在 G71 指令中指定的 F、S、T 功能有效。

图 3-31 所示为 G71 指令的刀具循环路径。

注：①在包含 G00 或 G01 序号为"ns"的程序段中指定 A 及 A' 间的刀具路径，且在该段中不能指定沿 Z 轴方向移动，刀具移动指令必须垂直于 Z 方向。车削循环过程是平行于 Z 方向的；图 3-32 中四种图形是用 G71 指令根据 Δu 和 Δw 的符号给出的。

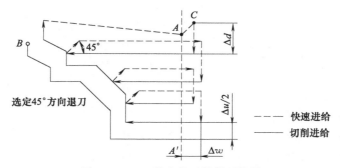

图 3-31 G71 指令的刀具循环路径

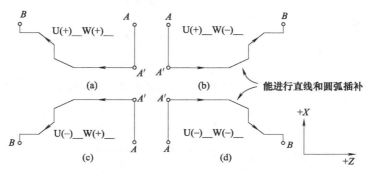

图 3-32 Δu 和 Δw 的符号

② 从 A' 到 B 的刀具轨迹在 X 轴及 Z 轴必须单调增加或单调减少。

③ 粗车循环，最后一刀切削都按 P ＿ Q ＿ 间精车程序段轨迹切削，留余量 Δu、Δw。

例 3-14：使用 G71、G70 指令完成图 3-33 所示零件加工，棒料直径 $\phi 105$，工件不切断（刀尖 $R0.4$）。

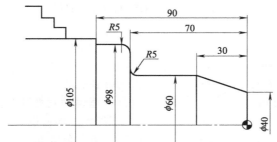

图 3-33 G71、G70 指令完成零件加工实例

程序：

```
O0017;
G40 G97 G99 S500 M03 T0101;          T0101 粗车刀
G00  X106.0 Z5.0 M08;                刀具快速运动到循环起点
G71 U2.0 R0.5;                       G71 切深 2.0mm,退刀量 0.5mm
G71 P10 Q20 U0.4 W0.2 F0.2;          X 向留精车余量 0.4mm,Z 向留精车余量 0.2mm
N10 G42 X0;                          加右刀补,N10～N20 是精车程序
G01 Z0 F0.15 S600;
X40.0;
```

```
X60. 0 Z- 30. 0;
Z- 65. 0;
G02 X70. 0 Z- 70. 0 R5. 0;
G01 X88. 0;
G03 X98. 0 Z- 75. 0 R5. 0;
G01 Z- 90. 0;
N20 G40 X106. 0;                        去刀补
G00 X150. 0 Z200. 0 M09;                换刀点
T0202;                                  换精车刀
G00 X106. 0 Z5. 0;                      外圆精车循环点
G70 P10 Q20;
G28 U0 W0 T0 M05;                       X 轴、Z 轴回参考点
M30;
```

例 3-15：使用 G71、G70 完成图 3-34 所示零件内孔加工，现工件已钻 ϕ26 底孔（刀尖 R0.4）。

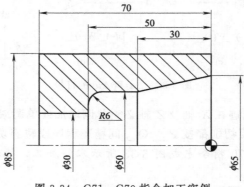

图 3-34　G71、G70 指令加工实例

程序：

```
O0018;
G40 G97 G99 S500 M03 T0303;             T0303 镗孔刀
G00   X25. 0 Z2. 0 M08;                 刀具快速运动到循环起点
G71 U2. 0 R0. 5;                        G71 切深 2.0mm，退刀量 0.5mm
G71 P10 Q20 U-0. 4 W0. 2 F0. 2;         X 向留精车余量 0.4mm，Z 向留精车余量 0.2mm
N10 G41 X65. 0 F0. 15;
G01 Z0;
X50. 0 Z- 30. 0;
Z- 44. 0;
G03 X38. 0 Z- 50. 0 R6. 0;
G01 X30. 0;
Z- 71. 0;
N20 G40 X25. 0;
G70 P10 Q20;
G28 U0 W0 T0 M05;
M30;
```

(3) 端面粗加工循环指令 G72

G72 指令适用于圆柱毛坯的端面方向粗车。G72 指令的执行过程除车削是平行于 X 轴进行外，其余均与 G71 相同。

指令格式：G72 W(Δd)R(Δe)；

G72 U(Δu) W(Δw) F __ S __ T __；

其中，Δd 为 Z 向切深。

图 3-35 所示为 G72 指令刀具循环路径。

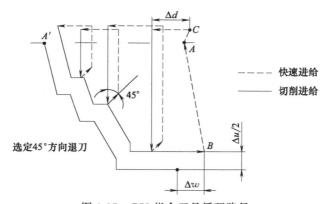

图 3-35　G72 指令刀具循环路径

注：粗车循环最后一刀，按 P __ Q __ 程序段轮廓均匀留余量 Δu、Δw。

用 G72 指令切削出的形状有图 3-36 所示四种图形，它们都是用平行于 X 轴的重复切削操作进行的。

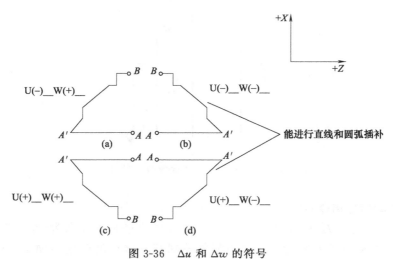

图 3-36　Δu 和 Δw 的符号

例 3-16：使用 G72、G70 指令完成图 3-37 所示零件外形车削，棒料直径 ϕ155，工件不切断。

程序：

```
O0017;
G50   S1500;                      限制主轴最高转速 1500r/min
G40 G96 G99 S80 M03 T0101;        主轴线速度恒定 80m/min
G00   X156.0 Z2.0;                粗车循环起点
```

```
G72 W2.0 R0.4;
G72 P10 Q20 U0.4 W0.4 F0.2;
N10 G00 G41 Z-45.0;
    G01 X150.0;
        Z-30.0;
    G02 X140.0 Z-25.0 R5.0;
    G01 X100.0;
    G03 X90.0 Z-20.0 R5.0;
    G01 Z-10.0;
        X60.0;
        Z0;
        X0;
N20 G40 Z2.0;
    G70 P10 Q20;
    G28 U0 W0 T0 M05;
    M30;
```

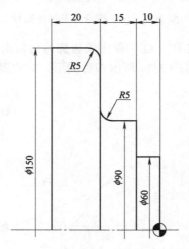

图 3-37   G72、G70 指令加工实例

（4）闭合车削循环指令 G73

G73 指令与 G71、G72 指令功能相同，只是刀具路径是按工件精加工轮廓进行的，如图 3-38 所示。G73 适用于毛坯轮廓形状与零件轮廓基本接近的毛坯粗加工。例如一些锻件、铸件的粗车。

指令格式：G73　U(Δi)　W(Δk)　R __ ;

G73 P(ns)Q(nf)U(Δu)W(Δw)F __ S __ T __ ;

其中，Δi 为沿 X 轴的退出距离和方向；Δk 为沿 Z 轴的退出距离和方向；R 为粗加工次数。

例 3-17： 使用 G73、G70 指令完成图 3-39 所示零件加工，零件已粗车，外圆余量 4mm，端面余量 2mm。工件不切断。

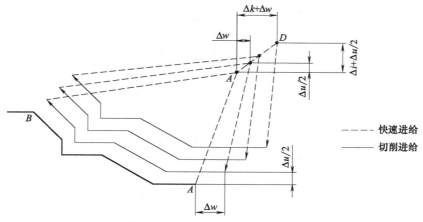

图 3-38 G73 指令刀具循环路径

程序:

```
O0018;
G40 G97 G99 S500 M03 T0101;
G00 X125.0 Z5.0;
G73 U2.0 W2.0 R4;
G73 P10 Q20 U0.4 W0.2 F0.2;
N10 G0 G42 X0;
G01 Z0 F0.15;
X50.0;
Z-20.0;
X70.0 Z-40.0;
Z-60.0;
G02 X90.0 Z-70.0 R10.0;
G01 X110.0 Z-80.0;
Z-100.0;
N20 G40 X115.0;
G00 X200.0 Z200.0;
T0202;
G00 X125.0 Z5.0;
G70 P10 Q20;
G28 U0 W0 T0 M05;
M30;
```

(5) 端面啄式钻孔循环指令 G74

G74 指令操作如图 3-40 所示,在循环中可处理断屑。如果省略 X(u) 及 P(Δi)、R(Δd),结果只在 Z 轴操作,用于钻孔。

指令格式:G74 R(Δe);
G74 X(u)Z(w)P(Δi)Q(Δk)R(Δd)F(f);

其中,Δe 为退刀量,该参数为模态值;X 为 B 点的 X 坐标值;u 为从 A 至 B 的增量;Z

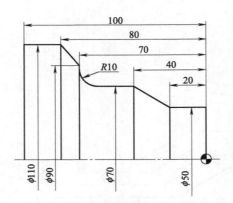

图 3-39　G73、G70 指令加工实例

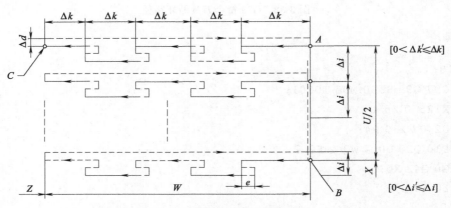

图 3-40　端面啄式钻孔循环 G74

为 C 点的坐标值；w 为从 A 至 C 的增量；Δi 为 X 方向间断切削长度（无正负）；Δk 为 Z 方向间断切削长度（无正负）；Δd 为切削至终点退刀量。Δd 的符号为正，但如果 X(u) 及 Δi 省略，可用所要的正负符号指定退刀方向。

例 3-18： 如图 3-41 所示，要在工件上钻 $\phi 8$、长 100mm 的孔，使用 G74 指令钻孔。

程序：

```
O0019;
G40 G97 G99 S700 M03 T0404;T0404 为 φ8 钻头
G00 X0 Z5.0;
G74 R0.3;
G74 Z- 100.0 Q8000 F0.1;
G00 Z150.0;
M05;
M30;
```

(6) 外径、内径啄式钻孔循环指令 G75

G75 指令如图 3-42 所示，加工循环可处理断屑和排屑。如果省略 Z(Δw)、Q(Δk) 和 R(Δd)，则仅有 X 轴移动，可用于外圆槽的循环加工。

指令格式：G75 R(e);

G75 X(u)Z(w)P(Δi)Q(Δk)R(Δd)F(f);

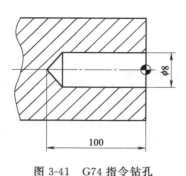

图 3-41 G74 指令钻孔

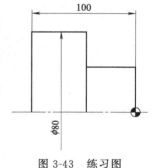

图 3-42 外径、内径啄式钻孔循环 G75

例 3-19：如图 3-43 所示，将工件切断（Z100 处）。

程序：

```
O0019;
T0303;           切刀宽 4mm,以左刀刃对刀
M03  S300;
G00 X85.0 Z- 104.0;
G75 R0.2;
G75 X0 P5000 F0.1;
W0.1;
G01 X85.0 F0
```

图 3-43 练习图

3.6 螺纹切削指令

3.6.1 螺纹进刀方式

在数控车床上用车削的方法可加工直螺纹和锥螺纹。车削螺纹的进刀方式有直进式和斜进式，如图 3-44 所示。斜进式时刀具单侧刃加工，可减轻负荷。切深可分为数次进给，每次进给背吃刀量用螺纹深度减去精加工背吃刀量所得的差按递减分配。常用的螺纹切削进给次数与背吃刀量见表 3-1。

螺纹切削时应注意在两端设置足够的升速进刀段 δ_1 和降速退刀段 δ_2。这两段的螺纹导程小于实际的螺纹导程，如图 3-45 所示。

(a) 直进式

(b) 斜进式

图 3-44 车削螺纹进刀方式

经验公式：$\delta_1 = 3.605\delta_2$；$\delta_2 = \dfrac{NL}{1800}$

式中　N——主轴转速 r/min；

　　　L——螺纹导程，mm；

1800——常数，它是基于伺服系统时间常数 0.033s 得出的。

注意：δ_1，δ_2 一般按下式选取。

　　　$\delta_1 \geqslant 2 \times$ 导程

　　　$\delta_2 \geqslant (1 \sim 1.5) \times$ 导程

表 3-1　常用的螺纹切削进给次数与背吃刀量　　　　　　　　mm

		米制螺纹						
螺距		1.0	1.5	2.0	2.5	3.0	3.5	4.0
牙深		0.649	0.947	1.299	1.624	1.949	2.273	2.598
切削进给次数与背吃刀量	1 次	0.7	0.8	0.9	1.0	1.2	1.5	1.5
	2 次	0.4	0.6	0.6	0.7	0.7	0.7	0.8
	3 次	0.2	0.4	0.6	0.6	0.6	0.6	0.6
	4 次		0.16	0.4	0.4	0.4	0.6	0.6
	5 次			0.1	0.4	0.4	0.4	0.4
	6 次				0.15	0.4	0.4	0.4
	7 次					0.2	0.2	0.4
	8 次						0.15	0.3
	9 次							0.2
		英制螺纹						
牙/英寸		24 牙	18 牙	16 牙	14 牙	12 牙	10 牙	8 牙
牙深		0.678	0.904	1.016	1.162	1.355	1.626	2.033
切削进给次数与背吃刀量	1 次	0.8	0.8	0.8	0.8	0.9	1.0	1.2
	2 次	0.4	0.6	0.6	0.6	0.6	0.7	0.7
	3 次	0.16	0.3	0.5	0.5	0.6	0.6	0.6
	4 次		0.11	0.14	0.3	0.4	0.4	0.5
	5 次				0.13	0.21	0.4	0.5
	6 次						0.16	0.4
	7 次							0.17

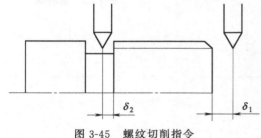

图 3-45　螺纹切削指令

3.6.2　螺纹切削指令 G32

G32 指令可车削直螺纹、锥螺纹和端面螺纹（涡形螺纹）。G32 进刀方式为直进式。G32 指令在编写螺纹加工程序时，车刀的切入、切出和返回均要写入程序中（注意：螺纹切削时，不可用主轴线速度恒定指令 G96）。程序员可控制螺纹的编程过程，这种控制有了人工的介入，从而可在螺纹加工中应用一些特殊的技巧，例如使用比螺纹本身小得多的螺纹刀加工螺纹形状或使用圆头切槽刀加工大螺距螺纹。

指令格式：G32 X(U)__　Z(W)__　F__；

其中，X(U)__ Z(W)__为螺纹终点坐标；F__为导程。

注意：

① 有些控制器也使用 G33。

② 双线或多头螺纹加工进行分头时，Z 向移动量＝螺距，移动次数＝线数－1。

③ 右旋螺纹，M3 Z－进刀；左旋螺纹，M3 Z＋进刀。

(1) 直螺纹加工

例 3-20：如图 3-46 所示，螺纹外径已车至 29.8；4×2 的槽已加工，此螺纹加工查表可知切削 5 次（0.9、0.6、0.6、0.4、0.1），至小径 $d=30-1.3\times2=27.4$（mm）。

程序：

```
O1;
G00 X32.0 Z5.0;        螺纹进刀至切削起点
    X29.1;             切进
G32 Z-28.0 F2.0;       切螺纹
G00 X32.0;             退刀
    Z5.0;              返回
    X28.5;             切进
G32 Z-28.0 F2.0;       切螺纹
...                    X向尺寸按每次吃刀深度递减,直至终点尺寸27.4
    Z5.0;
    X27.4;             切至尺寸
G32 Z-28.0 F2.0;
G00 X32.0;
    Z5.0;
```

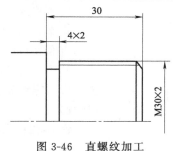

图 3-46　直螺纹加工

(2) 锥螺纹加工

例 3-21：锥螺纹加工如图 3-47 所示。

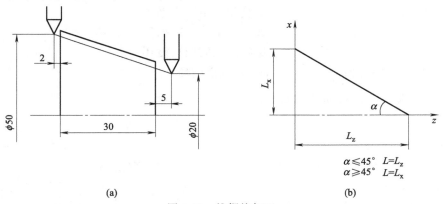

$\alpha\leqslant45°$　$L=L_z$

$\alpha\geqslant45°$　$L=L_x$

(a)　　　　　　　　　　　　　　　(b)

图 3-47　锥螺纹加工

程序：

```
O1;
Z5.0;
X20.0;                 进刀至尺寸
G32 X50.0 Z-32.0 F2.0; 车螺纹
```

3.6.3 螺纹加工循环指令 G92

通过前面例子可以看出，螺纹加工需多次进刀，使用 G32 编写程序较长，且易发生错误，因此数控车床一般均在数控系统中设置了螺纹加工循环指令 G92。

G92 用于螺纹加工，其循环路线与单一形状固定循环基本相同。如图 3-48 所示，循环路径中，除螺纹车削一般为进给运动外，其余均为快速运动。

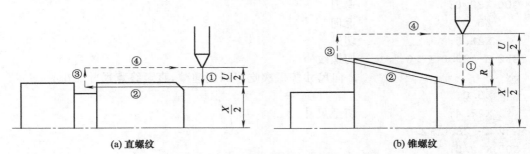

(a) 直螺纹　　　　　　　　(b) 锥螺纹

图 3-48 螺纹切削循环指令 G92

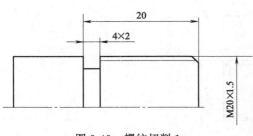

图 3-49 螺纹切削 1

输入格式：

直螺纹 G92　X(U)__　Z(W)__　F__；

锥螺纹 G92　X(U)__　Z(W)__　R__　F__；

其中，X(U)__　Z(W)__ 为螺纹终点坐标；R__ 为锥螺纹始点与终点的半径差；F__ 为螺距（导程）。

例 3-22：完成如图 3-49 所示螺纹切削。

程序：

```
G00 X22.0 Z5.0;              起刀点
G92 X19.2 Z- 18.0 F1.5;      螺纹加工第一次循环
    X18.6;                   螺纹加工第二次循环
    X18.2;                   螺纹加工第三次循环
    X18.05;                  螺纹加工第四次循环
G00 X100.0 Z150.0;           退刀,取消循环
```

例 3-23：完成如图 3-50 所示螺纹切削。

程序：

```
G00 X32.0 Z5.0;
G92 X31.2 Z- 18.0 R- 7.5 F1.5;
    X30.4;
    X29.8;
    X29.46;
    X29.30;
G00 X100.0 Z150.0;
```

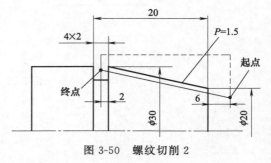

图 3-50 螺纹切削 2

注意：$R = (6+18) \times (20-30)/2/16 = -7.5$(mm)。

锥螺纹大端直径为 $30 + 2 \times (30-20)/16 - 1.3 \times 1.5 = 29.3$(mm)。

经验公式为

$$d = D - 1.3p$$

式中　d——螺纹小径，mm；

　　　D——螺纹大径，mm；

　　　p——螺距，mm。

3.6.4　复式螺纹切削循环指令 G76

G76 指令用于多次自动循环切削螺纹。图 3-51 所示为螺纹复合加工循环路径及进刀方法。

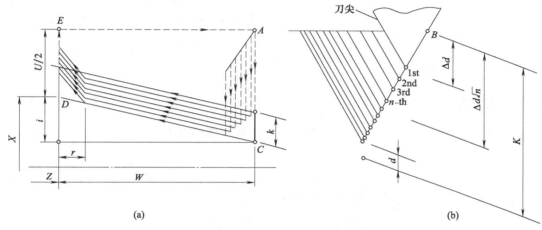

图 3-51　螺纹复合加工循环路径及进刀方法（G76）

复式螺纹切削循环指令 G76 格式：

G76 P(m)(r)(a) Q(Δd_{min}) R(d)；

G76 X(u) Z(w) R(i) P(k) Q(Δd) F(L)；

各参数定义如下。

m：精车重复次数，从 1 到 99，该参数为模态量。

r：螺纹尾端倒角量即斜线退出的导程数，该值的大小可设定为 $0 \sim 9.9L$，系数应为 0.1 的整数倍，用 00～99 之间的两位整数表示，其中 L 为导程。该参数为模态量。

a：刀尖角度，可从 80°、60°、55°、30°、29°和 0° 6 个角度中选择，用两位整数来表示。该参数为模态量。80°为德国 PG 螺纹；60°为标准 60°为螺纹（公制或英制）；55°为英制 55°螺纹；30°为公制梯形螺纹；29°为 ACME 类型螺纹；0°为直线或插入进刀。

m、r 和 a 用地址 P 同时指定，例如：$m=2$，$r=1.2L$，$a=60°$，表示为 P021260。

Δd_{min}：最小车削深度，用半径编程指定。车削过程中每次的车削深度为（$\Delta d \sqrt{n} - \Delta d \sqrt{n-1}$），当计算深度小于这个极限值时，车削深度锁定在这个值。该参数为模态量。

d：精车余量，用半径编程指定。该参数为模态量。

X(u)、Z(w)：螺纹终点坐标。

i：螺纹部分的半径差，$i=0$，则为直螺纹。

k：牙型高度，用半径值指定。

Δd：第一次车削深度，用半径值指定。

L：螺纹导程值。

在指令中 Q、P、R 地址后的数值应以无小数点形式表示。

例 3-24：完成图 3-52 所示螺纹切削。现加工 M68×6 螺纹，牙型高度为 3.9，螺距为 6，螺纹尾端倒角为 1.1L，刀尖角为 60°，第一次车削深度 1.8，最小车削深度 0.1，精车余量 0.2，精车削 1 次，螺纹精车前，先精车外圆柱面至尺寸。

螺纹加工程序如下。

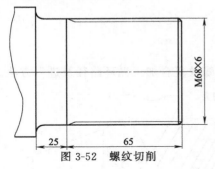

图 3-52　螺纹切削

```
O0011;
G97 S200 T0303 M03;
G00 X70.0 Z7.0;
G76 P011160 Q100 R200;
G76 X60.2 Z-65.0 P3900 Q1800 F6.0;
G00 X200.0 Z200.0;
M30;
```

3.6.5　螺纹加工实例

例 3-25：内外螺纹加工。完成如图 3-53 所示工件的螺纹加工。

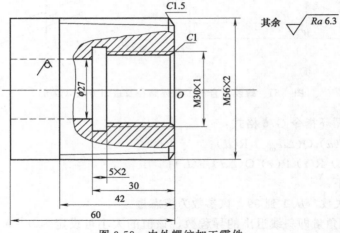

图 3-53　内外螺纹加工零件

（1）工艺路线

工件毛坯伸出三爪卡盘外 70mm 并夹紧。

① 车 M56×2 螺纹外径。

② 车 M56×2 螺纹。

③ 车 M30×1 螺纹底孔。

④ 切 5×2 内槽。

⑤ 车 M30×1 螺纹。

（2）刀具

T1 为内孔镗刀；T2 为内切槽刀，刀头宽度为 5mm，以左刀尖为对刀基准；T3 为 60° 内螺纹刀；T4 为 90° 外圆车刀，T5 为 60° 外螺纹刀。

程序：

```
O0031;
G97 G99 G21 G40;
T0101;          外圆车刀
```

```
M03 S600；

G00 X60 Z3；

G94 X0 Z0 F0.2；

G90 X55.74 Z-60；

G90 X58 Z-2.5 R-5.5；

G00 X100　Z100；

T0202；外螺纹刀

M03 S300；

G00 X60 Z5；

G76 P021060 Q50 R0.1；

G76 X53.835 Z-42.0 P1200 Q500 F2；

G00 X100 Z100；

T0303；镗刀

M03 S800；

G00 X24.0 Z2.0；

G90 X28.5 Z-30.0 F0.15；

X28.917；精车内孔

G00 X100.0 Z100.0；

T0404；内切槽刀

M03 S400；

G00 X25.0 Z2.0；

    Z-30.O；

  G01 X32.0 F0.1；

  G00 X25.；

G00 Z2.0；

G00 X100.0 Z100.0；

T0505；转内螺纹车刀

M03 S500；

G00 X26.0 Z2.0；

G92 X29.5 Z-28.0 F1.0；

X29.9；

X30.1；

G00 X100.0 Z100.0；

M30；
```

例 3-26： 多线螺纹加工。

在普通车床加工多线螺纹的关键是分线的准确，操作起来较为麻烦，而在数控车床加工多线螺纹要比普通车床简单得多。加工如图 3-54 所示工件的螺纹。这是一个米制三角形螺纹，导程为 3mm，线数为 2（多线螺纹），螺距为 1.5mm。

(1) 工艺路线

工件伸出三爪卡盘外 55mm 夹紧。

① 车 M30×3/2 外径。

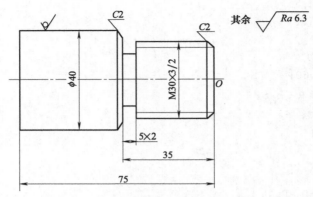

图 3-54　多头螺纹加工零件

② 切 5×2 空刀槽。

③ 车 M30×3 螺纹（第一条螺旋线）。

④ 将螺纹刀向左或向右移动 1.5mm（分线）。

⑤ 车 M30×3 螺纹（第二条螺旋线）。

(2) 刀具

T1 为 90°正偏刀；T2 为切槽刀，刀宽 5mm，以左刀尖为基准；T3 为 60°螺纹刀。

(3) 程序编制

```
O0032；
G99 G97 G40；
T0101；
M03 S800；
G00 X40 Z3；
G94 X0 Z0 F0.2；                平端面
G90 X30 Z- 35；                 粗车外圆
G00 X23.8 Z1
G01 X29.8 Z- 2 F0.15；           车倒角 2×45°
G01 Z- 35；
X36；
G01 X40 Z- 37；                 车第二倒角 2×45°
G00 X100 Z100；
T0202；                 切槽刀
M03 S600；
G00 X40   Z- 35；
G94 X36   F0.1；
G00 X100 Z100；
T0303；
M03 S400；
G00 X31.0 Z5.0；
G92 X29.2 Z- 32.5 F3.0；加工螺纹
X28.6；
```

```
X28.2;
X28.04;
G01 Z3.5;                    Z 向平移一个螺距
G92 X29.2 Z- 32.5 F3.0;      加工第二条螺旋线
X28.6;
X28.2;
X28.04;
G00 X100.0 Z100.0 T0300;
M05;
M30;
```

例 3-27：加工外锥螺纹。

在普通车床上加工锥螺纹难度较大，因螺纹牙型高度很难保持一致，而在数控车床上加工锥螺纹非常方便。加工如图 3-55 所示外锥螺纹零件，选择 60°螺纹车刀。

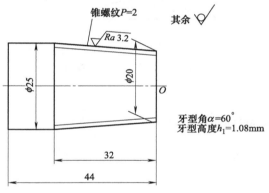

图 3-55 外锥螺纹零件

程序：

```
T1 为 90°正偏刀；T3 为 60°螺纹刀。
O0033;
G97 G99 G40 G21:
T0101;
M03 S800;
G00 X32 Z3;
G94 X0 Z0 F100;              平端面
G90 X25 Z-32 R-2.734 F100;
G00 X100 Z100 T0100;
M05;
T0303;
M03 S400;
G00 X30.0 Z5.0;
G92 X24.34 Z-35 R-3.125  F2.0;
X23.74. ;
```

```
X23. 14;
X22. 74;
X22. 64;
G00 X100 Z100;
M05;
M30;
```

例 3-28：加工如图 3-56 所示内锥螺纹零件。

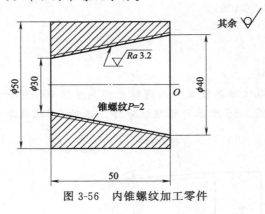

图 3-56 内锥螺纹加工零件

程序：

```
T1 为 90°镗刀;T3 为 60°内螺纹车刀。
O0034;
G40 G97 G99;
T0101;
M03 S800;
G00 X58 Z3;
G94 X0 Z0 F0. 2;                平端面
G00 X28;
G90 X30 Z- 50 R- 5. 3  F0. 15;
G00 X100 Z100;
M05;
T0303;
M03 S400;
G00 X30. 0 Z3. 0;
G92 X30. 6 Z- 53 R- 5. 3 F2. 0;
X31. 2;
X31. 8;
X32;
X32. 16;
G00 X100 Z100 T0300;
M05;
M30;
```

3.7 子程序应用

在零件加工时，当某一加工内容重复出现（即工件上相同的切削路线重复）时，可以将加工内容程序编制出来作为子程序，而在编程时通过主程序调用，使程序简化。

3.7.1 子程序调用

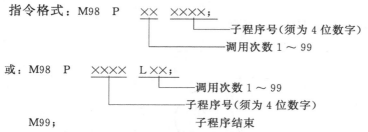

```
指令格式：M98  P  ××  ××××；
                              └── 子程序号(须为4位数字)
                         └──────── 调用次数 1～99

或：M98  P  ××××  L××；
                        └──── 调用次数 1～99
           └──────────── 子程序号(须为4位数字)

     M99；                  子程序结束
```

图 3-57 所示为子程序调用编程原理，子程序可为多重嵌套。

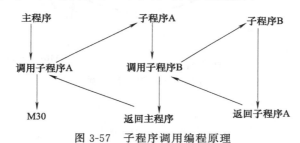

图 3-57 子程序调用编程原理

3.7.2 子程序编程实例

例 3-29：运用子程序完成如图 3-58 所示零件切槽加工。

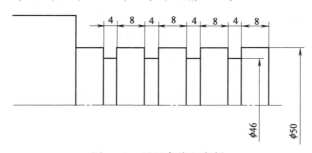

图 3-58 子程序编程实例

程序：

```
O00021;
G40 G97 G99 S600 M03 T0303;     T0303 为 4mm 宽切刀
G00 X52.0 Z0;
M98 P041234;                    调用 O1234 子程序 4 次
G00 X150.0 Z200.0;
```

```
G28 U0 W0 T0 M05;
M30;
```

子程序:O1234; 或	子程序:O1234;
G00 W- 12.0;	G00 W- 12.0;
G01 X46.0 F0.1;	G01 U- 6.0 F0.1;
X52.0 F0.4;	U6.0 F0.4;
M99;	M99;

例 3-30:利用子程序完成如图 3-59 零件程序编制。

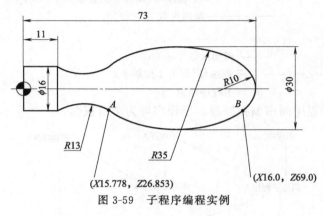

图 3-59 子程序编程实例

程序:

```
O0022;
G40 G97 G99 M03 S700 T0101;        T0101 为 90°偏刀(注意刀具刃与工件勿发
                                   生干涉)

G00 X30.0 Z78.0;
M98 P101235;
G00 X150.0 Z200.0;
G28 U0 W0 T0 M05;
M30;
子程序:
O1235;
G00 U- 3.0;
G01 W- 5.0 F0.15;
G03 U16.0 W- 4.0 R10.0;
G03 U- 0.222 W- 42.147 R35.0;
G02 U0.222 W- 15.853 R13.0;
G01 W- 11.0;
U20.0;
W78.0;
U- 36.0;
M99;
```

例 3-31：用子程序方式编写图 3-60 所示软管接头工件右端楔槽的加工程序。

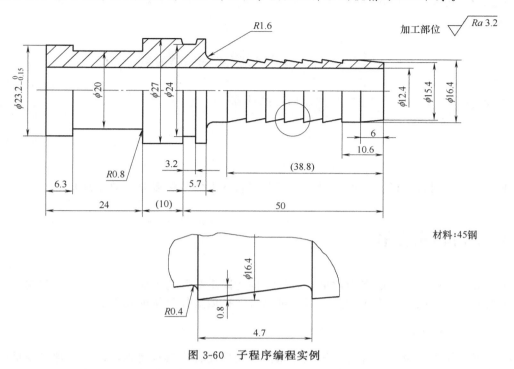

图 3-60 子程序编程实例

加工该工件时，应先加工左端（程序略），再加工右端。在编程时，要特别注意子程序的起点，本例中子程序 Z 向起点坐标 Z＝－10.6－3(刀宽)＋4.7＝－8.9。

程序：

```
O0021;
G40 G97 G99;
T0101;                       转外圆车刀
M03 S800;
G00 X28.0 Z2.0;
G71 U1.5 R0.3;               粗车外圆表面
G71 P10 Q20 U0.3 W0.1 F0.2;
N10 G0 G42 X15.4 F0.15;
G1 Z0.;
X16.4 Z-6.;
Z-42.7;
G02 X19.6 Z-44.3 R1.6;
N20 G01 G40 X28.0;
G70 P10 Q20;                 精车外圆
G00 X100.0 Z100.0;
T0202;                       转尖形车刀,设刀宽为 3mm(刀具勿干涉)
M03 S900;
G00 X17.4 Z-8.9;             注意循环起点的位置
M98 P60404;                  调用子程序 6 次
```

```
G00 X100.0 Z100.0;
M30;
O0404;                    子程序
G00 W- 4.7 F100;          尖形车刀到达车削右端第一槽的起点位置
G01 U- 1.8：
G02 U- 0.78 W- 0.47 R0.4;注意切点的计算
G01 U1.58 W- 4.23;
    U1.0：
M99;
```

注：此例切制右端楔槽，也可用成形车刀切制（工件数量多时，效率高）。

3.8　宏程序应用

在一般的程序中，程序字为常量，故只能描述固定的几何形状，缺乏灵活性和实用性。因此数控系统提供了用户宏程序功能，用户可以自己扩展数控系统的功能。

3.8.1　宏程序编制

在程序中使用变量，通过对变量进行赋值及处理使程序具有特殊功能，这种有变量的程序称为宏程序。FANUC 系统提供两种用户宏功能，即用户宏程序功能 A 和用户宏程序功能 B。这里我们介绍用户宏程序功能 B 的程序编制。

3.8.1.1　变量

(1) 变量的表示

一个变量由变量符号（♯）和变量号组成，如♯$i(i=1，2，3，…)$，也可用表达式来表示变量，如♯[<表达式>]。

(2) 变量的使用

在地址号后可使用变量，例如：

① F♯8，若♯8＝80，则表示 F80；

② X－♯26，若♯26＝20，则表示 X－20；

③ G♯13，若♯13＝2，则表示 G2；

(3) 变量的赋值

① 直接赋值。变量可在操作面板 MACRO 内容处直接输入，也可用 MDI 方式赋值，还可在程序内直接赋值，但等号左边不能用表达式，如♯10＝100.（或表达式）。

② 自变量赋值。宏程序体以子程序方式出现，所用的变量可在宏调用时在主程序中赋值。自变量赋值有两种类型。

a. 变量的赋值方法一。

这类变量中的文字变量与数字序号变量之间有表 3-2 所示确定的关系。

表 3-2　文字变量与数字序号变量之间的关系

文字变量	数字序号变量	文字变量	数字序号变量	文字变量	数字序号变量
A	♯1	I	♯4	T	♯20
B	♯2	J	♯5	U	♯21
C	♯3	K	♯6	V	♯22
D	♯7	M	♯13	W	♯23
E	♯8	Q	♯17	X	♯24
F	♯9	R	♯18	Y	♯25
H	♯11	S	♯19	Z	♯26

表 3-2 中，文字变量为除 G、L、N、O、P 以外的英文字母，一般可不按字母顺序排列，但 I、J、K 例外；♯1～♯26 为数字序号变量。

例如：G65　P9120　A200.0　X100.0　F100.0；

其含义为：调用宏程序号为 9120 的宏程序运行一次，并为宏程序中的变量赋值。其中：♯1 为 200.0，♯24 为 100.0，♯9 为 100.0。

b. 变量的赋值方法二。这类变量中的文字变量与数字序号变量之间有表 3-3 所示确定的关系。

表 3-3　文字变量与数字序号变量之间的关系

文字变量	数字序号变量	文字变量	数字序号变量	文字变量	数字序号变量
A	♯1	K_3	♯12	J_7	♯23
B	♯2	I_4	♯13	K_7	♯24
C	♯3	J_4	♯14	I_8	♯25
I_1	♯4	K_4	♯15	J_8	♯26
J_1	♯5	I_5	♯16	K_8	♯27
K_1	♯6	J_5	♯17	I_9	♯28
I_2	♯7	K_5	♯18	J_9	♯29
J_2	♯8	I_6	♯19	K_9	♯30
K_2	♯9	J_6	♯20	I_{10}	♯31
I_3	♯10	K_6	♯21	J_{10}	♯32
J_3	♯11	I_7	♯22	K_{10}	♯33

例如：G65 P9100 A20.0 I10.0 J0 K0 I8.0 J10.0 K9.0；

其含义为：调用宏程序号为 9100 的宏程序运行一次，并为宏程序中的变量赋值。其中：♯1 为 20.0，♯4 为 10.0，♯5 为 0，♯6 为 0，♯7 为 8.0，♯8 为 10.0，♯9 为 9.0。

注意：①变量的赋值方法一和方法二可以共存，此时后者有效。

例如：G65 P1000 A1. B2 I-3. I4. D5.；

由上行程序可以看出，I4. 和 D 都对♯7 赋值，后面的 D5. 有效，所以，♯7＝5.0。

②I、J、K 的顺序不能颠倒，不赋值可以省略。

例如：G65 P1000 J5. I4.；　♯5＝5.0 ♯7＝4.0

(4) 变量的种类

变量分为局部变量、公用变量（全局变量）和系统变量三种。

① 局部变量（♯1～♯33）。作用于宏程序某一级中的变量称为局部变量，即这一变量在同一程序级中调用时含义相同，若在另一级程序（如子程序）中使用，则意义不同。局部变量主要用于变量间的相互传递，初始状态下未赋值的局部变量即为空白变量。

② 公用变量（♯100～♯199，♯500～♯999）。可在各级宏程序中被共同使用的变量称为公用变量，即这一变量在不同程序级中调用时含义相同。因此，一个宏程序中经计算得到的一个公用变量的数值，可以被另一个宏程序应用。当断电时，变量♯100～♯199 初始化为空。变量♯500～♯999 的数据保存，即使断电也不丢失。

③ 系统变量。系统变量用于读和写 CNC 运行时各种数据的变化，例如，刀具的当前位置和补偿值。但是某些系统只能读。系统变量是自动控制和通用加工程序开发的基础。

a. 接口信号是可编程机床控制器（PLC）和用户宏程序之间交换的信号。

b. 刀具补偿♯2000～♯2200，用系统变量可以读和写刀具补偿值。

c. 程序报警的系统变量♯3000 中存储报警信息地址。如♯3000＝n，则显示 n 号警告。

d. 时间信息♯3001、♯3002。

e. 自动运行控制♯3003、♯3004。

f. 模态信息♯4001～♯4130。如♯4001为G00～G03，若当前为G01状态，则♯4001中值为01。♯4002为G17～G19，若当前为G17平面，则♯4002中值为17。♯4003为G90、G91。

g. 位置信息♯5001～♯5104，保存各种坐标值，包括绝对坐标、距下一点距离等。

系统变量还有多种，为编制宏程序提供了丰富的信息来源。

(5) 未定义变量的性质

当变量值未定义时，这样的变量称为"空变量"。变量♯0表示总是空变量。

① 空变量引用。当引用一个未定义的变量时，地址本身也被忽略，见表3-4。

表3-4　空变量引用

♯1=＜空＞	♯1=0
G90 X100. Y♯1;相当于 G90 X100. ;	G90 X100. Y♯1;相当于 G90 X100. Y0;

② 空变量运算。除用＜空＞赋值以外，其余情况下＜空＞与0相同，见表3-5。

表3-5　空变量运算

♯1=＜空＞	♯1=0
♯2=♯1,则♯2=＜空＞	♯2=♯1,则♯2=0
♯2=♯1*5,则♯2=0	♯2=♯1*5,则♯2=0
♯2=♯1+♯1,则♯2=0	♯2=♯1+♯1,则♯2=0

③ 条件表达式。条件表达式见表3-6。

表3-6　条件表达式

♯1=＜空＞	♯1=0	♯1≥♯0　成立	♯1≥0　成立
♯1=♯0　成立	♯1=♯0　不成立	♯1＞♯0　不成立	♯1＞0　不成立
♯1≠0　成立	♯1≠0　不成立		

3.8.1.2　宏程序的使用方法

(1) 宏程序的使用格式

宏程序的编写格式与子程序相同，其格式如下。

0～(0001～8999为宏程序号)

N10 指令

⋮

N～ M99

上述宏程序内容中，除通常使用的编程指令外，还可使用变量、算术运算指令及其他控制指令。变量值在宏程序调用指令中赋值。

(2) 选择程序号

程序在存储器中的位置决定了该程序的一些权限，用户可根据程序的重要程度和使用频率选择合适的程序号，具体如表3-7所示。

表3-7　程序编号使用规则

O1～O7999	程序能自由存储、删除和编辑
O8000～O8999	不经设定,该程序就不能进行存储、删除和编辑
O9000～O9019	用于特殊调用的宏程序
O9020～O9899	如果不设定参数,就不能进行存储、删除和编辑
O9900～O9999	用于机器人操作程序

（3）用户宏程序的调用指令

用户宏指令是调用用户宏程序本体的指令。

① 非模态调用（单纯调用）。

指令格式 G65 P××××（宏程序号）L（重复次数）（自变量赋值）

其中，G65 为宏程序调用指令；P（宏程序号）为被调用的宏程序代号；L（重复次数）为宏程序重复运行的次数，重复次数为 1 时，可省略不写；自变量赋值为宏程序中使用的变量赋值。

在书写时，G65 必须写在（自变量赋值）之前。

② 模态调用。模态调用功能近似固定循环的续效作用，在调用宏程序的语句以后，每执行一次移动指令，就调用一次宏程序。

指令格式：G66 P××××（宏程序号）L（重复次数）（自变量赋值）；

G67；取消宏程序模态调用方式

在书写时，G66 必须写在（自变量赋值）之前。

```
例如:O0001;
     ⋮
G0 G90 X100.Y50.;
G66 P9110 Z-20.R5.F100;      O9110宏程序钻孔(O9110程序略)
G90 X20.Y20.;                孔位
X50.;                        孔位
Y50.;                        孔位
X0 Y80.;                     孔位
G67;
M30;
```

③ 多重非模态调用。宏程序与子程序相同的一点是，一个宏程序可被另一个宏程序调用，最多可调用 4 重。

3.8.1.3 算术运算指令

宏程序具有赋值、算术运算、逻辑运算、函数运算等功能。变量之间进行运算的通常表达形式是 $\#i=$（表达式）。

（1）变量的定义和替换

$\#i=\#j$

（2）加减运算

$\#i=\#j+\#k$ 加

$\#i=\#j-\#k$ 减

（3）乘除运算

$\#i=\#j*\#k$ 乘

$\#i=\#j/\#k$ 除

（4）逻辑运算

$\#i=\#j\,OR\,\#k$ 或

$\#i=\#j\,XOR\,\#k$ 异或

$\#i=\#j\,AND\,\#k$ 与

（5）函数运算

$\#i=SIN[\#j]$ 正弦函数（单位为度）

$\#i=\mathrm{ASIN}\ [\#j]$	反正弦函数	
$\#i=\mathrm{COS}\ [\#j]$	余函数（单位为度）	
$\#i=\mathrm{ACOS}\ [\#j]$	反余弦函数	
$\#i=\mathrm{TAN}\ [\#j]$	正切函数（单位为度）	
$\#i=\mathrm{ATAN}\ [\#j]$	反正切函数（单位为度）	
$\#i=\mathrm{SQRT}\ [\#j]$	平方根	
$\#i=\mathrm{ABS}\ [\#j]$	取绝对值	
$\#i=\mathrm{ROUND}\ [\#j]$	四舍五入整数化	
$\#i=\mathrm{FIX}\ [\#j]$	小数点以下舍去	
$\#i=\mathrm{FUP}\ [\#j]$	小数点以下进位	
$\#i=\mathrm{LN}\ [\#j]$	自然对数	
$\#i=\mathrm{EXP}\ [\#j]$	e^x 指数函数	

(6) 运算的组合

以上算术运算和函数运算可以结合在一起使用，运算的先后顺序是函数运算、乘除运算、加减运算。

(7) 括号的应用

表达式中括号的运算将优先进行。连同函数中使用的括号在内，括号在表达式中最多可用5层。

3.8.1.4 控制指令

控制指令起到控制程序流向的作用。

(1) 条件转移

程序格式 IF［条件表达式］ GOTO n

以上程序段含义如下。

① 如果条件表达式的条件得以满足，则转而执行程序中程序号为 n 的程序段，程序段号 n 可以由变量或表达式替代。

② 如果表达式中条件未满足，则顺序执行下一段程序。

③ 如果程序作无条件转移，则条件部分可以被省略。

④ 条件表达式可按如下书写：

$\#j$	EQ	$\#k$	表示＝
$\#j$	NE	$\#k$	表示≠
$\#j$	GT	$\#k$	表示＞
$\#j$	LT	$\#k$	表示＜
$\#j$	GE	$\#k$	表示≥
$\#j$	LE	$\#k$	表示≤

```
例如：下面的程序可计算数值 1～10 的总和。
O9200;
# 1= 0;                      存储和数变量的初值
# 2= 1;                      被加数变量的初值
N1 IF[# 2 GT 10] GOTO 2;     当被加数大于 10 时转移到 N2
# 1= # 1+ # 2;               计算和数
# 2= # 2+ 1;                 下一个被加数
GOTO 1;                      转到 N1
N2 M30;                      程序结束
```

(2) 循环指令

程序格式

WHILE ［条件表达式］ DO $m(m=$ 1,2,3);

…

END m;

上述"WHILE…END m"程序含义如下。

① 条件表达式满足时，程序段 DO m 至 END m 即重复执行。

② 条件表达式不满足时，程序转到 END m 后处执行。

③ 如果 WHILE ［条件表达式］部分被省略，则程序段 DO m 至 END m 之间的部分将一直重复执行。

注意：

① WHILE DO m 和 END m 必须成对使用。

② DO 语句允许有 3 层嵌套。

DO 1

DO 2

DO 3

END 3

END 2

END 1

③ DO 语句范围不允许交叉，即如下语句是错误的。

DO 1

DO 2

END 1

END 2

例如：下面的程序可计算数值 1~10 的总和。

```
O1000;
# 1= 0;
# 2= 1;
WHILE[# 2 LE 10] DO 1;
# 1= # 1+ # 2;
# 2= # 2+ 1;
END 1;
M30;
```

3.8.2 宏程序编制实例

例 3-32：车削图 3-61 所示台阶轴，编制宏程序完成加工。

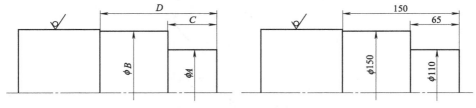

图 3-61 加工台阶轴

宏指令：

G65 P8010 A_B_C_D_S_F_;

其中：

A	:台阶直径1	#1
B	:台阶直径2	#2
C	:台阶长度1	#3
D	:台阶长度2	#7
S	:主轴转速	#19
F	:进给速度	#9

宏程序：

```
O8010;
M3 S#19;
G0 X[#2+5.] Z5.;
G42 X0;
G1 Z0 F#9;
X#1;
Z-#3;
X#2;
Z-#7;
X[#2+2.];
G40 X[#2+5.];
G0 Z5.;
M99;
```

主程序：

```
O1005;
T0101;
M3 S600;
G97 G99 G40 M8;
G65 P8010 A110.B150.C65.D150.S500 F0.15;
G28 U0 W0 M5;
M9;
M30;
```

例3-33：完成图3-62所示零件抛物线曲面的加工，零件各圆柱面尺寸已保证。

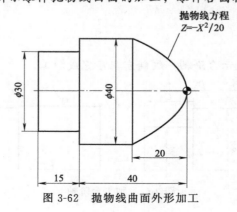

图3-62　抛物线曲面外形加工

程序：

方法一：

```
O0002;
G40 G97 G99;
M03 S700;
T0101;                            T0101 为 90°偏刀
G00  X42. Z2. ;
G71 U2. R0.5;
G71 P10 Q20 U0.2 W0.2 F0.2;
N10 G0 X0;
G1 Z0;
G3 X40. Z- 20. R20. ;
N20 G1 X42. ;
M98 P200;                         调用子程序 O0200
G0 X100. Z100. ;
M5;
M30;
```

注意： 此例也可以通过改变刀具参数来完成抛物线曲面的粗、精加工。

```
O0200;
G00 X0 Z2. ;                      切削起点
# 1= 0;                           X/2 赋初始值
# 2= 0.1;                         加工步距
# 3= - 20.5;                      Z 向切削终点值(20+ 0.5 0.5 为延伸值)
N10 # 4= # 1* 2;                  求任意点 2X(直径)值
# 5= - (# 1* # 1/20);            求任意点 Z 值
G1 X# 4 Z# 5 F0.1;               直线移动
# 1= # 1+ # 2;                    变换动点
IF[# 5 GT # 3] GOTO 10;          终点判别
G0 X45. ;                         切削完毕抬刀
M99;
```

注： 加工步距（#2＝0.1）影响加工精度和效率。当#2赋值过小时，有些系统由于内存不足将无法执行，此时可将#2调整（例#2＝0.2或#2＝0.5等）即可。

方法二：

```
O0012;
G40 G97 G99;
M03 S700;
T0101;
G40 X42. Z10. ;
M98 P120;
G0 X100. Z100. ;
M5;
M30;
O0120;
```

```
# 6= 6. ;                          Z 向让刀量
N5 G00 X0 Z2. ;                    切削起点
# 1= 0;                            X/2 赋初始值
# 2= 0.1;                          加工步距
# 3= - 20.5;                       Z 向切削终点值(20+ 0.5,0.5 为延伸值)
N10# 4= # 1* 2;                    求任意点 2X(直径)值
# 5= - [# 1* # 1/20];              求任意点 Z 值
# 5= # 5+ # 6;                     任意点 Z 值加上让刀量
G1 X# 4 Z# 5 F0.1;                 直线移动
# 1= # 1+ # 2;                     变换动点
# 3= # 3+ # 6;                     切削终点 Z 值加上让刀量
IF[# 5GT# 3] GOTO 10;              终点判别
G0 X42. Z0;                        抬到退回起点
# 6= # 6- 1. ;                     Z 向让刀量递减
IF[# 6GE0] GOTO 5;                 进行 Z 向让刀量判别,当< 0 时结束加工
M99;
```

例 3-34：完成图 3-63 所示零件抛物线曲面内腔的精加工，零件其余表面尺寸已保证。

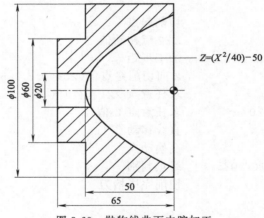

$$Z=(X^2/40)-50$$

图 3-63　抛物线曲面内腔加工

程序：

```
O0003;
G40 G97 G99;
M03 S700;
T0101;                             镗孔刀
G0 X89. Z2. ;                      切削起点
M98 P300;
G0 Z100. ;
X100. ;
M5;
M30;
```

```
O0300;
G0 X89. Z2. ;
# 1= 1. ;                          抛物线延伸点
# 5= 0.1;                          加工步距
N10 # 2= # 1+ 50. ;
# 3= SQRT[# 2* 40];                求任意点 X/2 值
# 4= # 3* 2;                       任意点 X(直径)值
G1 X# 4 Z# 1;                      直线移动
# 1= # 1- # 5;                     变换动点
IF[# 1GE- 48.] GO TO10;            终点判别
M99;
```

例 3-35：完成图 3-64 所示零件椭圆曲面的加工，零件其余表面尺寸已保证。

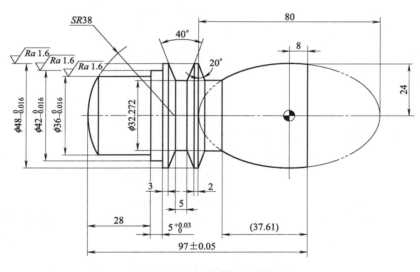

图 3-64　椭圆曲面的加工

方程：

$$Z^2/a^2 + X^2/b^2 = 1$$

式中　a——椭圆长半轴，mm；

　　　b——椭圆短半轴，mm。

程序：

```
O0004;
G40 G97 G99;
M03 S700;
T0101;                             93°菱形外圆车刀
G0 X54. Z8.5;                      切削起点
M98 P400;
G0 X100. ;
```

```
Z100. ;
X100. ;
M5;
M30;


O0400;
# 10= 6. ;                              X 轴退刀量
# 11= 0.1;                              加工步距
N10 G0 X54. Z8.5;
# 1= 40. ;                              椭圆长半轴
# 2= 24. ;                              椭圆短半轴
# 3= 8.5;                               # 3 为 Z 轴变量,起点# 3= 8.5
# 4= - 29.61;                           Z 轴中止
N20# 5= SQRT[# 1* # 1- # 3* # 3];
# 6= 2* # 5* # 2/# 1;                   任意点 X 值
# 6= # 6+ # 10;                         任意点 X 值加上让刀量
G1 X# 6 Z# 3 F0.2;                      直线移动
# 3= # 3- # 11;                         变换动点
IF[# 3GE# 4] GO TO 20;终点判别
G0 X54. ;                               抬刀
Z8.5;                                   退刀至切削起点
# 10= # 10- 1. ;                        X 向让刀量递减
IF[# 10GE0] GO TO 10;                   进行 X 向让刀量判别,当< 0 时结束加工
M99;
```

例 3-36：完成图 3-65 所示椭圆轮廓的加工，零件其余表面尺寸已保证。

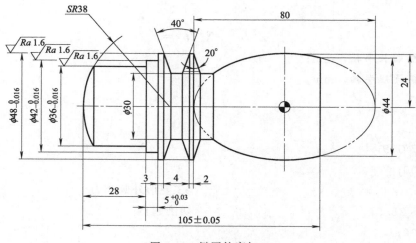

图 3-65　椭圆轮廓加工

加工程序:

```
O0005;
G40 G97 G99;
M03 S700;
T0101;                                   93°菱形外圆车刀
G0 X50. Z16.5;                           切削起点
M98 P600;
G0 X100. ;
Z100. ;
M5;
M30;


O600;
# 10= 6. ;
# 11= 0.1;
N3 G0 X50. Z16.5;
# 1= 40. ;                               椭圆长半轴
# 2= 24. ;                               椭圆短半轴
# 3= 22. ;                               X 轴半径值
# 4= 24. ;                               X 轴半径值
N1 # 8= SQRT[1- # 3* # 3/# 2/# 2];
# 5= # 1* # 8;
# 6= 2* # 3+ # 10;
G1 X# 6 Z# 5 F0.2;
# 3= # 3+ # 11;
IF[# 3LE# 4] GOTO 1;
# 3= 24. ;
# 4= 15. ;
N2 # 8= SQRT[1- # 3* # 3/# 2/# 2];
# 5= # 1* # 8;
# 6= 2* # 3+ # 10;
G1 X# 6 Z- # 5 F0.2;
# 3= # 3- # 11;
IF[# 3GE# 4]  GOTO 2;
G0 X50.
Z16.5;
# 10= # 10- 1.;
IF[# 10GE0] GOTO 3;
M99;
```

例3-37: 完成图 3-66 所示零件椭圆曲面的加工,零件其余表面尺寸已保证。

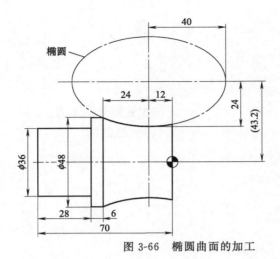

图 3-66 椭圆曲面的加工

程序：

```
O0005;
G40 G97 G99;
M03 S700;
T0101;                               93°菱形外圆车刀
G0 X42. Z1. ;                        切削起点
M98 P500;
G0 X100. ;
Z100. ;
M5;
M30;

O0500;
# 10= 4. ;                           X轴退刀量
# 11= 0.1;                           加工步距
N10 G0 X42. Z1. ;
# 1= 40. ;                           椭圆长半轴
# 2= 24. ;                           椭圆短半轴
# 3= 13. ;                           # 3为Z轴变量
# 4= - 25. ;                         Z轴中止(此点已延伸1mm)
N20# 5= SQRT[# 1* # 1- # 3* # 3];
# 6= 2* [43.2- # 5* # 2/# 1];        任意点X值
# 6= # 6+ # 10;                      任意点X值加上让刀量
G1 X# 6 Z[# 3-12.] F0.2;             直线移动,起点Z= 1
# 3= # 3- # 11;                      变换动点
IF[# 3GE# 4] GOTO 20;终点判别
G0 X50. ;                            抬刀
Z1. ;                                退刀至切削起点
# 10= # 10- 1. ;                     X向让刀量递减
IF[# 10GE0] GO TO 10;                进行X向让刀量判别,当< 0时结束加工
M99;
```

例 3-38： 完成图 3-67 所示零件的加工，零件毛坯为 $\phi50$ 圆棒料。

此工件的加工关键在于抛物线曲面、椭圆曲面的粗、精加工以及与其他表面的光滑转接。图 3-68 为粗加工示意图。

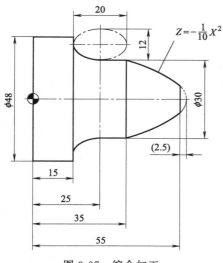

图 3-67　综合加工

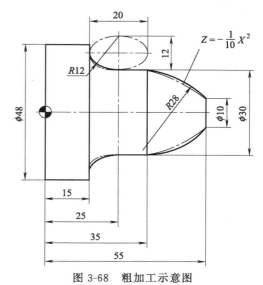

图 3-68　粗加工示意图

程序：

```
O0006；
N1；粗加工
G40 G97 G99；
M03 S600；
T0101 M08；                          外圆车刀
X52. Z60. ；
G71 U1. 5 R0. 5；
G71 P10 Q20 U0. 4 W0. 2 F0. 2；
N10 G0 X0；
    G1 Z55. ；
    X10. ；
G3 X30. Z35. R28. ；
G1 Z25. ；
G2 X42. Z15. R12. ；
G1 X48. ；
Z- 5. ；
N20 X51. ；
G0 X100. ；
Z200. ；
N2；精加工
T0202；                              外圆车刀
M3 S600；
G0 X52. Z60. ；
M98 P0130；                          加工抛物线曲面
G1 Z25. ；
M98 P0140；                          加工椭圆曲面
```

```
G1 X48. ;
Z- 5. ;
X51. ;
G0 X100. ;
Z200. ;
N3;切断
T0303;                                    切刀（a= 4mm）
S300;
G0 X50.
Z- 4. ;
G75 R0. 5;
G75 X0 P8000 F0. 1;
G01 W0. 1;
X51. F0. 5;
G0 X100. Z200. ;
G28 U0 W0 T0 M5;
M30;


O0130;
    G00 X0  ;
    Z57. 5;                               切削起点
    # 1= 0;                               X/2 赋初始值
    # 2= 0. 1;                            加工步距
    # 3= - 22. 5;                         Z 向切削终点值
    N10 # 4= # 1* 2;                      求任意点 2X（直径）值
    # 5= 57. 5- [# 1* # 1/10];            求任意点 Z 值
    G1 X# 4 Z# 5 F0. 1;                   直线移动
    # 1= # 1+ # 2;                        变换动点
    IF[# 5 GE[57. 5+ # 3]]  GOTO 10;      终点判别
    M99;


    O140;
    G1 X30. Z25. ;
    # 11= 0. 1;                           加工步距
    # 1= 10. ;                            椭圆长半轴
    # 2= 6. ;                             椭圆短半轴
    # 3= 0;                               # 3为椭圆曲面 Z 轴起始值
    # 4= - 10. ;                          Z 轴中止
    N20 # 5= SQRT[# 1* # 1- # 3* # 3];
    # 6= 2* [21- # 5* # 2/# 1];           任意点 X 值
    G1 X# 6 Z[25+ # 3] F0. 2;             直线移动
    # 3= # 3- # 11;                       变换动点
    IF[# 3GE# 4] GOTO 20;                 终点判别
    M99;
```

第4章

数控车编程常用指令
（SIEMENS系统）

4.1 SIEMENS 系统编程基本结构

4.1.1 程序名称

在编制程序时按以下规则确定程序名。

① 开始的两个符号必须是字母。

② 其后的符号可以是字母、数字或下划线。

③ 最多 16 个字符。

④ 不得使用分隔符。

例如：ZLX1 _ 1。

4.1.2 程序结构和内容

NC 程序由若干个程序段组成，所采用的程序段格式属于可编程程序段格式。

每一个程序段执行一个加工工步，每个程序段由若干个程序字组成，最后一个程序段包含程序结束符 M02 或 M30。请看如下程序：

```
ZLX1;
N10 T1 D1;
N20 G90 G54 S800 M3;
N30 G0 X30 Z5;
N40 G1 Z- 10 F0.15;
N50 G91 G2 X0 Z- 15 CR= 20;
N60 G90 G1 Z- 35;
N70 G01 X35;
N80 G0 Z5;
N90 L10;
N100 …;
N…;
N… M30;
```

4.1.3 程序字及地址符

程序字是组成程序段的元素，由程序字构成控制器的指令。

程序字如功能字 G1、F50，坐标字 X120.0 等由以下几部分组成：

① 地址符，一般是一个字母。

② 数值，是一个数值串，它可以带正负号和小数点，正号可以省略不写。

③ 多个地址符，一个程序字可以包含多个字母，数值与字母之间还可以用符号"＝"隔开。

例如：CR＝16.5，表示圆弧半径＝16.5mm。

此外，G 功能也可以通过一个符号名进行调用。例如 SCALE，即打开比例系数。

④ 扩展地址，对于如下地址：

R   计算参数
H   H 功能
I，J，K   插补参数/中间点

可以通过 1～4 个数字进行地址扩展。在这种情况下，其数值可以通过"＝"进行赋值。

例如：R10＝5   H6＝10   I1＝30.6。

4.1.4 程序段结构

程序段由若干个字和程序段结束符"LF"组成。在程序编写过程中进行换行或按输入键时，可以自动产生程序段结束符。

① 字顺序，程序段中有很多指令时建议按如下顺序：

N__G__X__Y__Z__F__S__T__D__M__H__

② 程序段号说明，建议以 5 或 10 为间隔选择程序段号，以便修改插入程序段时赋予程序段号。

那些不需在每次运行中都执行的程序段可以被跳跃过去，因此可在这样的程序段的段号之前输入斜线符"/"。通过操作机床控制面板或者通过 PLC 接口控制信号使跳跃程序段生效。

在程序运行过程中，一旦跳跃程序段生效，则所有带"/"符的程序段都不予执行，当然这些程序段中的指令也不予考虑。程序从下一个没带斜线符的程序段开始执行。

③ 注释，利用加注释的方法可在程序中对程序段进行说明。注释可作为对操作者的提示显示在屏幕上。

```
例如：
N10 G90 G54 S800 M3   ;主程序
N20 G00 X100 Z5;
N30 G01 Z- 30 F0.15;
N40 X106;
/N50 X118 Z- 45;         ;程序段可以被跳跃
N60 X120;
N70 G00 X200 Z200 M05;
N80 M02                  ;程序结束
```

4.2 SIEMENS 系统常用 G 代码和 M 代码介绍

4.2.1 SIEMENS G 功能格式

G 功能格式见表 4-1。

表 4-1　G 功能格式

分类	分组	代码	意义	格式	备注
插补	1	G00	快速插补	G00 X__ Z__	
		G01	直线插补	G01 X__ Z__ F__	
		G02	顺时针圆弧（终点＋圆心）	G02 X__ Z__ I__ K__	X、Z确定终点，I、K确定圆心
			顺时针圆弧（终点＋半径）	G02 X__ Z__ CR=__	X、Z确定终点，CR为半径（大于0为优弧，小于0为劣弧）
			顺时针圆弧（圆心＋圆心角）	G02 AR=__ I__ K__	AR确定圆心角（0～360°），I、K确定圆心
			顺时针圆弧（终点＋圆心角）	G02 AR=__ X__ Z__	AR确定圆心角（0～360°），X、Z确定终点
		G03	逆时针圆弧（终点＋圆心）	G03 X__ Z__ I__ K__	
			逆时针圆弧（终点＋半径）	G03 X__ Z__ CR=__	
			逆时针圆弧（圆心＋圆心角）	G03 AR=__ I__ K__	
			逆时针圆弧（终点＋圆心角）	G03 AR=__ X__ Z__	
		CIP	圆弧插补（三点圆弧）	CIP X__ Z__ I1=__ K1=__	X、Z确定终点，I1、K1确定中间点。是否为增量编程对终点和中间点均有效
增量设置	14	G90	绝对量编程	G90	
		G91	增量编程	G91	
单位	13	G70	英制单位输入	G70	
		G71	公制单位输入	G71	
工件坐标	9	G53	取消工件坐标设定	G53	
	8	G54	工件坐标1	G54	
		G55	工件坐标2	G55	
		G56	工件坐标3	G56	
		G57	工件坐标4	G57	
复位	2	G74	回参考点（原点）	G74 X1=__	回原点的速度为机床固定值
刀具补偿	7	G40	取消刀补	G40	在指令 G40、G41 和 G42 的一行中必须同时有 G00 或 G01 指令（直线），且要指定一个当前平面内的轴
		G41	左侧刀补	G41	
		G42	右侧刀补	G42	
	15	G94	进给率 F，单位 mm/min	G94	
		G95	主轴进给率 F，单位 mm/r	G95	

4.2.2　其他指令

其他指令格式见表 4-2。

表 4-2　其他指令格式

指令	意义	格式
MCALL	循环调用	如：N10　MCALL CYCLE…(50,0,…)
CYCLE82	平底扩孔固定循环	CYCLE82(RTP,RFP,SDIS,DP,DPR,DTB)
CYCLE93	切槽循环	CYCLE93（SPD，SPL，WIDG，DIAG，STA1，ANG1，ANG2，RCO1，RCO2，RCI1，RCI2，FAL1，FAL2，IDEP，DTB，VARI）
CYCLE94	凹凸切削循环	CYCLE94(SPD,SPL,FORM)
CYCLE95	毛坯切削循环	CYCLE95（NPP，MID，FALZ，FALX，FAL，FF1，FF2，FF3，VARI，DT，DAM，_VRT）
CYCLE97	螺纹切削	CYCLE97（PIT，MPIT，SPL，FPL，DM1，DM2，APP，ROP，TDEP，FAL，IANG，NSP，NRC，NID，VARI，NUMT）

4.2.3 支持的 M 代码

M 功能格式见表 4-3。

表 4-3 M 功能格式

代码	意义	格式	功能
M00	停止		
M01	选择性暂停		
M03	主轴顺时针旋转		
M04	主轴逆时针旋转		
M05	主轴停转		
M06	换刀	Tx 或 T＝x 或 Ty＝X	选择第 x 号刀，x 范围为 0～32000，T0 取消刀具
		M06	T 生效且对应补偿 D 生效
M17	子程序结束		若单独执行子程序，则此功能与 M2 和 M30 相同
M02	主程序结束		若主程序被其他程序调用，则功能同 M17
M30	主程序结束且返回程序头		

4.3 常用指令（SIEMENS 系统）

4.3.1 坐标系的确定

（1）绝对坐标和相对坐标

1）功能

G90 和 G91 指令分别对应着绝对坐标和相对坐标。G90/G91 适用于所有坐标轴。

在坐标不同于 G90/G91 的设置时，可以在程序段中通过 AC/IC 以绝对坐标/相对坐标方式进行。这两个指令不决定到达终点位置的轨迹，轨迹由 G 功能组中的其他 G 功能指令决定。

2）编程

  G90 绝对坐标 G91 相对坐标

  X＝AC（…）以绝对坐标输入，程序单段有效

  X＝IC（…）以相对坐标输入，程序单段有效

3）G90 和 G91 编程举例

  N10 G90 X20 Z90   ；绝对坐标

  N20 X75 Z－32   ；仍然是绝对坐标

  …

  N180 G91 X40 Z20   ；转换为相对坐标

  N190 X－12 Z17   ；仍然是相对坐标

（2）TRANS/ATRANS 可编程零点偏置

1）功能

如果工件在不同的位置存在重复出现的形状或结构；或者选用了一个新的参考点，在这种情况下就需要使用可编程零点偏置。由此就产生一个当前工件坐标系，新输入的数值均是在该坐标系中的数值，可以在所有坐标轴中进行零点偏移。

2）编程

TRANS X __ Z __ ；可设置的偏移，清除所有有关偏移、旋转、比例系数、镜像的指令

ATRANS X __ Z __ ；可设置的偏移，附加于当前的指令

TRANS：不带数值清除所有有关偏移、旋转、比例系数、镜像的指令。

TRANS/ATRANS指令要求一个独立的程序段。

3）编程举例

N20 TRANS X20 Z15 __ ；可设置零点偏移

N30 L10 ；子程序调用，其中包含待偏移的几何量

…

N70 TRANS ；取消偏移

…

（3）可设定的零点偏置 G54～G59/G500/G53/G153

1）功能

可设定的零点偏置给出工件零点在机床坐标系中的位置（工件零点以机床零点为基准偏移）。当工件装夹到机床上后求出偏移量，并通过操作面板输入规定的数据区。程序可以通过选择相应的G功能G54～G59激活此值。

2）编程

G54 第一可设定零点偏置

G55 第二可设定零点偏置

G56 第三可设定零点偏置

G57 第四可设定零点偏置

G58 第五可设定零点偏置

G59 第六可设定零点偏置

G500 取消可设定零点偏置——模态有效

G53 取消可设定零点偏置——程序段方式有效，可设置的零点偏置也一起取消

G153 如同G53，取消附加的基本框架

3）编程举例

N10 G54… ；调用第一可设定零点偏置

N20 X __ Z __ ；加工工件

N90 G500 G0 X __ ；取消可设定零点偏置

4.3.2 代码解释

（1）G00 快速线性移动

快速移动用于快速定位刀具，可以在几个轴上同时执行快速移动，由此产生一线性轨迹。机床数据中规定每个坐标轴快速移动速度的最大值，一个坐标轴运行时就以此速度快速移动。G00一直有效，直到被G功能组中其他的指令（G01，G02，G03，…）取代为止。

指令格式：G90（G91）G00 X __ Z __ ；

（2）G01 带进给率的线性插补

刀具以直线从起始点移动到目标位置，按地址F下设置的进给速度运行。所有的坐标轴可以同时运行。G01一直有效，直到被G功能组中其他的指令（G00，G02，G03，…）取代为止。

指令格式：G90（G91）G01 X __ Z __ F __ ；

倒角和倒圆编程：在一个轮廓拐角处可以插入倒角或倒圆，指令 CHF＝＿或者 RND＝＿与加工拐角的轴运动指令一起写入程序段中。

1）倒角指令 CHF＝

例如：

N10 G01 X Z CHF＝2　倒角 2mm

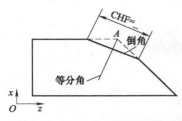

图 4-1　两段直线之间倒角举例

N20 G01…

表示直线轮廓之间切入一直线并倒去棱角，程序中 X、Z 为两直线轮廓的交点 A 的坐标，如图 4-1 所示。

2）倒圆角指令 RND＝

表示直线轮廓之间、圆弧轮廓之间以及直线轮廓和圆弧轮廓之间切入一圆弧，圆弧与轮廓进行切线过渡。RND 表示倒圆半径，如图 4-2 所示。

直线与直线之间倒圆角：

N10 G01 X Z RND＝

N20 G01 …　　　　　　继续走 G01

直线与圆弧之间倒圆角：

N10 G01 X Z RND＝

N20 G03 …　　　　　　继续走 G03

注意：程序中 X、Z 为图示轮廓线切线的交点 A 的坐标，如果其中一个程序段轮廓长度不够，则在倒圆或倒角时会自动削减编程值。如果几个连续编程的程序段中有不含坐标轴移动指令的程序段，则不可以进行倒角、倒圆角。

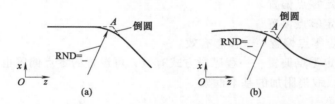

图 4-2　直线/直线之间倒圆角、直线与圆弧之间倒圆角

例 4-1：完成图 4-3 所示零件的精加工程序编制（φ50 圆棒料）。

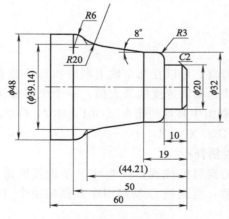

图 4-3　编程练习

程序：

```
SL1. MPF;
T1 D1;                          调用 1 号刀具 1 号刀补(外圆车刀)
M3 S600;
G90 G0 X50. Z2. ;
X0;
G01 Z0 F0. 15;
X20. CHF= 2;
Z- 10. ;
X32. RND= 3. ;
G01 Z- 19. ;
G01 X39. 14 Z- 44. 21 RND= 20. ;
G03 X48. Z- 50. CR= 6. ;
G01 Z- 65. ;
G00 X50. Z2. ;
X100. Z100. ;
M5;
M30;
```

例 4-2：完成图 4-4 所示零件的孔精加工程序编制（已预制 ϕ10 孔）。

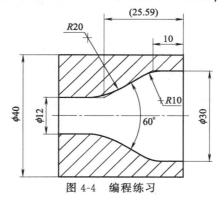

图 4-4　编程练习

程序：

```
SL2. MPF;
T1 D1;                          调用 1 号刀具 1 号刀补(镗孔刀)
M3 S600;
G90 G0 X10. Z2. ;
G0 X30. ;
G1 Z- 10. RND= 10. F0. 15;
G1 X12. Z- 25. 59 RND= 20. ;
G1 Z- 45. ;
G0 X10. ;
Z2. ;
G0 X100. Z100. ;
M5;
M30;
```

(3) G02/G03 圆弧插补

刀具以圆弧轨迹从起始点移动到终点，方向由 G 指令确定；G02 为顺时针方向圆弧插补，G03 为逆时针方向圆弧插补。

G02 和 G03 一直有效，直到被 G 功能组中其他的指令（G00，G01，…）取代为止。

指令格式：圆弧插补指令格式如图 4-5 所示。

G02/G03 X __ Z __ I __ K __　　圆心和终点
G02/G03 CR＝__ X __ Z __　　半径和终点
G02/G03 AR＝__ I __ K __　　张角和圆心
G02/G03 AR＝__ X __ Z __　　张角和终点

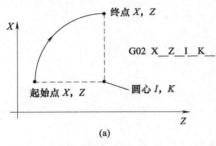

(a)

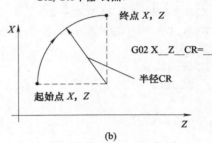

(b)

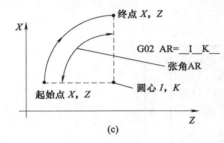

(c)

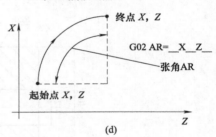

(d)

图 4-5　圆弧插补指令格式

编程举例：

圆心坐标和终点坐标举例：

N5 G90 Z30 X40　　　　　　；用于 N10 的圆弧起始点

N10 G2 Z50 X40 K10 I－7　　；终点和圆心

终点和半径尺寸举例：

N5 G90 Z30 X40　　　　　　；用于 N10 的圆弧起始点

N10 G2 Z50 X40 CR＝12.207；终点和半径

说明：CR 数值前带负号"－"表明所选插补圆弧段大于半圆。

圆心和张角尺寸：

N5 G90 Z30 X40　　　　　　；用于 N10 的圆弧起始点

N10 G2 K10 I－7 AR＝105　；圆心和张角

终点和张角尺寸举例：

N5 G90 Z30 X40　　　　　　；用于 N10 的圆弧起始点

N10 G2 Z50 X40 AR＝105　；终点和张角

（4）G74 回参考点

1）功能

用 G74 指令实现 NC 程序中回参考点功能，每个轴的方向和速度存储在机床数据中。G74 需要一独立程序段，并按程序段方式有效。在 G74 之后的程序段原先"插补方式"组中的 G 指令（G0，G1，G2，…）将再次生效。

2）编程举例

N10 G74 X1＝0 Z1＝0

（5）G04 暂停

1）功能

通过在两个程序段之间插入一个 G4 程序段，可以使加工中断给定的时间，例如自由切削。G4 程序段（含地址 F 或 S）只对自身程序段有效，并暂停所给定的时间。在此之前编程的进给量 F 和主轴转速 S 保持存储状态。

2）编程

G4 F＿＿　暂停时间（s）

G4 S＿＿　暂停主轴转数

3）编程举例

N5 G1 F200 Z−50 S300 M3	；进给率 F，主轴转数 S
N10 G4 F2.5	；暂停 2.5s
N20 Z70	
N30 G4 S30	；相当于在 S＝300r/min 和转速修调 100％时暂停 $t＝0.1min$
N40 X＿＿	；进给率和主轴转速继续有效

注释：G4 S＿＿只有在受控主轴情况下才有效（当转速给定值同样通过 S＿＿编程时）。

（6）F 进给率

1）功能

进给率 F 是刀具轨迹速度，它是所有移动坐标轴速度的矢量和。进给率 F 在 G1、G2、G3 插补方式中生效，并且一直有效，直到被一个新的地址 F 取代为止。

2）编程

F＿＿　进给率 F 的单位由 G 功能确定：G94 和 G95

G94：直线进给率，mm/min。

G95：旋转进给率，mm/r（只有主轴旋转才有意义）。

（7）S 主轴转速/旋转方向

当机床具有受控主轴时，主轴的转速可以设置在地址 S 下，单位 r/min。旋转方向和主轴运动起始点和终点通过 M 指令规定。M3：主轴正转；M4：主轴反转；M5：主轴停。

（8）G25/G26 主轴转速极限

1）功能

通过在程序中写入 G25 或 G26 指令和地址 S 下的转速，可以限制特定情况下主轴的极限值范围。

2）编程

G25 S＿＿　　主轴转速下限

G26 S＿＿　　主轴转速上限

说明：主轴转速的最高极限值在机床数据中设定。通过面板操作可以激活用于其他极限情况的设定参数。

主轴转速限制举例：

N10 G25 S50 　　　　　　　　;主轴转速下限 50r/min

N20 G26 S2500 　　　　　　　;主轴转速上限 2500r/min

(9) T 刀具

1) 功能

编程 T 指令可以选择刀具。在此是用 T 指令直接更换刀具还是仅仅进行刀具的预选，这必须要在机床数据中确定。

① 用 T 指令直接更换刀具（刀具调用）。

② 仅用 T 指令预选刀具，另外还要用 M6 指令才可进行刀具的更换。

2) 编程

T ＿＿　刀具号：1～32000，T0：没有刀具

编程举例

　　不用 M6 更换刀具：

N10 T1 　　　　　　　　　;刀具 1

…

N70 T588 　　　　　　　　;刀具 588

　　用 M6 更换刀具：

N10 T14 ＿＿　　　　　　;预选刀具 14

…

N15 M6 　　　　　　　　　;执行刀具更换,刀具 T14 有效

(10) D 刀具补偿号

1) 功能

一个刀具可以匹配从 1 到 9 几个不同补偿的数据组（用于多个切削刃）。另外可以用 D 及其对应的序号设置一个专门的切削刃。如果没有编写 D 指令，则 D1 自动生效。如果设置 D0，则刀具补偿值无效。

2) 编程

D ＿＿　刀具刀补号:1～9

D0：　没有补偿值有效!

说明：

刀具调用后，刀具长度补偿立即生效；如果没有设置 D 号，则 D1 值自动生效。先设置的长度补偿先执行，对应的坐标轴也先运行。注意有效平面 G17 到 G19。刀具半径补偿必须与 G41/G42 一起执行。

3) 编程举例

不用 M6 指令更换刀具（仅用 T 指令）:

N10 T1 　　　　;刀具 1 的 D1 值生效

N11 G0 Z ＿＿　;

N50 T4 D2 　　　;更换成刀具 4,对应于 T4 中 D2 值生效

…

N70 G0 Z ＿＿ D1 ;刀具 4 的 D1 值生效,在此仅更换切削刃

　　用 M6 指令更换刀具：

N10 T1 　　　　　;刀具预选

...

N15 M6　　　　　;刀具更换,刀具 1 的 D1 值生效

N16 G0 Z __　　;

...

N20 G0 Z __ D2 ;刀具 1 的 D2 值生效

N50 T4　　　　　;刀具预选 T4

注意：*刀具 T1 D2 值仍然有效！*

...

N55 D3 M6　　;刀具更换,刀具 T4 的 D3 值有效

(11) G41/G42/G40 刀具半径补偿功能

系统在所选择的平面 G17 到 G19 中以刀具半径补偿的方式进行加工。

G41 X __ Z __　;在工件轮廓左边刀补

G42 X __ Z __　;在工件轮廓右边刀补

G40 X __ Z __　取消刀尖半径补偿

SIEMENS 系统刀具补偿指令的格式为：刀具号 T＋补偿号 D。一把刀具可以匹配 1～9 个不同补偿值的补偿号。例如：T1D3 表示 1 号刀具选用 3 号补偿值。常用刀沿为 1,如 T1D1、T5D1。

4.4　子程序

(1) 应用

用子程序编写经常重复进行的加工,如某一确定的轮廓形状。子程序位于主程序中适当的地方,在需要时进行调用、运行。

加工循环是子程序的一种形式,加工循环包含一般通用的加工工序,如钻削、攻螺纹、铣槽等。通过给规定的计算参数赋值就可以实现各种具体的加工。

(2) 结构

子程序的结构与主程序的结构一样,在子程序中（也是在最后一个程序段中）用 M17 或 RET 指令结束程序运行。子程序结束后返回主程序。

子程序名开始的两个符号必须是字母；其他符号为字母、数字或下划线。

其方法与主程序中程序名的选取方法一样,例如 LRAHMEN 7。另外,在子程序中还可以使用地址字 L __ ,其后的值可以有 7 位（只能为整数）。

注意：*地址字 L 之后的每个零均有意义,不可省略。*

举例：L128 并非 L0128 或 L00128！

以上表示 3 个不同的子程序。

(3) 子程序调用

在一个程序中（主程序或子程序）可以直接用程序名调用子程序,子程序调用要求占用一个独立的程序段。

(4) 举例

N10 L785 P __　　;调用子程序 L785,程序重复调用次数 P,最大次数可以为 9999（P1～P9999）

N20 LRAHMEN7；调用子程序 LRAHMEN7

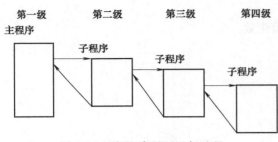

图 4-6　四级程序界面运行过程

子程序不仅可以从主程序中调用,也可以从其他子程序中调用,这个过程称为子程序的嵌套。子程序(SIEMENS802D 系统)的嵌套深度可以为三层,也就是四级程序界面(包括主程序界面),如图 4-6 所示。

注意:在使用加工循环进行加工时,要注意加工循环程序也同样属于四级程序界面中的一级。

说明:在子程序中可以改变模态有效的 G 功能,例如 G90 到 G91 的变换。在返回调用程序时请注意检查一下所有模态有效的功能指令,并按照要求进行调整。

对于 R 参数,也需同样注意,不要无意识地用上级程序界面中所使用的计算参数来修改下级程序界面的计算参数。

4.5　固定循环

(1) CYCLE82 中心钻孔

1)编程 CYCLE82 (RTP,RFP,SDIS,DP,DPR,DTB)

其中,参数的数据类型及含义见表 4-4。

表 4-4　CYCLE82 循环中参数数据类型及含义

参数	数据类型	含　义
RTP	Real	返回平面(绝对坐标)
RFP	Real	参考平面(绝对坐标)
SDIS	Real	安全高度(无正负号输入)
DP	Real	最后钻孔深度(绝对坐标)
DPR	Real	相对参考平面的最后钻孔深度(无正负号输入)
DTB	Real	到达最后钻孔深度时的停顿时间(断屑)

注:Real 表示参数数据类型为实数。

2)功能

刀具按照设置的主轴速度和进给率钻孔,直到输入的最后的钻孔深度。到达最后钻孔深度时允许停顿时间。

3)操作顺序

循环执行前已到达位置:钻孔位置是所选平面的两个坐标轴中的位置。

循环形成以下的运行顺序:

- 使用 G0 到达安全高度。
- 按循环调用前所设置的进给率(G1)移动到最后的钻孔深度。
- 在最后钻孔深度处的停顿时间。
- 使用 G0 退回到返回平面。

4)参数说明

参数说明如图 4-7 所示。

① RFP 和 RTP(参考平面和返回平面):通常,参考平面(RFP)和返回平面(RTP)

具有不同的值。在循环中，返回平面高于参考平面。

② SDIS（安全高度）：安全高度为相对参考平面刀具的抬刀安全距离，其方向由循环自动确定。

③ DP 和 DPR（最后钻孔深度）：最后钻孔深度可以定义成参考平面的绝对值或相对值，如果是相对值定义，循环会采用参考平面和返回平面的位置自动计算相应的深度。

④ DTB（停顿时间）：DTB 设置了到达最后钻孔深度的停顿时间（断屑），单位为 s。

5）编程举例

编程举例如图 4-8 所示。

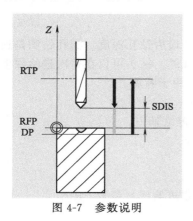

图 4-7　参数说明

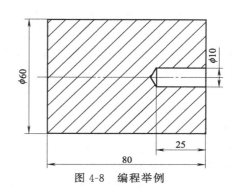

图 4-8　编程举例

```
G00 G90 X0 Z50 M03 S300        ;主轴转速
T1 D1 F0.5                     ;刀具号码
CYCLE82(50,0,2,- 25,25,0.2)    ;调用钻孔循环,离工件表面 2mm 处进给,到达深度
                                后停止 0.2s

G0 Z50;
G00 X100 Z100;
M2;
```

(2) CYCLE83 深孔钻削

1）编程

CYCLE83（RTP，RFP，SDIS，DP，DPR，FDEP，FDPR，DAM，DTB，DTS，FRF，VARI）

其中，参数的数据类型及含义见表 4-5。

表 4-5　CYCLE83 循环中参数数据类型及含义

参数	数据类型	含义
RTP	Real	返回平面（绝对坐标）
RFP	Real	参考平面（绝对坐标）
SDIS	Real	安全高度（无符号输入）
DP	Real	最后钻孔深度（绝对坐标）
DPR	Real	相对参考平面的最后钻孔深度（无符号输入）
FDEP	Real	第一次钻孔深度（绝对坐标）
FDPR	Real	相对参考平面的第一次钻孔深度（无符号输入）

续表

参数	数据类型	含义
DAM	Real	每次切削量(无符号输入)
DTB	Real	到达最后钻孔深度时的停顿时间(断屑)
DTS	Real	到第一次钻孔深度和用于排屑的停顿时间
FRF	Real	第一次钻孔深度的进给率系数：范围 0.001~1
VARI	Int	加工类型：断屑＝0；排屑＝1

注：Real 表示参数数据类型为实数。Int 表示参数数据类型为整数。

2）功能

刀具以设置的主轴速度和进给率开始钻孔，直至定义的最后钻孔深度。深孔钻削是通过多次执行最大可定义的切削量，直至到达最后钻孔深度来实现的。钻头可以在每次进给深度完以后回到参考平面＋安全高度用于排屑，或者每次退回 1mm 用于断屑。

3）操作顺序

① 循环启动前到达位置：钻孔位置在所选平面的两个进给轴中。

② 循环形成以下动作顺序。

深孔钻削排屑时（VARI＝1）：

- 使用 G0 返回到参考平面＋安全高度。
- 使用 G1 移动到第一次钻孔深度，进给率为程序设定进给率×参数 FRF。
- 在最后钻孔深度处停顿时间（参数 DTB）。
- 使用 G0 返回到参考平面＋安全高度，用于排屑。
- 起始点停顿时间（参数 DTS）。
- 使用 G0 回到上次到达的钻孔深度，并保持预留量距离。
- 使用 G1 钻削到下一个钻孔深度（持续动作顺序直至到达最后钻孔深度）。
- 使用 G0 退回到返回平面。

深孔钻削断削屑时（VARI＝0）：

- 用 G0 返回到参考平面＋安全高度。
- 用 G1 钻孔到第一次钻孔深度，进给率为程序指定进给率×参数 FRF。
- 最后钻孔深度停顿时间（参数 DTB）。
- 使用 G1 从当前钻孔深度后退 1mm（用于断屑），调用程序中设置的进给率。
- 用 G1 按所设置的进给率执行下一次钻孔切削（该过程一直进行下去，直至到达最终钻削深度）。

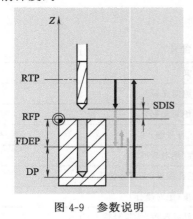

图 4-9　参数说明

- 用 G0 退回到返回平面。

4）参数说明

参数说明如图 4-9 所示。

说明：

对于参数 RTP、RFP、SDIS、DP、DPR，其含义参见 CYCLE82。

对于参数 DP（或 DPR）、FDEP（或 FDPR）和 DAM，要注意以下几点。

- 首先，进行首次钻深，不要超过总的钻孔深度。
- 从第二次钻孔开始，行程由上一次钻深减去递减量获得的，但要求钻深大于所设置的每次切削量。
- 当剩余量大于两倍的递减量时，以后的钻削量等于递减量。

- 最终的两次钻削行程被平分，所以始终大于一半的递减量。
- 如果第一次的钻深值和总钻深不符，则输出信息 61107"首次钻深定义错误"，而且不执行循环程序。

注意：预期量（每次切削量）的大小由循环内部计算获得。

① DTB（停顿时间）：DTP 设置到达最终钻深的停顿时间（断屑），单位为 s。

② DTS（停顿时间）：起始点的停顿时间只在 VARI＝1（排屑）时执行。

③ FRF（进给率系数）：对于此参数，可以输入一个进给率系数，该系数只使用于循环中的首次钻孔深度。

④ VARI（加工类型）：如果参数 VARI＝0，钻头在每次到达钻深后退回1mm用于断屑。如果 VARI＝1（用于排屑），钻头每次移动到参考平面＋安全高度。

注意：预期量的大小由循环内部计算所得。

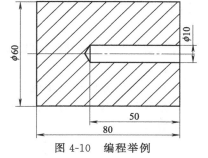

图 4-10　编程举例

5）编程举例

编程举例如图 4-10 所示。

```
T1 D1                        ;刀具号码
G00 G90 X0 Z50 M03 S300      ;主轴转速
F0.5;
CYCLE83(50.,0,2.,- 53.,53.,- 5.,5.,4.,0.1,0,0.5,1);调用钻孔循环
G0 Z50.;
G00 X100. Z100.;
M2;
```

（3）CYCLE93 切槽

1）编程

CYCLE93（SPD，SPL，WIDG，DIAG，STAG1，ANG1，ANG2，RCO1，RCO2，RCI1，RCI2，FAL1，FAL2，IDEP，DTB，VARI）

其中，参数的数据类型及含义见表 4-6。

表 4-6　CYCLE93 循环中参数数据类型及含义

参数	数据类型	含义
SPD	Real	横向坐标轴起始点
SPL	Real	纵向坐标轴起始点
WIDG	Real	切槽宽度（无符号输入）
DIAG	Real	切槽深度（无符号输入）
STAG1	Real	轮廓和纵向轴之间的角度
ANG1	Real	侧面角1：在切槽一边，由起始点决定
ANG2	Real	侧面角2：在另一边
RCO1	Real	半径/倒角1，外部：位于由起始点决定的一边
RCO2	Real	半径/倒角2，外部
RCI1	Real	半径/倒角1，内部：位于起始点侧
RCI2	Real	半径/倒角2，内部
FAL1	Real	槽底的精加工余量
FAL2	Real	侧面的精加工余量
IDEP	Real	进给深度（无符号输入）
DTB	Real	槽底停顿时间
VARI	Int	加工类型范围值：1～8 和 11～18

注：Real 表示参数数据类型为实数。Int 表示参数数据类型为整数。

2）功能

切槽循环可以用于纵向和表面加工时对任何垂直轮廓单元进行对称和不对称的切槽，可以进行外部和内部的切槽。

3）操作顺序

进给深度（面向槽底）和宽度（从槽到槽）在循环内部计算并分配给相同的最大允许值。在倾斜表面切槽时，刀具将以最短的距离从一个槽移动到下一个槽。在此过程中，循环内部计算出到轮廓的安全距离。

步骤1：

每次进给后刀具会退回以便断屑。

步骤2：

垂直于进给方向按一步或几步加工槽，而每一步依次按进给深度来划分。从沿槽向内的第二次切削开始，退刀前刀具将退回1mm。

步骤3：

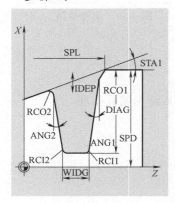

图4-11　参数说明

如果在 ANG1 或 ANG2 下设置了角度值，只进行一次侧面的毛坯切削。如果槽宽较大，则分几步沿槽宽进行进给。

步骤4：

从槽沿到槽中心平行于轮廓进行精加工余量的毛坯切削。在此过程中，循环可以自动选择或不选择刀具半径补偿。

4）参数说明

参数说明如图4-11所示。

① SPD 和 SPL（起始点）：可以使用这些坐标来定义槽的起始点，从起始点开始，在循环中计算出轮廓。循环计算出在循环开始的起始点。切削外部槽时，刀具首先会按纵向轴方向移动；切削内部槽时，刀具首先按横向轴方向移动。

② WIDG 和 DIAG（槽宽和槽深）：参数槽宽（WIDG）和槽深（DIAG）是用来定义槽的形状。计算时，循环始终认为是以 SPD 和 SPL 为基准。

去掉切削沿半径后，最大的进给量是刀具宽度的95%，从而会形成切削重叠。

如果所设置的槽宽小于实际刀具宽度，将出现错误信息 61602 "刀具宽度定义不正确" 同时加工终止。如果在循环中发现切削沿宽度等于零，也会出现报警。

③ STAG1（角）：使用参数 STAG1 来确定加工槽时的斜线角。该角可以采用 0～180° 并且始终用于纵坐标轴。

④ ANG1 和 ANG2（侧面角）：不对称的槽可以通过不同定义的角来描述，范围是 0～89.999°。

⑤ RCO1，RCO2 和 RCI1，RCI2（半径/倒角）

槽的形状可以通过输入槽边或槽底的半径/倒角来修改。注意：半径输入正号，倒角输入负号。

编程的倒角和参数 VARI 的十位数有关。

- 如果 VARI<10（十位数=0），倒角用 CHF 编程。
- 如果 VARI>10，倒角用 CHR 编程。

⑥ FAL1 和 FAL2（精加工余量）：可以单独设置槽底和侧面的精加工余量。在加工过程中，进行毛坯切削直至最后余量。然后使用相同的刀具沿着最后轮廓进行平行于轮廓的切削。

⑦ IDEP（进给深度）：通过设置一个进给深度，可以将近轴切槽分成几个深度进给。每

次进给后，刀具退回 1mm 以便断屑。在所有情况下必须设置参数 IDEP。

DTB：槽底停顿时间。

⑧ VARI（加工类型）：槽的加工类型由参数 VARI 的位数定义。

参数的十位数表示倒角是如何考虑的。

VARI1～8：倒角被考虑成 CHF。

VARI11～18：倒角被考虑成 CHR。

如果参数具有其他不同的值，循环将终止并产生报警 61002"加工类型定义错误"。

如果半径/倒角在槽底接触或相交，或者在平行于纵向轴的轮廓段进行表面切槽，循环将不能执行，并出现报警 61603"槽形状定义不正确"。

调用切槽循环之前，必须使用一个双刀沿刀具。两个切削沿偏移值必须以两个连续刀具沿保存，而且在首次循环调用之前必须激活第一个刀具号。循环本身定义将使用哪一个加工步骤和哪一个刀具补偿值并自动使用。循环结束后，在循环调用之前设置的刀具补偿号重新有效。当循环调用时如果刀具补偿未设置刀号，循环执行将终止并出现报警 61000"无有效的刀具补偿"。

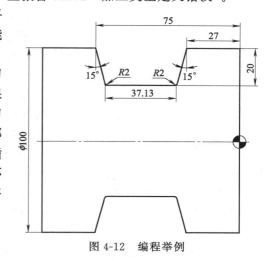

图 4-12　编程举例

5）编程举例

编程举例如图 4-12 所示。

```
G54 G0 X200 Z200                                ;坐标系设定
T1 D1                                           ;1号刀具
M3 S800
G0 X200
CYCLE93(100.,-27.,48.,20.,0.,15.,15.,0.,0.,2.,2.,0.2,0.2,4.,1.,5);调用
切槽循环
G0 X200. Z200. ;
M5;
M2;
```

（4）CYCLE94 退刀槽形状 E 和 F

1）编程

CYCLE94（SPD，SPL，FORM）

其中，参数的数据类型及含义见表 4-7。

表 4-7　CYCLE94 循环中参数数据类型及含义

参数	数据类型	含义
SPD	Real	横向轴的起始点（无符号输入）
SPL	Real	纵向轴刀具补偿的起始点（无符号输入）
FORM	Char	设定形状：E（用于形状 E）、F（用于形状 F）

注：Real 表示参数数据类型为实数。Char 表示参数数据类型为字符。

2）功能

使用此循环，可以按 DIN509 进行形状为 E 和 F 的退刀槽切削，并要求成品直径大于 3mm。

3）操作顺序

① 循环启动前到达位置：

起始位置可以是任意位置，但须保证回该位置开始加工时不发生刀具碰撞。

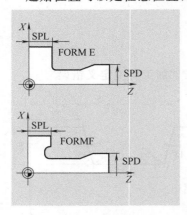

图 4-13　参数说明

② 该循环具有如下时序过程：

· 用 G0 回到循环内部所计算的起始点。

· 根据当前的刀尖位置选择刀尖半径补偿，并按循环调用之前所设置的进给率进行退刀槽的加工。

· 用 G0 回到起始点，并用 G40 指令取消刀尖半径补偿。

4）参数说明

参数说明如图 4-13 所示。

① SPD 和 SPL（起始点）：使用参数 SPD 定义用于加工的成品的直径。在纵向轴的成品尺寸使用参数 SPL 定义，如果根据 SPD 所编程的成品直径小于 3mm，则循环中断并产生报警 61601"成品直径太小"。

② FORM 形状（设定）：通过此参数确定 DIN509 标准所规定的形状 E 和 F。如果该参数的值不是 E 或 F，则循环终止并产生报警 61609"形状设定错误"。循环通过有效的刀具补偿自动计算刀沿位置，循环可以使用刀沿位置 1～4 运行加工。如果循环检测出刀沿位置在 5～9 中的任一位置，则循环终止并产生报警 61608"设定错误的刀沿位置"。

循环自动计算起始点值。它的位置是在纵向距离末尾直径 2mm 和最后尺寸 10mm 的位置。起始点编程的坐标位置由有效刀具的刀沿位置确定。

如果在刀具补偿相应的参数中规定了一个值，则在循环中对当前的刀具进行自由切削角的监控。如果确定所选择的刀具不可以加工该退刀槽的形状，因为其自由切削角太小，则系统将出现信息"退刀槽形状已改变"。但是，加工依然继续。调用循环之前，必须激活刀具补偿。否则，报警 61000"无有效的刀具补偿"输出，然后循环终止。

5）编程举例

此程序可以编程 E 形状的退刀槽。

```
N10 T1 D1 S300 M3 G95 F0.3          ;技术值的定义
N20 G0 G90 Z100 X50                 ;选择起始位置
N30 CYCLE94(20,60,"E")              ;循环调用
N40 G90 G0 Z100 X50                 ;回到下一个位置
N50 M02                             ;程序结束
```

（5）CYCLE95 毛坯切削

1）编程

CYCLE95（NPP，MID，FALZ，FALX，FAL，FF1，FF2，FF3，VARI，DTB，DAM，_VRT）

其中，参数的数据类型及含义见表 4-8。

表 4-8　CYCLE95 循环中参数数据类型及含义

参数	数据类型	含义
NPP	String	轮廓子程序名称
MID	Real	进给深度（无符号输入）
FALZ	Real	在纵向轴的精加工余量（无符号输入）

续表

参数	数据类型	含义
FALX	Real	在横向轴的精加工余量(无符号输入)
FAL	Real	轮廓的精加工余量
FF1	Real	非切槽加工的进给率
FF2	Real	切槽时的进给率
FF3	Real	精加工的进给率
VARI	Real	加工类型,范围值为1~12
DTB	Real	粗加工时用于断屑时的停顿时间
DAM	Real	粗加工因断屑而中断时所经过的长度
_VRT	Real	粗加工时从轮廓的退回行程,增量(无符号输入)

注：String 表示参数数据类型为字符串，Real 表示参数数据类型为实数。

2）功能

使用粗车削循环，可以进行轮廓切削。该轮廓程序已编制在子程序中。轮廓可以包括凹凸切削。使用纵向和表面加工可以进行外部和内部轮廓的加工。工艺可以随意选择（粗加工、精加工、综合加工）。粗加工轮廓时，按最大的编程进给深度进行切削且到达轮廓的交点后清除平行于轮廓的毛刺，进行粗加工直到编程的精加工余量。

在粗加工的同一方向进行精加工，刀具半径补偿可以由循环自动选择或不选择。

3）操作顺序

① 循环开始前所到达的位置：起始位置可以是任意位置，但须保证从该位置回到轮廓起始点时不发生刀具碰撞。

② 循环形成以下动作顺序：循环起始点在内部被计算出，并使用 G0 在两个坐标轴方向同时回到该起始点。

③ 无凹凸切削的粗加工：

• 内部计算出到当前深度的进给并用 G0 返回。

• 使用 G1 进给率为 FF1 回到轴向粗加工的交点。

• 使用 G1/G2/G3 和 FF1 沿轮廓＋精加工余量进行平行于轮廓的倒圆切削。

• 每个轴使用 G0 退回到在_VRT 下所设置的量。

• 重复此顺序，直至到达加工的最终深度。

• 进行无凹凸切削的粗加工时，坐标轴依次返回循环的起始点。

4）参数说明

① NPP：轮廓定义的子程序名称。在一个子程序中编程待加工的工件轮廓。轮廓的编程方向必须与精加工时所选择的加工方向一致。

② MID：进给深度（无符号输入）。在参数 MID 下设定粗加工最大可能的进刀深度，但当前粗加工中所用的进刀深度则由循环自动计算出来的数值确定。

③ FALZ：在纵向（Z）轴的精加工余量（无符号输入）。

④ FALX：在横向轴的精加工余量（无符号输入）。

⑤ FAL：轮廓的精加工余量。在精加工余量之前的加工均为粗加工。当每个坐标轴平行方向的粗加工过程结束之后，其所产生的余量按与轮廓平行的方向立即精加工去除。

⑥ FF1：非切槽加工的进给率。

⑦ FF2：切槽时的进给率。

⑧ FF3：精加工的进给率。

⑨ VARI：加工类型，范围值为 1~12，见表 4-9。

表 4-9 加工类型

数值	纵向/横向	外部/内部	粗加工/精加工/综合加工
1	纵向	外部	粗加工
2	横向	外部	粗加工
3	纵向	内部	粗加工
4	横向	内部	粗加工
5	纵向	外部	精加工
6	横向	外部	精加工
7	纵向	内部	精加工
8	横向	内部	精加工
9	纵向	外部	综合加工
10	横向	外部	综合加工
11	纵向	内部	综合加工
12	横向	内部	综合加工

⑩ DTB：粗加工时用于断屑时的停顿时间。

⑪ DAM：粗加工因断屑而中断时所经过的长度。

⑫ __ VRT：粗加工时从轮廓的退回行程，增量（无符号输入）。坐标轴平行方向的每次粗加工之后均须从轮廓退刀，然后用 G0 返回到起始点。在此由_VRT 参数确定退刀量大小。

4.6 螺纹切削指令

（1）G33 恒螺距螺纹切削

用 G33 功能可以加工下述各种类型的恒螺距螺纹：圆柱螺纹、圆锥螺纹、外螺纹/内螺纹、单螺纹和多重螺纹、多段连续螺纹。前提条件：主轴上有角度位移测量系统（内置编码器）。

1）指令格式

① 圆柱螺纹加工，程序段格式为：

G33 Z __ K __ SF= __

② 端面螺纹加工，程序段格式为：

G33 X __ I __ SF= __

③ 圆锥螺纹加工，程序段格式为：

G33 Z __ X __ I __ ;锥角大于 45°

G33 Z __ X __ K __ ;锥角小于 45°

其中，Z、X 为螺纹终点坐标，K、I 分别为导程；SF 为起始点偏移量，单线螺纹可不设，加工多线螺纹时要求设置起始点偏移量，加工完一条螺纹后，在加工第二条螺纹时，要求车刀的起始偏移量与加工第一条螺纹的起始点偏移量偏移（转）一定的角度，如图 4-14 所示，也可以使车刀的起始点偏移一个螺距。

2）指令练习

圆柱双头螺纹，起始点偏移 180°，螺纹长度（包括导入空刀量和退出空刀量）100mm，螺距 4mm。右旋螺纹，圆柱已经预制。

N10 G54 G0 G90 X50 Z0 S500 M3　;回起始点,主轴正转

N20 G33 Z—100 K4 SF=0　;螺距:4mm/r

N30 G0 X54

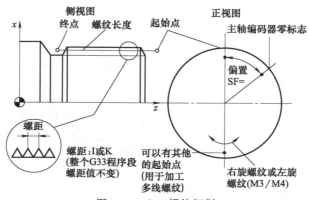

图 4-14　G33 螺纹切削

N40 Z0

N50 X50

N60 G33 Z-100 K4 SF＝180　　　　　　　;第二条螺纹线,180°偏移

N70 G0 X54…

应用技巧:

① 右旋和左旋螺纹由主轴旋转方向 M3 和 M4 确定。

② 螺纹长度中要考虑导入空刀量和退出空刀量。

③ 在具有 2 个坐标轴尺寸的圆锥螺纹加工中,螺距地址 I 或 K 下必须设置较大位移（较大螺纹长度）的螺纹尺寸,另一个较小的螺距尺寸不用给出。

④ 多个螺纹段连续编程,则起始点偏移（SF＝）只在第一个螺纹段中有效,也只有在这里才使用此参数,如图 4-15 所示。

程序格式:

N10 G33 Z ＿＿ K ＿ SF ＿

N20 Z ＿＿ X ＿＿ K ＿＿

N30 Z ＿＿ X ＿＿ K ＿＿

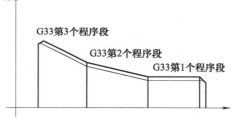

(2) CYCLE97 螺纹切削循环

1) 编程

CYCLE97（PIT, MPIT, SPL, FPL, DM1, DM2, APP, ROP, TDEP, FAL, IANG, NSP, NRC, NID, VARI, NUMT）

其中,参数的数据类型及含义见表 4-10。

图 4-15　多个螺纹段连续编程

表 4-10　CYCLE97 循环中参数数据类型及含义

参数	数据类型	含义
PIT	Real	导程
MPIT	Real	螺纹尺寸值:3(用于 M3)～60(用于 M60)
SPL	Real	螺纹起点,位于纵向轴上
FPL	Real	螺纹终点,位于纵向轴上
DM1	Real	起始点的螺纹直径
DM2	Real	终点的螺纹直径
APP	Real	空刀导入量(无符号输入)
ROP	Real	空刀退出量(无符号输入)
TDEP	Real	螺纹深度(无符号输入)
FAL	Real	精加工余量(无符号输入)

参数	数据类型	含义
IANG	Real	进给切入角："+"或"-"
NSP	Real	首圈螺纹的起始点偏移（无符号输入）
NRC	Int	粗加工次数
NID	Int	空刀次数
VARI	Int	定义螺纹的加工类型：1～4
NUMT	Int	螺纹线数（无符号输入）

注：Real 表示参数数据类型为实数。Int 表示参数数据类型为整数。

2）功能

使用螺纹切削循环可以获得在纵向和表面加工中具有恒螺距的圆形和锥形的内外螺纹。螺纹可以是单线螺纹和多线螺纹。多线螺纹加工，每个螺纹依次加工。

自动执行进给时，可在每次恒进给量切削或恒切削截面积进给中选择。右手或左手螺纹是由主轴的旋转方向决定的，该方向必须在循环执行前设置好。车螺纹时，进给率和主轴转速调整都不起作用。

注意： 为了可以使用此循环，需要使用带有位置控制的主轴。

3）操作顺序

① 循环启动前到达的位置：任意位置，但必须保证刀尖可以没有碰撞地回到所设置的螺纹起始点＋导入空刀量。

② 该循环有如下的时序过程：

- 用 G0 回第一条螺纹导入空刀量起始点。
- 按照参数 VARI 定义的加工类型进行粗加工进给。
- 根据编程的粗切削次数重复螺纹切削。
- 用 G33 切削精加工余量。
- 根据停顿次数重复此操作。
- 对于其他的螺纹重复整个过程。

4）参数说明

参数说明如图 4-16 所示。

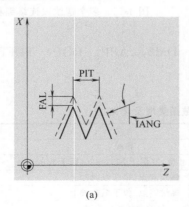

图 4-16　参数说明

① PIT 和 MPIT（螺距和螺纹尺寸）：要获得米制的圆柱螺纹，也可以通过参数 MPIT（M03 到 M60）设置螺纹尺寸。只能选择使用其中一种参数。如果参数冲突，循环将产生报警 61001"螺距无效"且中断。

② DM1 和 DM2（直径）：使用此参数来定义螺纹起始点和终点的螺纹直径。如果是内螺纹，则是孔的直径。

③ SPL，FPL，APP 和 ROP 的相互联系（起始点、终点、空刀导入量、空刀退出量）：编程的起始点（SPL）和终点（FPL）为螺纹最初的起终点。但是，循环中使用的起始点是由空刀导入量 APP 产生的起始点。而终点是由空刀退出量 ROP 返回的编程终点。在横向轴中，循环定义的起始点始终比设置的螺纹直径大 1mm。此返回平面在系统内部自动产生。

④ TDEP，FAL，NRC 和 NID 的互相联系（螺纹深度，精加工余量，粗加工次数，空刀次数）：粗加工量为螺纹深度 TDEP 减去精加工余量，循环将根据参数 VARI 自动计算各个进给深度。当螺纹深度分成具有切削截面积的进给量时，切削力在整个粗加工时将保持不变。在这种情况下，将使用不同的进给深度值来切削。

⑤ IANG（切入角）：如果螺纹切削中进刀与切削方向成直角，则此参数的值必须设为零。如果要沿侧面切削，此参数的绝对值可设为刀具侧面倒角的一半。

进给的执行是通过参数的符号定义的。如果是正值，进给始终在同一侧面执行；如果是负值，在两个侧面交替进刀。在两侧交替的切削类型只适用于圆柱螺纹。如果用于锥形螺纹的 IANG 值虽然是负，但是循环只沿一个侧面切削。

⑥ NSP（起始点偏移）和 NUMT（线数）：用 NSP 参数可设置角度值用来定义待切削部件的螺纹圈的起始点，这称为起始点偏移，范围为 $0 \sim +359.9999°$。如果未定义起始点偏移或该参数未出现在参数列表中，螺纹起始点则自动在零度位置处。

使用参数 NUMT 可以定义多线螺纹的线数。对于单线螺纹，此参数值必须为零或在参数列表中不出现。螺纹在待加工部件上平均分布；第一条螺纹由参数 NSP 定义。如果要加工一个不均匀分布的多线螺纹，则在编程起点偏移时必须调用每个螺纹的循环。

⑦ VARI（加工类型）：使用参数 VARI 可以定义是否执行外部或内部加工，并且在粗加工时进刀采用哪一种工艺。VARI 参数可以有 $1 \sim 4$ 的值，它们的定义如表 4-11 所示。

表 4-11　VARI 参数定义

值	外部/内部	恒定进给/恒定切削截面积
1	A	恒定进给
2	I	恒定进给
3	A	恒定切削截面积
4	I	恒定切削截面积

注：表中 A 表示外部，I 表示内部。

5）编程举例

编程举例如图 4-17 所示。

图 4-17　编程举例

```
T1 D1;                                              ;1号刀长补正
G0 X120. Z100.;
```

```
M3 S400;
CYCLE97(2.,,0.,-95.,94.,94.,2.,2.,1.3,0.2,0.,,4,,1,1.);调用螺纹切削循环
G0 X120. Z200;
M5;
M2
```

4.7　参数编程

在一般的程序中，程序字为常量，故只能描述固定的几何形状，缺乏灵活性和实用性。因此数控系统提供了参数编程功能，用户可以自己扩展数控系统的功能。

4.7.1　R参数编程

① 系统内存提供从 R0 到 R299 共 300 个参数地址。

R0～R99——可以自由使用。

R100～R249——加工循环传递参数。

R250～R299——加工循环的内部计算参数。

② 参数地址中存储的内容，可以直接赋值，也可通过运算得出。通过用数值、算术表达式或 R 参数，对已分配计算参数或参数表达式的 NC 地址赋值来增加 NC 程序通用性。

③ 赋值时在地址符之后写入符号"＝"。给坐标轴地址（运行指令）赋值时要求有一独立的程序段。

④ 计算参数时，遵循通常的数学运算规则。

```
例如:N10 R1= R1+ 1
     N20 R1= R2+ R3   R4= R5-R6   R7= R8* R9   R10= R11/R12
     N30 R13= SIN(25.3)
     N40 R14= R1* R2+  R3
     N50 R15= SQRT(R1* R1+ R2* R2)
```

⑤ 编程举例：

```
N10 G1 G91 X= R1 Z= R2 F300
N20 Z= R3
N30 X= - R4
N40 Z= - R5
...
```

4.7.2　程序跳转

(1) 标记符——程序跳转目标

① 标记符或程序段号用于标记程序中所跳转的目标程序段，用跳转功能可以将程序进行分支。

② 标记符须由 2～8 个字母或数字组成。在一个程序段中，标记符不能含有其他意义。

③ 编程举例：

N10 MARKE1:G1 X20；　　　　　　MARKE1 为标记符，跳转目标程序段

…

TR789:G0 X10 Z20；　　　　　　TR789 为标记符，跳转目标程序段没有段号

N100…；　　　　　　　　　　　　程序段号可以是跳转目标

（2）绝对跳转

① 程序在运行时可以通过插入程序段跳转指令改变执行顺序。

② 跳转目标只能是有标记符的程序段。此程序段必须位于该程序之内。

③ 绝对跳转指令必须占用一个独立的程序段。

④ 编程：

GOTOF Label；　　　　向前跳转（向程序结束的方向跳转）

GOTOB Label；　　　　向后跳转（向程序开始的方向跳转）

Label　所选的字符串用于标记符或程序段号

绝对跳转举例：

N10 G0 X ＿ Z ＿；

…

…

N20 GOTOF MARKE0；　　跳转到标记 MARKE0

…

…

N50 MARKE0:R1＝R2＋R3；

N51 GOTOF MARKE1；　　跳转到标记 MARKE1

…

…

MARKE2:X ＿ Z ＿；

N100 M2；　　　　　　　　程序结束

MARKE1:X ＿ Z ＿；

…

N150 GOTOB MARKE2；　　跳转到标记 MARKE2

（3）有条件跳转

① 用 IF 条件语句表示有条件跳转。如果满足跳转条件，则进行跳转。

② 跳转目标只能是有标记符的程序段。此程序段必须位于该程序之内。

③ 有条件跳转指令必须占用一个独立的程序段。

④ 编程：

IF 条件 GOTOF Label；　　向前跳转

IF 条件 GOTOB Label；　　向后跳转

⑤ 运算符：

＝＝　　等于

＜＞　　不等

＞　　　大于

＜　　　小于

＞＝　　大于或等于

＜＝　　小于或等于

比较运算编程举例：

N10 IF R1＞1 GOTOF MARKE1；

…

N10 IF R45＝＝R7＋1 GOTOB MARKE2；

…

一个程序段中有多个条件跳转：

…

N20 IF R1＝＝1 GOTOB MA1 IF R1＝＝2 GOTOF MA2；

…

注释：第一个条件实现后就可进行跳转。

4.7.3　编程实例

例 4-3：完成图 4-18 所示椭圆轮廓的加工，零件其余表面尺寸已保证。

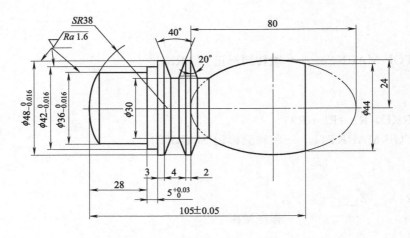

图 4-18　椭圆轮廓加工

加工程序：

```
% __ N __ TYX __ MPF；
T1 D1；                              外圆车刀,勿干涉
G90 G54 S600 M3；
G0 X37. Z2. ；
LTYX；
G0 X100. Z100. ；
M5；
M30；

% __ N __ TYX __ SPF；
R10= 6. ；                          X 轴退刀量
R11= 0.1；                          加工步距
MA3;G0 X50. Z16.5；
```

```
R1= 40. ;                              椭圆长半轴
R2= 24. ;                              椭圆短半轴
R3= 22. ;                              R3 为 X 轴变量,起点 R3= 22.
R4= 24. ;                              X 轴中止
MA1:R8= SQRT(1- R3* R3/R2/R2)
R5= R1* R8                             任意点 Z 值
R6= 2* R3+ R10;                        任意点 X 值(已加让刀量)
G1 X= R6 Z= R5 F0.2;                   直线移动
R3= R3-R11;                            变换动点
IF R3< = R4 GOTO MA1;                  终点判别
R3= 24. ;                              R3 为 X 轴变量,起点 R3= 24.
R4= 15. ;                              X 轴中止
MA2:R8= SQRT(1- R3* R3/R2/R2)
R5= R1* R8                             任意点 Z 值
R6= 2* R3+ R10;                        任意点 X 值(已加让刀量)
G1 X= R6 Z= - R5F0.2;                  直线移动
R3= R3- R11;                           变换动点
IF R3>= R4 GOTO MA2;                   终点判别
G0 X50. ;                              抬刀
Z16.5;                                 退刀至切削起点
R10= R10- 1. ;                         X 向让刀量递减
IF R10> = 0 GOTO MA3;                  进行 X 向让刀量判别,当< 0 时结束加工
G0 X50.
Z16.5;
M17;
```

例 4-4：完成图 4-19 所示零件椭圆曲面的加工，零件其余表面尺寸已保证。

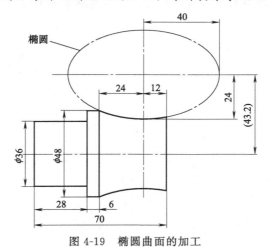

图 4-19　椭圆曲面的加工

加工程序：

```
% __ N __ TYXM __ MPF;
T1 D1;                                 93°菱形外圆车刀
G90 G54 S600 M3;
```

```
G0 X42. Z1. ;                              切削起点
LTYXM;
G0 X100. Z100. ;
M5;
M30;


%__N__LTYXM__MPF;
R10= 4. ;                                  X 轴退刀量
R11= 0. 1;                                 加工步距
MA1:G0 X42. Z1. ;
R1= 40. ;                                  椭圆长半轴
R2= 24. ;                                  椭圆短半轴
R3= 13. ;                                  R3 为 Z 轴变量,起点 R3= 13.
R4= - 25. ;                                Z 轴中止(此点已延伸 1mm)
MA2:R5= SQRT[R1* R1- R3* R3];
R6= 2* [43. 2- R5* R2/R1];                 任意点 X 值
R6= R6+ R10;                               任意点 X 值加上让刀量
G1 XR6 Z[R3- 12. ] F0. 2;                  直线移动
R3= R3- R11;                               变换动点
IF R3> = R4 GOTO MA2;                      终点判别
G0 X50. ;                                  抬刀
Z1. ;                                      退刀至切削起点
R10= R10- 1. ;                             X 向让刀量递减
IF R10> = 0 GOTO MA1;           进行 X 向让刀量判别,当< 0 时结束加工
M17;
```

例 4-5: 完成图 4-20 所示非圆曲线的加工,零件其余表面尺寸已保证。

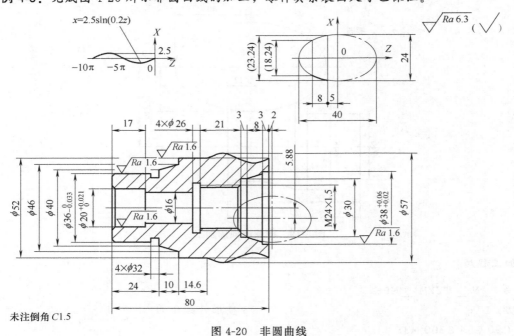

图 4-20　非圆曲线

加工正弦曲线轮廓的程序：

```
% __ N __ ZXQX __ MPF;          主程序名
T2 D1;                          T2 55°菱形刀
G90 G54 S600 MS;                建立工件坐标系,零点在工件右端面中心点。
                                主轴正转,转速 600r/min
G0 X58. Z2. ;                   刀具快速定位
R10= 10. ;                      设定参数 R10
MA1:TRANS X= R10;               可编程零点偏置
LZSQX;                          调用正弦曲线轮廓的加工子程序
R10= R10- 3. ;                  修改 X 向可编程零点偏置值
IF R10>= 1. GOTO MA1;           如果 R10 大于或等于 1,返回 MA1 标记处
TRANS;                          取消可编程零点偏置
S800 M3;                        精车
LZSQX;                          调用正弦曲线轮廓的加工子程序
G0 X100. Z100. ;                返回换刀点
M5;                             主轴停电
M30;                            程序结束


% __ N __ LZSQX __ SPF;         子程序名
G1 X52. Z0 F0. 2;               快速点定位
R1= 0;                          设定参数 R1(插补点的 Z 坐标)
MA2:X= 52. + 2* 2.5* SIN(0.2* R1* 180. /3.14)Z= R1F0.15;
                                将 Z 坐标换算为角度,直线插补拟合正弦
                                曲线
R1= R1- 0.1;                    R1 以 0.1 递减
IF R1>- 31.4 GOTO MA2;          如果 R1 大于- 31.4,返回 MA2 标记处
G1Z- 50. ;                      直线插补加工 φ52mm 外圆
G0 X60. ;                       快速退刀
M17;                            子程序结束
```

加工偏心椭圆轮廓内孔程序：

```
% __ N __ TYK __ MPF;           主程序名
T5 D1;                          T5 盲孔镗刀
G90 G54 S600 M3;                建立工件坐标系,零点在工件右端面中心点。
                                主轴正转,转速 600r/min
G0 X37. Z2. ;                   刀具快速定位
LTYK;                           调用偏心椭圆轮廓内孔的加工子程序
G0 X100. Z100. ;                返回换刀点
M5;                             主轴停电
M30;                            程序结束


% __ N __ LTYK __ SPF;          子程序名
```

```
R1= 20. ;                                         椭圆长半轴
R2= 12. ;                                         椭圆短半轴
R3= - 4.8;                                        设定参数 R3(Z 坐标轴切削起点)
R4= - 13.2;                                       设定参数 R4(Z 坐标轴切削终点)
R5= 0.1;                                          Z 轴每次递减量
MA1;R6= 2* 5.88+ 2* R2* SQRT(1- R3* R3/R1/R1)
                                                  参数 R3 是以椭圆中心为原点的 Z 坐标;
                                                  R6 为 X 坐标值
G1 X= R6 Z= R3+ 2. F0.15;                          直线插补拟合椭圆曲线
R3= R3- R5;                                        R3 以 0.1mm(R5)递减
IF R3>= R4 GOTO MA1;                               如果 R3 大于或等于 R4,返回 MA1 标记处
G0 X20. ;                                          快速退刀
Z100. ;                                           快速退刀
M17;                                              子程序结束
```

例 4-6：完成图 4-21 所示零件的加工，零件毛坯 φ50 圆棒料。

此工件的加工关键在于抛物线曲面，椭圆曲面的粗、精加工以及与其他表面的光滑转接。图 4-22 为粗加工示意图。

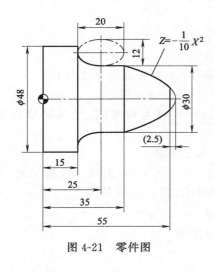

图 4-21　零件图

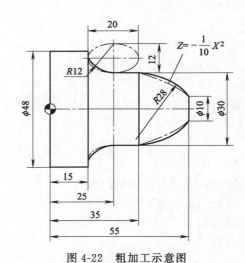

图 4-22　粗加工示意图

加工程序：

```
% __ N __ SC3 __ MPF;
N1;粗加工
G90 G54 M03 S600;
T1 D1;                                            外圆车刀
S500 M08;
X52. Z60. ;
CYCLE95("KT3",1.,0.2,0.2,0.2,0.2,0.1,0.1,1,,,0.5);调用循环(仅粗加工)
G0 X100. ;
Z200. ;
```

```
N2;精加工
T2 D1;                           外圆车刀
G0 X52. Z60. ;
LPWX;                           加工抛物线曲面
G1 Z25. ;
LTYX;                           加工椭圆型曲面
G1 X48. ;
Z-5. ;
G0 X100. ;
Z200. ;
N3;切断
T3 D1;                          切刀（a= 4mm）
S300;
G0 X50. ;
Z- 4. ;
G1 X40. F0. 1;
X40. 1;
X30. ;
X30. 1;                         断屑
X20. ;
X20. 1;                         断屑
X10. ;
X10. 1;                         断屑
X0;
Z- 73. 9;                       让刀
X40. F0. 5;                     退刀
G0 X100. ;
Z200. ;
G74 X1= 0 Z1= 0 M5;
M30;                            主程序结束


子程序
% __ N __ KT3 __ SPF;
G0 G42 X0;
G1 Z55. 0 F0. 2;
X10. ;
G3 X30. Z35. CR= 28. ;
G1 Z25. ;
G2 X42. Z15. CR= 12. ;
G1 X48. ;
Z- 5. ;
```

```
G40 X51. ;
M17;
% __N__LPWX__SPF;
G00   G42 X0  ;
Z57. 5;                              切削起点
R1= 0;                               X/2 赋初始值
R2= 0. 1;                            加工步距
R3= - 22. 5;                         Z 向切削终点值
N10 R4= R1* 2;                       求任意点 2X(直径)值
R5= 57. 5- (R1* R1/10);              求任意点 Z 值
G1 X= R4 Z= R5 F0. 1;                直线移动
R1= R1+ R2;                          变换动点
IF R5> = (57. 5+ R3)GOTO N10;        终点判别
M17;


% __N__LTYX__SPF;
R11= 0. 1;                           加工步距
MA1:G1 X30. Z25. ;
R1= 10. ;                            椭圆长半轴
R2= 6. ;                             椭圆短半轴
R3= 0;                               R3 为 Z 轴变量
R4= - 10. ;                          Z 轴中止
N20 R5= SQRT(R1* R1- R3* R3);
R6= 2* (21- R5* R2/R1);              任意点 X 值
G1X= R6 Z= (25+ R3)F0. 2;            直线移动
R3= R3- R11;                         变换动点
IF R3> = R4 GOTO N20;                终点判别
M17;
```

第5章

常用指令的综合应用

实例 5-1：完成如图 5-1 所示零件加工，毛坯为 φ50 圆棒料。

（1）工艺分析

零件由圆弧、圆锥、圆柱表面组成。零件毛坯为 φ50 圆棒料，采用三爪夹盘装夹，伸出长度为 80mm。刀具使用外圆车刀、切断刀。

（2）加工步骤

加工步骤见表 5-1。

（3）加工技巧

① FANUC 系统采用 G71、G70 指令，完成外形加工；切断采用 G75 指令。SIEMENS 系统采用 CYCLE95 毛坯切削循环加工外形。

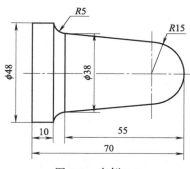

图 5-1　实例 5-1

表 5-1　加工步骤

工步号	工步内容	刀具类型	切削用量		背吃刀量 /mm	夹具
			主轴转速/ (r/min)	进给速度/ (mm/r)		
1	加工各型面	外圆车刀	500	0.2		三爪夹盘
2	切断保证总长	切断刀	500	0.1		

② 编程零点设定在工件右侧端面处，注意对刀时 R15 圆弧面应留出足够余量。

③ 注意图中圆锥面起终点坐标值的计算。起点 X29.86 Z−13.53，终点 X38. Z−55.0。

④ 编程时注意绝对值或增量值坐标的使用。

（4）程序编制

1）FANUC 系统程序

```
O001;
N1;                              车外形
G40 G97 G99 S500 M03 T0101;      T0101 外圆粗车刀
G00 X52.0 Z2.0 M08;
G71 U2.0 R0.5;
G71 P10 Q20 U0.4 W0.2 F0.2;
N10 G00 G42 X0;
G01 Z0 F0.15;
```

```
G03 X29. 86 Z- 13. 53 R15. 0;
G01 X38. 0 Z- 55. 0;
G02 X48. 0 W- 5. 0 R5. 0;
G01 Z- 75. 0;
X51. 0;
N20 G40 X52. 0;
G00 X52. 0 Z2. 0;
G70 P10 Q20;
G00 X150. 0 Z200. 0;
N2;                                切断
T0303 S500;                        T0303 切刀宽 4mm,左侧刃对刀
G00 X60. 0 Z- 74. 0;
    X50. 0 F1. 0;
G75 R0. 5;
G75 X0 P8000 F0. 1;
W0. 1;
G1 X51. F0. 5;
G0 X150. Z200. ;
G28 U0 W0 T0 M5;
M30;
```

2) SIEMENS 系统程序

```
SC1. MPF;主程序
N1;加工外形
G90 G54 M03 S500;
T1 D1;                             外圆车刀
G00 X52. 0 Z2. 0 M08;
CYCLE95("KT1",1. ,0. 2,0. 2,0. 1,0. 2,0. 1,0. 1,9,,,0. 5);调用循环
G0 X52. ;
G00 X150. 0 Z200. 0;
N2;切断
T3 D1;                             T3 切刀宽 4mm,左侧刃对刀
S500;
G00 X60. 0 Z- 74. 0;
G01 X50. 0 F1. 0;
X40. F0. 1;
X40. 2;
X30. ;
X30. 2;
X20. ;
X20. 2;
X10. ;
```

```
X10.2;
X0;
Z- 73.9;
G1 X51.F0.5;
G0 X150.Z200.;
G74 X1= 0 Z1= 0 M5;
M30;                            主程序结束
```

子程序

```
KT1.SPF;加工外形
G00 G42 X0;
G01 Z0 F0.15;
G03 X29.86 Z- 13.53 CR= 15.0;
G01 X38.0 Z- 55.0;
G02 X48.0 W- 5.0 CR= 5.0;
G01 Z- 75.0;
X51.0;
G40 X52.0;
M17;
```

实例 5-2：完成如图 5-2 所示零件加工，毛坯为 φ40 棒料。

（1）工艺分析

零件由圆弧、圆锥、圆柱表面组成。零件毛坯为 φ40 圆棒料，采用三爪夹盘装夹，伸出长度为 60mm。刀具使用外圆车刀、切断刀。

（2）加工步骤

加工步骤见表 5-2。

（3）加工技巧

① FANUC 系统使用 G71、G70 指令，完成外形加工（R10 圆弧也可采用子程序完成）。切断采用 G75 指令。SIEMENS 系统采用 CYCLE95 毛坯切削循环加工外形。

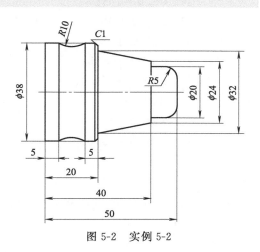

图 5-2 实例 5-2

表 5-2 加工步骤

工步号	工步内容	刀具类型	切削用量			夹具
			主轴转速/ （r/min）	进给速度/ （mm/r）	背吃刀量 /mm	
1	加工各型面	外圆车刀	500	0.2		三爪夹盘
2	切断保证总长	切断刀	500	0.1		

② 编程零点设定在工件左侧端面处（因为图纸尺寸标注基准在工件左侧端面）。

③ 注意图中圆锥面起终点坐标值的计算。起点 X24.Z40.，终点 X32.Z20.。

④ 编程时注意绝对值或增量值坐标的使用。

⑤ $R10$ 圆弧采用子程序编程时，为保证与 $\phi38$ 外圆的转接，$R10$ 可参考图 5-3 进行延伸。

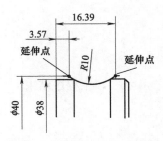

图 5-3　子程序加工 $R10$ 圆弧时的数据处理

(4) 程序编制

1）FANUC 系统程序

```
O001;
N1;                                 车外形
    G40 G97 G99 S500 M03 T0101;     T0101 外圆车刀
    G00 X42.0 Z52.0 M08;
    G71 U2.0 R0.5;
    G71 P10 Q20 U0.4 W0.2 F0.2;
N10 G00 G42 X0;
    G01 Z50.0 F0.15;
        X20.0 R-5.0;                倒圆角功能
        Z40.0;
        X24.0;
        X32.0 Z20.0;
        X38.0 C-1.0;                倒角功能
        Z15.0;
    G02 X38.0 Z5.0 R10.0;
    G01 Z-5.0;
        X41.0;
N20 G40 X42.0;
    G00 X42.0 Z52.0;
    G70 P10 Q20;
    G00 X150.0 Z200.0;
N2;                                 切断
    T0303 S400;                     T0303 切刀宽 4mm,左侧刃对刀
    G00 X50.0 Z-4.0;
    X40.0 F1.0;
G75 R0.5;
G75 X0 P8000 F0.1;
```

```
     W0.1;
G1 X41.F0.3;
G0 X150.Z200.;
G28 U0 W0 T0 M5;
     M30;
```

2）SIEMENS 系统程序

```
SC2.MPF;主程序
N1;加工外形
G90 G54 M03 S500;
T1 D1;                                              外圆车刀
G00 X42.0 Z55.0 M08;
CYCLE95("KT2",1.,0.2,0.2,0.1,0.2,0.1,0.1,9,,,0.5);  调用循环
G00 X150.0 Z200.0;
N2;切断
T3 D1 S500;                                         T3 切刀宽 4mm,左侧刃对刀
G00 X50.0 Z- 4.0;
G01 X40.0 F1.0;
X30. F0.1;
X30.2;
X20.;
X20.2;
X10.;
X10.2;
X0;
Z- 3.9;
G1 X41.F0.5;
G0 X150.Z200.;
G74 X1= 0 Z1= 0 M5;
M30;                                                主程序结束

子程序
KT2.SPF;加工外形
G00 G42 X0;
G01 Z50.0 F0.15;
    X20.0 RND= - 5.0;                               倒圆角功能
    Z40.0;
    X24.0;
    X32.0 Z20.0;
    X38.0 CHF= - 1.0;                               倒角功能
    Z15.0;
```

```
G02 X38.0 Z5.0 CR= 10.0;
G01 Z- 5.0;
        X41.0;
G40 X42.0;
M17;
```

实例 5-3：完成如图 5-4 所示零件加工，毛坯为 φ40 圆棒料。

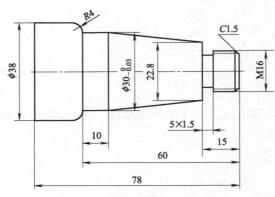

图 5-4　实例 5-3

(1) 工艺分析

零件由圆柱、圆锥、槽、螺纹及圆弧面组成。零件毛坯为 φ40 圆棒料，采用三爪夹盘装夹完成加工。刀具使用外圆车刀、螺纹刀、切断刀（a＝4mm）。

(2) 加工步骤

加工步骤见表 5-3。

表 5-3　加工步骤

工步号	工步内容	刀具类型	切削用量			夹具
			主轴转速/ (r/min)	进给速度/ (mm/r)	背吃刀量 /mm	
1	加工外形	外圆车刀	500	0.2		三爪夹盘
2	切 5×1.5 退刀槽	切槽刀（a＝4mm）	500	0.2		
3	加工 M16 螺纹	螺纹刀	300	2.0		
4	切断保证总长	切断刀（a＝4mm）	400	0.1		

(3) 加工技巧

① FANUC 系统采用 G71、G70 指令，完成外形加工；采用 G92 指令加工螺纹；切断采用 G75 指令。SIEMENS 系统采用 CYCLE95 指令，完成外形加工；使用 CYCLE97 指令加工螺纹。

② 编程零点设定在工件右侧端面处。

③ 编程时注意 G90 绝对值或 G91 增量值坐标的使用、转换。

(4) 程序编制

1) FANUC 系统程序

```
O0001;
N1;                                            车外形
    G40 G97 G99 S500 M03 T0101;                T0101 外圆粗车刀
```

```
    G00 X42. 0 Z2. 0 M08;
    G71 U2. 0 R0. 5;
    G71 P10 Q20 U0. 4 W0. 2 F0. 2;
N10 G00 G42 X0;
    G01 Z0 F0. 15;
        X15. 8 C- 1. 5;                          倒角功能
        Z- 15. 0;
        X22. 8;
        X30. 0 Z- 50. 0;
        Z- 60. 0;
    G03 X38. 0 Z- 64. 0 R4. 0;
    G01 Z- 83. 0;
    X41. 0;
N20 G40 X42. 0;
    G00 X150. 0 Z200. 0;                         换刀点
    T0202 S500;                                  T0202 精车刀,刀尖 R0. 2
    G00 X42. 0 Z5. 0;
    G70 P10 Q20;                                 增加精车工步(更换刀具)
    G00 X150. 0 Z200. 0;
N2;    切槽
    T0404 S300;                                  T0404 切断刀
    G00 X30. 0 Z- 14. 0;
    G01 X13. F0. 1;
    G01 X16. 5 F0. 2;
    Z- 15. ;
    G01 X13. F0. 1;
    X30. F2. 0;
    G00 X150. 0 Z200. 0;
N3;    切螺纹
    T0303 S300;                                  T0303;螺纹刀
    G00 X18. 0 Z5. 0;                            起刀点
    G92 X15. 1 Z- 12. 5 F2. 0;
        X14. 5;
        X13. 9;
        X13. 5
        X13. 4;
    G00 X100. 0 Z150. 0;                         退刀,取消循环
N4;                                              切断
    T0404 S400;                                  T0404 切刀宽 4mm,左侧刃对刀
    G00 X50. 0 Z- 82. 0;
        X40. 0 F1. 0;
```

```
G75 R0.5;
G75 X0 P8000 F0.1;
W0.1;
G1 X41. F0.3;
G0 X150. Z200.;
G28 U0 W0 T0 M5;
M30;
```

2）SIEMENS 系统程序

```
SC3.MPF;主程序
N1;加工外形
G90 G54 M03 S500;
T1 D1;                              外圆车刀
G00 X42.0 Z2.0 M08;
CYCLE95("KT3",1.,0.2,0.2,0.1,0.2,0.1,0.1,9,,,0.5);调用循环
G00 X150.0 Z200.0;
N2;    切槽
T4 D1 S300;                  T4 切断刀
G00 X30.0 Z-14.0;
G01 X13. F0.1;
G01 X16.5 F0.2;
Z-15.;
G01 X13. F0.1;
X30. F2.0;
G00 X150.0 Z200.0;
N3;切螺纹
T3 D1 S300;                螺纹刀
G00 X18.0 Z5.0;    起刀点
CYCLE97(2.,,0.,-12.5,16.,16.,2.5,2.5,1.3,0.1,,0,4,1,3,1);调用螺纹切削
                                                    循环
G00 X150.0 Z200.0;
N4;切断
T4 D1 S400;                        T4 切刀宽 4mm,左侧刃对刀
G00 X50.0 Z-82.0;
G01 X40.0 F1.0;
X30. F0.1;
X30.2;
X20.;
X20.2;
X10.;
X10.2;
X0;
```

```
Z- 81.9;
G1 X40.F0.5;
G0 X150.Z200.;
G74 X1= 0 Z1= 0 M5;
M30;                              主程序结束


子程序
KT3.SPF;加工外形
G00 G42 X0;
G01 Z0 F0.15;
    X15.8 CHF= - 1.5;              倒角功能
    Z- 15.0;
    X22.8;
    X30.0 Z- 50.0;
    Z- 60.0;
G03 X38.0 Z- 64.0 CR= 4.0;
G01 Z- 83.0;
X41.0;
G40 X42.0;
M17;
```

实例 5-4： 完成如图 5-5 所示零件加工，毛坯为 φ40 圆棒料。

(1) 工艺分析

零件由圆柱、圆锥、槽、螺纹及圆弧表面组成，零件毛坯为 φ40 圆棒料，采用三爪夹盘装夹完成加工。刀具使用外圆车刀、螺纹刀、切断刀（a＝4mm）。R20 凹圆弧加工时应合理选择刀具并确定合适的加工方法，切刀切槽时，可将槽一侧 R2 圆弧面加工出。

(2) 加工步骤

加工步骤见表 5-4。

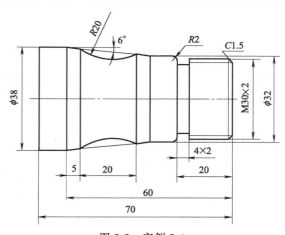

图 5-5　实例 5-4

表 5-4　加工步骤

工步号	工步内容	刀具类型	切削用量			夹具
			主轴转速 /(r/min)	进给速度 /(mm/r)	背吃刀量 /mm	
1	车外形（R20 凹圆弧除外），6°圆锥面可整体切出	外圆车刀	500	0.2		三爪夹盘
2	切 4×2 退刀槽及 R2 圆角	切断刀（a＝4mm）	500	0.1		
3	加工 M30×2 螺纹	螺纹刀	400	2.0		
4	加工 R20 凹圆弧	外圆车刀、螺纹刀	500	0.15		
5	切断保证总长	切断刀（a＝4mm）	400	0.1		

(3) 加工技巧

① FANUC 系统采用 G71、G70 指令，完成外形加工；采用 G92 指令加工螺纹；切断采用 G75 指令。SIEMENS 系统采用 CYCLE95 指令，完成外形加工；使用 CYCLE97 指令加工螺纹。

② 编程零点设定在工件夹持后的右侧端面处。

(4) 程序编制

1) FANUC 系统程序

```
O0004;
N1;                                  车外形
    G40 G97 G99 S500 M03 T0101;       T0101 外圆粗车刀
    G00 X42.0 Z2.0 M08;
    G71 U2.0 R0.5;
    G71 P10 Q20 U0.4 W0.2 F0.2;
    N10 G0 G42 X0;
    G1 Z0 F0.2;
    X27.0;
    X29.8 Z- 1.5;
    Z- 20.;
    X32. Z- 21.;                      加工 C1 倒角(去除 R2 余量)
    Z- 31.46;                         6°圆锥面起点
    X38. Z- 60.;                      6°圆锥面终点
    Z- 75.;
    X38.;
N20 G40 X40.0;
    G00 X150.0 Z200.0;                换刀点
    T0202 S500;                       T0202 精车刀,刀尖 R0.2
    G00 X42.0 Z2.0;
    G70 P10 Q20;
    G00 X150.0 Z200.0;
N2;                                   切槽
    T0404 S300;                       T0404 切断刀
    G0 X34.;
    Z- 20.;
    G1 X26.1 F0.1;                    切槽槽底留余量 0.1
    X32.;
    Z- 22.;
    G2 X28. Z- 20. R2.;               加工 R2 圆弧
    G1 X26.;                          切至槽底
    X34.0;                            退刀
    G00 X150.0 Z200.0;
N3;                                   切螺纹
    T0303 S300;                       T0303;螺纹刀
```

```
G00 X32. Z5. 0;                          起刀点
G92 X29. 1 Z- 12. 5 F2. 0;
    X28. 5;
    X27. 9;
    X27. 5;
    X27. 4;
G00 X150. 0 Z200. 0;                     退刀,取消循环
N4;                                      加工 R20 凹圆弧
T0303 S500;                              螺纹刀
G0 X34. 72 Z- 34. ;                      R20 凹圆弧起点(圆弧已延伸)
G2 X39. 52 Z- 56. R20. 0 F0. 15;         R20 凹圆弧终点(圆弧已延伸)去余量
G1 X33. 72 Z- 34. F0. 5;                 R20 凹圆弧起点(圆弧已延伸)
G2 X38. 52 Z- 56. R20. 0 F0. 15;         R20 凹圆弧终点(圆弧已延伸)加工至尺寸
G00 X100. 0 Z150. 0;
N5;                                      切断
T0404  S400;                             T0404 切刀宽 4mm,左侧刃对刀
G0 X42. 0 Z- 74. ;
G75 R0. 5;
G75 X0 P8000 F0. 1;
W0. 1;
G1 X41. F0. 3;
G0 X150. Z200. ;
G28 U0 W0 T0 M5;
M30;
```

注意：R20 凹圆弧也可在外形加工时完成。

2）SIEMENS 系统程序

```
SC4. MPF;主程序
N1;加工外形
G90 G54 M03 S600;
T1 D1;                                   外圆车刀
S500 M08;
X42. Z2. ;
CYCLE95("KT4",1. ,0. 2,0. 2,0. 1,0. 2,0. 1,0. 1,9,,,0. 5);调用循环
G0 X100. ;
Z100. ;
N2;切空刀槽
T4 D1;                                   切槽刀 a= 4mm
G0 X34. ;
Z- 20. ;
G1 X26. 1 F0. 1;                         切槽槽底留余量 0. 1
```

```
X32. ;
Z- 22. ;
G2 X28. Z- 20. CR= 2. ;          加工 R2 圆弧
G1 X26. ;                        切至槽底
X34.0;                           退刀
G0 X100. ;
Z100. ;
N3;                              加工螺纹
T3 D1;                           螺纹刀
S400;
G0 X32. Z3. ;
CYCLE97 (2. ,,0,- 16. ,30. ,30. ,3. ,2. ,1.3,0.1,,0,4,1 ,3,1);   调用循环
G0 X100. ;
Z100. ;
N4;                              加工 R20 凹圆弧
T3 D1;                           螺纹刀
S500;
G0 X34. 72 Z- 34. ;              R20 凹圆弧起点(圆弧已延伸)
G2 X39. 52 Z- 56. CR= 20. F0. 15;   R20 凹圆弧终点(圆弧已延伸)去余量
G1 X33. 72 Z- 34. F0. 5;         R20 凹圆弧起点(圆弧已延伸)
G2 X38. 52 Z- 56. CR= 20. F0. 15;   R20 凹圆弧终点(圆弧已延伸)加工至尺寸
G0 X100. ;
Z100. ;
N5;切断
T4 D1;                           切刀 a= 4mm
S300;
G0 X40.
Z- 74. ;
G1 X30. F0. 1;
X30.1;                           断屑
X20. ;
X20.1;                           断屑
X10. ;
X10.1;                           断屑
X0;
Z- 73. 9;                        让刀
X40. F0. 5;                      退刀
G0 X100. ;
Z100. ;
G74 X1= 0 Z1= 0 M5;
M30;                             主程序结束
```

子程序

```
KT4.SPF;       加工外形
G0 G42 X0;
G1 Z0 F0.2;
X27.0;
X29.8 Z-1.5;
Z-20.;
X32. Z-21.;                加工C1倒角（去除R2余量）
Z-31.46;                   6°圆锥面起点
X38. Z-60.;                6°圆锥面终点
Z-75.;
X38.;
G40 X40.0;
M17;
```

注意：R20凹圆弧也可在外形加工时完成。

实例5-5：完成如图5-6所示零件加工，毛坯为φ45圆棒料。

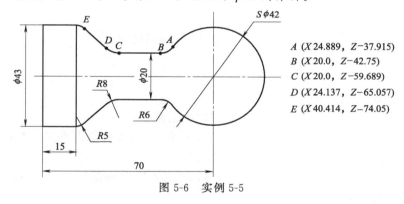

A（X24.889, Z-37.915）
B（X20.0, Z-42.75）
C（X20.0, Z-59.689）
D（X24.137, Z-65.057）
E（X40.414, Z-74.05）

图5-6　实例5-5

(1) 工艺分析

零件由球面、圆锥、圆柱表面组成，加工难点在于下凹处型面的加工。零件毛坯为φ45圆棒料，采用三爪夹盘装夹，伸出长度为105mm。刀具使用外圆车刀、切断刀（a=5mm）、成形刀（R4mm）。

(2) 加工步骤

加工步骤见表5-5。

表5-5　加工步骤

工步号	工步内容	刀具类型	切削用量			夹具
			主轴转速 /(r/min)	进给速度 /(mm/r)	背吃刀量 /mm	
1	去除Sφ42右侧余量，并加工φ43至尺寸	外圆车刀	500	0.2		三爪夹盘
2	切凹槽余量	切断刀（a=5mm）	500	0.2		
3	除φ43外圆以外的型面精加工	成形刀（采用圆弧切入）	500	0.2		
4	切断保证总长	切断刀（a=5mm）	400	0.1		

(3) 加工技巧

① FANUC系统去余量采用G71指令、加工φ43采用G01指令；切凹槽余量采用G72指

令，切断采用 G75 指令。SIEMENS 系统采用 CYCLE95 指令，完成外形加工；采用子程序完成除 φ43 外圆以外的型面精加工加工。

② 编程零点设定在工件右侧端面处。

(4) 程序编制

1）FANUC 系统程序

```
O0005;
N1;                                 去圆弧余量
    G40 G97 G99 S500 M03 T0101;     T0101 为 90°偏刀
    G00 X47.0 Z2.0;
    G71 U2.0 R0.5;
    G71 P10 Q20 U0.4 W0.2 F0.2;
N10 G00 X0;
    G01 Z0 F0.15;
    G03 X42.0 Z-21.0 R21.0;
    G01 X43.0;
        Z-96.0;
N20 X47.0;
    G00 Z-20.0;
    G01 X43.0;                      车 43 外圆到尺寸
        Z-92.0;
    G00  X47.0;
         X150.0   Z200.0;
N2;                                 切凹槽余量
    T0202;                          切刀刀宽 5mm，刀补数据在 02 号寄存器中，左刀
                                    刃对刀
    G00 X44.0 Z-53.72;              B 点、C 点 Z 向对称点 Z-51.22 减去 2.5mm
    G01 X20.4 F0.1;
        X44.0;
    G72 W2.0 R0.5;
    G72 P30 Q40 U0.4 W0.2 F0.15;
N30     Z-76.0;
    G01 X43.0;
    G02 X40.414 Z-74.05 R5.0;       E 点
    G01 X24.137 Z-65.057;           D 点
    G03 X20.0 Z-59.689 R8.0;        C 点
N40 G01 Z-55.0;
    T0203;                          刀补数据在 03 号寄存器中，右刀刃对刀
    Z-50.0;
    G72 W2.0 R0.5;
    G72 P50 Q60 U0.4 W-0.4 F0.15;
N50 G01 Z-21.0;
        X42.0;
```

```
    G03 X24.889 Z- 37.915 R21.0;              A 点
    G02 X20.0 Z- 42.75 R6.0;                  B 点
N60 G01 Z- 50.0;
    G00 X150.0 Z200.0;
N3;                                          精车圆球及凹槽
    T0404;                                    T0404 成形刀,R4mm
    G00 Z10.0;
    G42 X0;
    G02 X0 Z0 R5.0;                           圆弧切入,无接刀痕迹
    G03 X24.889 Z- 37.915 R21.0;              A 点
    G02 X20.0 Z- 42.75 R6.0;                  B 点
    G01 Z- 59.689;                            C 点
    G02 X24.137 Z- 65.057 R8.0;               D 点
    G01 X40.414 Z- 74.05;                     E 点
    G03 X43.0 Z- 76.0 R5.0;
    G02 X53.0 Z- 81.0 R5.0;                   圆弧切出,无接刀痕迹
    G01 G40 X62.0;
    G00 X150.0 Z200.0;
N4;                                          切断
    TO202 S400;
    G00  X56.0  Z-96.0;
         X46.0 F1.0;
    G75 R0.5;
    G75 X0 P8000 F0.1;
    W0.1;
    G1 X46. F0.3;
    G0 X150. Z200.;
    G28 U0 W0 T0 M5;
    M30;
```

2）SIEMENS 系统程序

```
    SC5.MPF;                                  主程序
    N1;加工外形                                去圆弧余量
    G40 G97 G99 S500 M03;
    T1 D1;                                    T1 为 90°偏刀
    G00 X47.0 Z2.0;
    CYCLE95("KT51",1.,0.2,0.2,0.1,0.2,0.1,0.1,9,,,0.5);调用循环
    G01 X43.0;                                车 43 外圆到尺寸
         Z- 96.0;
    G00 X47.0;
    G00 Z- 20.0;
    G01 X43.0;                                车 43 外圆到尺寸
```

```
        Z- 92.0;
    G00 X47.0;
        X150.0 Z200.0;
N2;                                         切凹槽余量
    T2 D1;                                  切刀刀宽 5mm,刀补数据 D1,左刀刃对刀
    G00 X44.0 Z- 53.72;                     B 点、C 点 Z 向对称点 Z- 51.22 减去 2.5mm
    G01 X20.4 F0.1;
        X44.0;
    CYCLE95("KT52",1.,0.2,0.2,0.1,0.2,0.1,0.1,2,,,0.5);调用循环
        X44.0;
    T2 D2;                                  刀补数据 D2,右刀刃对刀
    Z- 50.0;
    CYCLE95("KT53",1.,0.2,0.2,0.1,0.2,0.1,0.1,2,,,0.5);调用循环
    G00 X150.0 Z200.0;
N3;                                         精车圆球及凹槽
    T3 D1;                                  T3 成形刀,R 4mm
    G00 Z10.0;
    G42 X0;
    G02 X0 Z0 CR= 5.0;                      圆弧切入,无接刀痕迹
    G03 X24.889 Z- 37.915 R21.0;            A 点
    G02 X20.0 Z- 42.75 CR= 6.0;             B 点
    G01 Z- 59.689;                          C 点
    G02 X24.137 Z- 65.057 CR= 8.0;          D 点
    G01 X40.414 Z- 74.05;                   E 点
    G03 X43.0 Z- 76.0 CR= 5.0;
    G02 X53.0 Z- 81.0 CR= 5.0;              圆弧切出,无接刀痕迹
    G01 G40 X55.0;
    G00 X150.0 Z200.0;
N4;                                         切断
    T2 D1;                                  切刀 a= 4mm
    S300;
    G00 X56.0 Z- 96.0;
        X46.0 F1.0;
    G1 X30. F0.1;
    X30.1;                                  断屑
    X20.;
    X20.1                                   断屑
    X10.;
    X10.1;                                  断屑
    X0;
    Z- 95.9;                                让刀
```

```
X44. F0.5;                          退刀
G0 X150. ;
Z200. ;
G74 X1= 0 Z1= 0 M5;
M30;                                主程序结束


KT51.SPF;                           去圆弧余量
G00  X0;
G01  Z0;
G03  X42.0  Z- 21.0  CR= 21.0;
G01  X43.0;
     Z- 96.0;
X47.0;
M17;


KT52.SPF;                           切凹槽左侧余量
Z- 76.0;
G01 X43.0;
G02 X40.414 Z- 74.05 CR= 5.0;       E 点
G01 X24.137 Z- 65.057;              D 点
G03 X20.0 Z- 59.689 CR= 8.0;        C 点
G01  Z- 55.0;
M17;


KT53.SPF;                           切凹槽右侧余量
G01 Z- 21.0;
     X42.0;
G03 X24.889 Z- 37.915 CR= 21.0;     A 点
G02 X20.0 Z- 42.75 CR= 6.0;         B 点
G01 Z- 50.0;
M17;
```

实例 5-6：完成如图 5-7 所示零件加工，毛坯为 φ30 圆棒料。

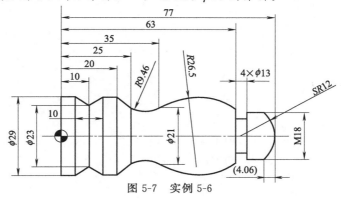

图 5-7　实例 5-6

(1) 工艺分析

零件包括复杂外形面、切槽、螺纹和切断等表面加工,难点是外型面的加工。零件毛坯为 $\phi30$ 圆棒料,采用三爪夹盘装夹完成加工。刀具使用外圆车刀、切槽刀 ($a=4mm$)、螺纹刀、切断刀 ($a=4mm$)。

(2) 加工步骤

加工步骤见表 5-6。

表 5-6 加工步骤

工步号	工步内容	刀具类型	切削用量			夹具
			主轴转速 /(r/min)	进给速度 /(mm/r)	背吃刀量 /mm	
1	车 R12 型面、车 M18 大径、$\phi29$ 圆柱面	外圆车刀	500	0.2		三爪夹盘
2	切 4×ϕ13 退刀槽	切槽刀 ($a=4mm$)	500	0.2		
3	加工型面	螺纹刀	300	0.2		
4	加工 M18 螺纹	螺纹刀	300	2.0		
5	切断保证总长	切断刀 ($a=4mm$)	300	0.1		

(3) 加工技巧

① FANUC 系统,外形加工使用 G73、G70 指令、使用 G01 指令完成切槽加工、使用 G92 指令加工螺纹、切断采用 G75 指令。SIEMENS 系统加工外形保证台阶圆 $\phi18×14$、$\phi29×81$ 采用 CYCLE95 毛坯切削循环指令加工;采用 CYCLE97 螺纹切削循环指令加工螺纹、采用子程序保证型面。

② 编程零点设定在工件左侧端面处。

(4) 程序编制

1) FANUC 系统程序

```
O0006;零点设在工件右端面与其轴线的交点处
N1;加工 R12 球面、M18×2 螺纹外径、φ29 圆柱面
G40 G97 G99 M03 S500;
T0101;                          90°车刀
G00 X30. Z82. M8;
G71 U2 R0.5;
G71 P10 Q20 U0.4 W0.2 F0.2;
N10 G0 G42 X0;
G1 Z77. F0.1;
G3 X18. W- 3.53 R12.;
G1 Z63.;
X29.4;
Z- 5.;
N20 G1 G40 X32.;
G70 P10 Q20;
G0 X150. Z200.;
N2;                             加工退刀槽 4×φ13
T0303;                          切刀(a= 4mm)
S300;
```

```
G0 X24. ;
Z63. ;
G1 X13. F0. 1;
X24. F0. 3;
G0 X150. Z200. ;
N3;加工成形面
T0404;螺纹刀
S300;
G0 X40. Z64. ;
G73 U3. W0 R6;                 X 轴方向退出量 6mm,切 6 刀
G73 P30 Q40 U0. 4 W0. 2 F0. 15;
N30 G0 G42 X19. 7;
G1 Z64. F0. 1;
G3 X21. Z35. R26. 5;
G2 X21. Z25. R9. 46;
G1 X29. Z20. ;
Z15. ;
X23. Z10. ;
X29. Z5. ;
Z- 4. ;
N40 G40 X30. ;
G70 P30 Q40;
G0 X150. Z200. ;
N4;加工螺纹 M18×2
T0404;                  螺纹刀
S300;
G0 X20. Z77. ;
G92 X17. 1 Z65. F2. ;
X16. 5;
X15. 9;
X15. 5;
X15. 4;
G0 X150. Z200. ;
N5;切断
T0303;              切刀(a= 4mm)
S300;
G0 X33. ;
Z- 4. ;
G75 R0. 5;
G75 X0 P8000 F0. 1;
W0. 1;
```

```
G1 X33. F0. 3;
G0 X150. Z200. ;
G28 U0 W0 T0 M5;
M30;
```

2）SIEMENS 系统程序

```
CKT6. MPF;
N1;加工外形保证台阶圆 φ18×14、φ29×81 及 SR12 球面
G95 G54 G90 M03 S500;
T1 D1;                                          外圆车刀
G00 X30. Z82. ;
CYCLE95("KT6",2. ,0.4,0.4,0.1,0.2,0.1,0.1,9,0.1 ,0 ,0.5);调用循环
G00 X150. Z200. ;
N2;切槽
T2 D1;                                          切刀 a= 4mm
G00 X32. ;
Z63. ;
G01 X13. F0.1;
G0 X32. ;
X150. Z200. ;
N3;加工螺纹
T3 D1;                                          螺纹刀
S300;
G00 X22. Z82. ;
CYCLE97(2. ,,77. ,67. ,18. ,18. ,4. ,2. ,1.3,0.1,0,,5,,3,1);调用循环
G00 X29.7 Z64. ;
N4;加工型面
LKT61 P5;                                       调用子程序 LKT61,共 5 次
G0 X150. Z200. ;
N5;切断
T2 D1;                                          切刀 a= 4mm
G0 X32. Z- 4. ;
G1 X22. F0.1;
X22.1;
X12. ;
X12.1;
X0. ;
Z- 3.9;
X32. F0.5;
G0 X150. Z200. ;
G74 X1= 0 Z1= 0 M5;
M30;
```

子程序

```
KT6.SPF;
G00 G42 X0;
G01 Z77.0 F0.1;
G03 X18. Z73.47 CR=12.;
G01 Z63.;
X29.4;
Z-4.;
G40 X32.;
M17;

LKT61.SPF;
G91 G1 G42 X-2. F0.1;
G3 X1.3 Z-29. CR=26.5;
G2 X0 Z-10. CR=9.46;
G1 X8 Z-5.;
Z-5.;
X-6. Z-5.;
X6. Z-5.;
Z-9.;
X2.;
G40 X3.;
Z68.;
X-14.3;
M17.;
```

实例 5-7：加工如图 5-8 所示零件，毛坯为 φ25 圆棒料。

（1）工艺分析

零件外形复杂，由圆柱、圆锥、槽、螺纹等表面组成。零件毛坯为 φ25 圆棒料，采用三爪夹盘装夹完成加工。刀具使用外圆车刀、切槽刀（a＝4mm）、螺纹刀、切断刀（a＝4mm）。

（2）加工步骤

加工步骤见表 5-7。

（3）加工技巧

① FANUC 系统采用 G71、G70 指令，完成外形加工；采用 G92 指令加工螺纹；切断采用 G75 指令。SIEMENS 系统采用 CYCLE95 指令，完成外形加工；使用 CYCLE97 指令加工螺纹。采用子程序完成凹圆弧的加工。

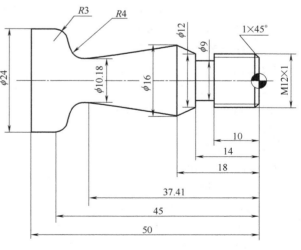

图 5-8　实例 5-7

表 5-7　加工步骤

| 工步号 | 工步内容 | 刀具类型 | 切削用量 | | | 夹具 |
			主轴转速 /(r/min)	进给速度 /(mm/r)	背吃刀量 /mm	
1	加工外形	外圆车刀	500	0.2		三爪夹盘
2	切退刀槽	切槽刀($a=4$mm)	500	0.2		
3	切削螺纹	螺纹刀	300	1.0		
4	切断保证总长	切断刀($a=4$mm)	300	0.1		

② 编程零点设定在工件夹持后的右侧端面处。

③ FANUC 系统加工时，T0101 刀具数据应增加刀具磨耗，精加工采用 T0111。

(4) 程序编制

1) FANUC 系统程序

```
O0006;
N1;加工外形
G40 G97 G99 M03 S500;
T0101;                       外圆车刀,注意刀具勿与 φ16～10 锥度圆发生干涉
G00 X27. Z5. ;
G71 U1. 0 R0. 5;
G71 P10 Q20 U0. 4 W0. 2 F0. 2;
N10 G0 G42 X0;
G01 Z0;
X9. 8;
X11. 8 Z- 1. ;
Z- 14. ;
X12. ;
X16. Z- 18. ;
X10. 18 Z- 37. 41;
G2 X18. Z- 42. R4;
G03 X24. Z- 45. R3. ;
G01 Z- 55. ;
X25. ;
N20 G1 G40 X27. ;
T0111;
G00 X27. Z5. ;
G70 P10 Q20;
G0 X150. Z200. ;
N2;切退刀槽
T0202;切刀 a= 4mm
S500 M8;
G00 X14. ;
Z- 14. ;
G01 X9. F0. 1;
G00 X14. ;
```

```
G0 X150. Z200. ;
N3;切削螺纹
T0303;                                    螺纹刀
S300;
G0 X14. Z3. ;
G92 X11.3 Z-12. F1. ;
X10.9;
X10.7;
G0 X150. Z200. ;
N4;切断
T0404;                                    切断刀
S300;
G0 X28. Z-54. ;
G75 R0.5;
G75 X0 P8000 F0.1;
W0.1;
G1 X28.0 F1. ;
G0 X150. Z150. ;
G28 U0 W0 T0 M5;
M30;
```

注意：使用外圆车刀时应避免产生干涉。此例也可采用子程序完成倒锥及 $R3$、$R4$ 的切削。

2）SIEMENS 系统程序

```
CKT7.MPF;
N1;加工外形
G90 G95 G54 G40 M03 S600;
T1 D1;                       外圆车刀,注意刀具勿与ϕ16～10.18锥度圆发生干涉
G00 X27. Z5. ;
CYCLE95("KT7",1.,0.4,0.4,0.1,0.2,0.1,0.1,9,0.1,0,0.5);
G00 X100. Z100. ;
N2;切退刀槽
T2 D1;切刀 a=4mm
S500 M8;
G00 X14. ;
Z-14. ;
G01 X9. F0.1;
G00 X14. ;
X100. Z100. ;
N3;切削螺纹
T3 D1;                                    螺纹刀
```

```
S300;
G0 X14. Z5. ;
CYCLE97(1. ,,0,-10. ,12. ,12. ,2. ,2. ,0. 65,0. 1,0,,3,,3,1. );
G0 X150. Z150. ;
N4;切断
T4 D1;                           切断刀
S300;
G0 X28. Z- 54. ;
G1 X18. F0. 1;
X18. 2;                          断屑
X10. ;
X10. 2;
X5. ;
X5. 2;
X0;
Z- 53. 8;                        让刀
X28. F0. 4;
G0 X150. Z150. ;
M5;
M9;
G74 X1= 0 Z1= 0;
M30;
```

3）外形轮廓子程序

```
KT7. SPF;
G0 G42 X0;
G01 Z0;
X9. 8;
X11. 8 Z- 1. ;
Z- 14. ;
X12. ;
X16. Z- 18. ;
X10. 18 Z- 37. 41;
G2 X18. Z- 42. CR= 4;
G03 X24. Z- 45. CR= 3. ;
G01 Z- 55. ;
X25. ;
G40 X26. ;
M17;
```

注意：使用外圆车刀时应避免产生干涉。此例也可采用子程序完成倒锥及 $R3$、$R4$ 的切削。

实例 5-8：完成如图 5-9 所示零件加工，毛坯为 $\phi 60$ 圆棒料。

(1) 工艺分析

零件主要由内圆柱、圆锥、圆弧表面组成。零件毛坯为 $\phi 60$ 圆棒料，采用三爪夹盘装夹完成加工。刀具使用外圆车刀、钻头（$\phi 18$）、镗孔刀、切断刀（$a=4\text{mm}$）。

(2) 加工步骤

加工步骤见表 5-8。

(3) 加工技巧

① FANUC 系统使用 G71、G70 指令完成内腔加工，使用 G74 指令钻孔，切断采用 G75 指令。SIE-MENS 系统采用 CYCLE95 指令，完成内腔加工；调用 CYCLE82 指令循环钻孔。

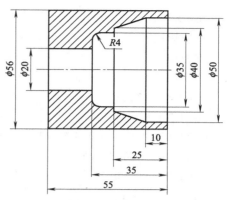

图 5-9　实例 5-8

表 5-8　加工步骤

工步号	工步内容	刀具类型	切削用量			夹具
			主轴转速 /(r/min)	进给速度 /(mm/r)	背吃刀量 /mm	
1	钻 $\phi 18\times 60$（有效长度 60mm，不含前端锥度）孔	$\phi 18$ 钻头	400	0.2		三爪夹盘
2	车外形 $\phi 56\times 60$	外圆车刀	500	0.2		
3	加工内腔	镗孔刀	500	0.2		
4	切断保证总长	切断刀（$a=4\text{mm}$）	400	0.2		

② 编程零点设定在工件右侧端面处。

(4) 加工程序

1) FANUC 系统程序

```
O0008;
N1;钻孔
G40 G97 G99 M03 S400;
T0505;                          钻头 φ18
G0 X0;
G01 Z5.0 F1.;
G74 R0.5;
G74 Z- 65. Q8000 F0.1;
G00 Z200.;
G00 X150.;
N2;车外形
T0101;                          外圆车刀
S500;
G00 X61. Z5.;
G90 X58. Z- 60. F0.2;
    X56.5;
    X56. F0.15;
```

```
G0 X150. Z200. ;
N3;镗内孔
T0606;                          内孔镗刀
S500;
G00 X17. Z5. ;
G71 U2. R0. 5;
G71 P30 Q40 U- 0. 4 W0. 2 F0. 2;
N30 G41 G00 X50. ;
G01 Z- 10. F0. 1;
X40. Z- 25. ;
X35. ;
Z- 35. R- 4. ;                  倒圆角功能
X20. ;
Z- 59. ;
N40 G40 X17. ;
G70 P30 Q40;                    精加工
G00 X150. Z200. ;
N4;切断
T0202;                          切刀 a＝4mm 左刀尖对刀
S400;
G00 X72. ;
Z- 59. ;
G01 X62. F1. 0;
G75 R0. 5;
G75 X19. P8000 F0. 1;
G01 W0. 1;
X72. F0. 5;
G0 X150. Z200. ;
G28 U0 W0 T0 M5;
M30;
```

2）SIEMENS 系统程序

```
CKT8. MPF;
N1;钻孔
G90 G95 G54 G40 M03 S400;
T5 D1 F0. 5;                         钻头 φ18
X0;
Z50;
CYCLE82 (20,0,5,- 65,65,0. 2);       调用钻孔循环,离工件表面 5mm 处进给,
G0 Z50;                              到达深度后停止 0. 2s
G0 X150. Z200. ;
```

```
N2;车外形
T1 D1;
S500;                                      外圆车刀
G00 X61. Z5. ;
G1 X58. 0 F0. 2;
Z- 60. ;
X58. 5;
G0 Z5. ;
G1 X56. 4 F0. 2;
Z- 60. ;
X56. 8;
G0 Z5. ;
G1 X56. 0 F0. 2;
Z- 60. ;
G0 X56. 5;
G0 X150. Z200. ;
N3;镗内孔
T6 D1;                                     内孔镗刀
S500;
G00 X17. Z5. ;
CYCLE95("KT8",2. ,0. 4,0. 4,0. 1,0. 2,0. 1,0. 1,11,0. 1 ,0 ,0. 5);
G00 X150. Z200. ;
N4;切断
T2 D1;                                     切刀 a＝4mm 左刀尖对刀
S400;
G00 X72. ;
Z- 59. ;
G01 X62. F1. 0;
G1 X46. F0. 1;
X46. 2;                                    断屑
X36. F0. 1;
X36. 2;
X26. F0. 1;
X26. 2;
X19. ;
Z- 58. 8;                                  让刀
X62. F0. 4;
G0 X150. Z150. ;
M5;
G74 X1＝ 0 Z1＝ 0;
M30;
```

```
KT8.SPF;
   G41 G00 X50.;
   G01 Z- 10.F0.1;
   X40.Z- 25.;
   X35.
   Z- 31.;
   G3 X27.Z- 35.CR= 4.;          倒圆角功能
   X20.;
   Z- 59.;
   G40 X17.;
   M17;
```

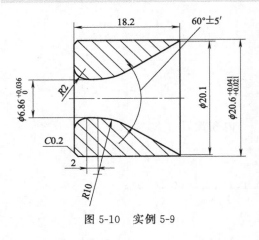

图 5-10 实例 5-9

实例 5-9：完成如图 5-10 所示零件加工，毛坯为 ϕ25 圆棒料。

（1）工艺分析

零件包括外形及内腔型面的加工。加工难点在于内腔型面加工时，由于镗刀刀杆刚性不足，加工中易产生振动、让刀。零件毛坯为 ϕ25 圆棒料，采用三爪夹盘分二次装夹完成加工。刀具使用外圆车刀、钻头（ϕ6.2）、A3 中心钻、钻头（ϕ20，顶角改磨为 60°）、镗孔刀（ϕ6.86 通孔）、切断刀（$a=$ 4mm）。

（2）加工步骤

加工步骤见表 5-9。

表 5-9 加工步骤

工步号	工步内容	刀具类型	切削用量			夹具
			主轴转速 /(r/min)	进给速度 /(mm/r)	背吃刀量 /mm	
1	钻 ϕ6.4×24(有效长度 24mm)孔	ϕ6.2 钻头	500	0.2		三爪夹盘
2	钻深为 17mm 的孔（以钻头顶点算起）	钻头(ϕ20,顶角改磨为 60°)	400	0.2		
3	车外形	外圆车刀	500	0.2		
4	加工右端内孔(含 ϕ6.86 孔)	镗孔刀	500	0.1		
5	切断保证总长	切断刀(a=4mm)	200	0.1		
6	平端面、倒角，保证总长 18.2	外圆车刀	500	0.2		工件掉头装夹
7	加工左端内孔(R2 圆弧)	镗孔刀	500	0.1		

（3）加工技巧

① FANUC 系统使用 G74 指令钻孔，使用 G90 指令完成外形加工，使用 G73、G70 指令完成内孔加工，切断采用 G75 指令。SIEMENS 系统调用 CYCLE82 指令循环钻孔，采用变化刀补调用子程序完成右端内孔加工。图 5-11 为内孔加工示意图。

② 编程零点设定在工件夹持后右侧端面处。

（4）程序编制

1）FANUC 系统程序

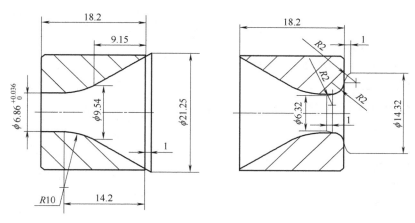

图 5-11 内孔加工示意图

加工外形及右端内孔程序：

```
O0009;
    N1；钻孔
G97 G99 G40 S500 M03;
T0505;                          钻头 φ6.2
G00 X0;
Z50. ;
G1 Z2. M8 F1. 0;
G74 R0. 5;
G74 Z- 26. 0 Q5000 F0. 1;
G00 X150. Z150. ;
T0606;                          钻头（φ20，顶角改磨为 60°）
G00 X0 S400;
Z50. ;
G74 R0. 5;
G74 Z- 17. 0 Q5000 F0. 1;
G00 X150. Z150. ;
    N2；加工外形
T0101;                          外圆车刀
G0 X26. Z5. S500;
G90 X23. Z- 23. F0. 15;
    X21. ;
G1 X20. 63 F0. 15;
    Z- 23. ;
    X26. ;
    G0 X150. Z150. ;
    N3；加工右端内腔
T0303;                          镗孔刀
G0 X5 Z2. ;
```

```
S500;
G73 U- 1. W0. 5 R2;
G73 P10 Q20 U- 0. 2 W0. 2 F0. 15;
N10 G0 G41 X21. 25 Z1. ;
G1 X9. 54 Z- 9. 15 F0. 08;
G2 X6. 86 Z- 14. 2 R10. ;
G1 Z- 22. ;
N20 G1 G40 X5. 86;
G70 P10 Q20;
G0 X150. Z150. ;
N4；切断
T0202;                          切刀 a＝4mm 左刀尖对刀
S200;
G00 X30. ;
Z- 22. 5;
G1 X21. F1. ;
G75 R0. 5;
G75 X6. P8000 F0. 1;
G01 W0. 1;
X26. F0. 5;
G0 X150. Z150. ;
G28 U0 W0 T0 M5;
M30;
工件掉头装夹平端面、倒角，加工左端内腔（R2 圆弧）
O0010;
N1；  平端面、倒角
T0101;                          外圆车刀
G0 X5. Z5. ;
G1 Z0 F0. 15;
    X6. ;
    X20. 2. ;
    X22. 6 Z-1. 2 F0. 15;
    G0 X150. Z150. ;
N2;
T0303;                          镗孔刀
G0 X6. Z2. 5;
M98 P030020;
G0 X150. Z150. ;
G28 U0 W0;
M5;
M30;
```

```
O0020;
G0 G41 X14. 32;
G1 W- 0. 5 F0. 15;
G3 X10. 86 W- 1. R2. ;
G2 X6. 86 W- 2. R2. ;
G3 X6. 32 W- 1. R2. ;
G1 G40 X6. ;
G0 W4. ;
M99;
```

2）SIEMENS 系统程序

加工外形及右端内孔

```
JGYD. MPF;
N1；钻孔
G90 G95 G54 G40 M03 S500;
T5 D1   F0. 5;钻头 φ6. 2
X0;
Z50;
CYCLE82 (20,0,5,- 26,26,0. 2);      调用钻孔循环,离工件表面 5mm 处进给,到达深度
                                    后停止 0. 2s
G0 Z50;
G0 X150. Z200. ;
T6 D1 S400 F0. 5;                   钻头(φ20,顶角改磨为 60°)
X0;
Z50;
Z10. ;
G1 Z- 17. F0. 1;
G0 Z10. ;
G0 X150. Z200. ;
N2；  加工外形
T1 D1;                              外圆车刀
M3 S500
G0 X26. Z5. ;
G1 X23. F0. 15;
Z- 23. ;
X23. 2 Z2. F1. ;
X21. F0. 15;
Z- 23. ;
X21. 2 Z2. F1. ;
G1 X20. 63 F0. 15;
    Z- 23. ;
    X26. ;
```

```
    G0 X150. Z150. ;
N3;加工右端内腔
    T3 D1;                          镗孔刀
G0 X5 Z2. S500;
LKT 9;
T3 D2;
LKT9;
G00 X150. Z200. ;
N4;切断
    T2 D1;                          切刀 a＝4mm 左刀尖对刀
S300;
G00 X30. ;
Z- 22. 5;
G1 X21. F0. 5;
X6. F0. 1;
G01 Z- 22. 4;
X22. F0. 5;
G0 X150. Z150. ;
M5;
G74 X1= 0 Z1= 0;
M30;

LKT9. SPF;
G0 G41 X21. 25 Z1. ;
G1 X9. 54 Z- 9. 15 F0. 08;
G2 X6. 86 Z- 14. 2 CR= 10. ;
G1 Z- 22. ;
G40 X5. 86;
M17;
```

工件掉头装夹平端面、倒角，加工左端内腔（R2 圆弧）

```
JGZD. MPF;
T1 D1;                          外圆车刀
G0 X5. Z5. ;
    G1 Z0 F0. 15;
    X6. ;
    X20. 2. ;
    X22. 6 Z- 1. 2 F0. 15;
    G0 X150. Z150. ;
T3 D3;                          镗孔刀
G0 X6. Z2. 5;
LTZDK P3;
```

```
G0 X150. Z150. ;
M5;
G74 X1= 0 Z1= 0;
M30;

LTZDK. SPF;
G90 G0 G41 X14. 32;
G91 G1 Z- 0.5 F0.15;
G3 X- 3.46 Z- 1.CR= 2. ;
G2 X- 4. Z- 2.CR= 2. ;
G3 X- 0.54 Z- 1.CR= 2. ;
G1 G40 X- 0.32. ;
G0 Z4. ;
M17;
```

实例 5-10：完成如图 5-12 所示零件加工，毛坯为 φ50 圆棒料。

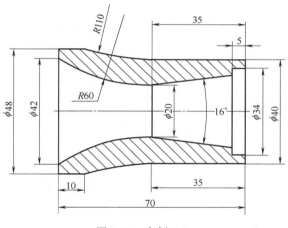

图 5-12　实例 5-10

(1) 工艺分析

零件包括外形及内腔型面的加工。零件毛坯为 φ50 圆棒料，采用三爪夹盘二次装夹完成加工。刀具使用外圆车刀、钻头（φ18）、镗孔刀、切断刀（$a=4\text{mm}$）。

(2) 加工步骤

加工步骤见表 5-10。

表 5-10　加工步骤

工步号	工步内容	刀具类型	切削用量			夹具
			主轴转速/(r/min)	进给速度/(mm/r)	背吃刀量/mm	
1	钻 φ18×75(有效长度 75mm)孔	φ18 钻头	500	0.1		三爪夹盘
2	车外形	外圆车刀	500	0.2		
3	加工右端内腔(16°内锥应向外延伸切出)	镗孔刀	500	0.2		

工步号	工步内容	刀具类型	切削用量			夹具
			主轴转速 /(r/min)	进给速度 /(mm/r)	背吃刀量 /mm	
4	切断保证总长 70.5	切断刀($a=4mm$)	400	0.1		
5	平端面保证总长 70	外圆车刀	500	0.2		工件掉头装 夹 ϕ40 外圆
6	加工左端内腔(R60)	镗孔刀	500	0.2		

(3) 加工技巧

① FANUC 系统使用 G74 指令钻孔，使用 G71、G70 指令完成外形、内孔加工，切断采用 G75 指令。SIEMENS 系统调用 CYCLE82 指令循环钻孔，采用 CYCLE95 指令完成外形、内孔加工。

② 编程零点设定在工件夹持后右侧端面处。

(4) 程序编制

1) FANUC 系统程序

```
O0010;      加工右端
N1;钻孔
G40 G97 G99 M03 S500;
T0505;                          钻头 φ18
G0 X0;
Z10. ;
G74 R0. 5;
G74 Z- 80. Q 8000 F0.1;
G00 Z200. ;
G00 X150. ;
N2;车外形
T0101;                          外圆车刀
S500;
G00 X51. Z2. ;
G71 U2. R0. 5;
G71 P10 Q20 U0. 4 W0. 2 F0.2;
N10 G0 G42 X18. ;
G01 Z0 F0.1;
X40. ;
Z- 35. ;
G2 X48. Z- 60. R110. ;
G1 Z- 75. ;
N20 G40 X50. ;
G70 P10 Q20;
G0 X150. Z200. ;
N3;镗内孔
T0606;                          内孔镗刀
S500;
```

```
G00 X17. Z2. ;
G71 U2. R0. 5;
G71 P30 Q40 U- 0. 4 W0. 2 F0. 2;
N30 G41 G00 X34. ;
G01 Z- 5. F0.1;
X28. 43;
X19. 86 Z- 35. 5;                    16°内锥延伸 0. 5mm 切出
N40 G40 X17. ;
G70 P30 Q40;                          精加工
G00 X150. Z200. ;
N4;切断
T0202;                               切刀 a＝4mm 左刀尖对刀
S400;
G00 X60. ;
Z- 74. 5;
G01 X52. F1. 0;
G75 R0. 5;
G75 X17. P8000 F0. 1;
G01 W0. 1;
X60. F0. 5;
G0 X150. Z200. ;
G28 U0 W0 T0 M5;
M30;
```

工件掉头装夹 φ40 外圆

```
O0011;      加工左端
N1;平端面
T0101;                               外圆车刀
S500;
G00 X51. Z0;
G1 X17. F0. 2;
G0 X150. Z200. ;
N2;镗内孔
T0606;                               内孔镗刀
S500;
G00 X17. Z2. ;
G71 U2. R0. 5;
G71 P30 Q40 U- 0. 4 W0. 2 F0. 2;
N30 G41 G00 X42. 46;
G01 Z0. 5. F0. 1;                    切入点延伸 0. 5mm
G2 X20. Z- 35. R60. ;
```

```
G1 Z- 35.5;
N40 G40 X17.;
G70 P30 Q40;                                 精加工
G00 X150. Z200.;
G28 U0 W0 T0 M5;
M30;
```

2) SIEMENS 系统程序

```
JGYD.MPF;
N1;钻孔
G90 G95 G54 G40 M03 S500;
T5 D1 F0.5;
X0;
Z20;
CYCLE82 (10,0,5,- 80,80,0.2);      调用钻孔循环,离工件表面 5mm 处进给,到达深度
                                   后停止 0.2s

G0 Z50;
G0 X150. Z200.;
N2;  加工外形
T1 D1;                             外圆车刀
M3 S500;
G00 X51. Z2.;
CYCLE95("KT10",2.,0.4,0.4,0.1,0.2,0.1,0.1,9,0.1,0,0.2);
G00 X150. Z200.;
N3;镗内孔
T6 D1;                             内孔镗刀
S500;
G00 X17. Z2.;
CYCLE95("KT101",2.,0.4,0.4,0.1,0.2,0.1,0.1,11,0.1,0,0.2);
G00 X150. Z200.;
N4;切断
T2 D1;                             切刀 a＝4mm 左刀尖对刀
S400;
G00 X60.;
Z- 74.5;
G01 X52. F1.0;
X40. F0.1;
X40.1;
X30.;
X30.1;
X17.;
Z- 74.4;
```

```
X60. F0. 5;
G0 X150. Z200. ;
M5;
G74 X1= 0 Z1= 0;
M30;


KT10. SPF;
G0 G42 X18. ;
G01 Z0 F0. 1;
X40. ;
Z- 35. ;
G2 X48. Z- 60. R110. ;
G1 Z- 75. ;
G40 X50. ;
M17;


KT101. SPF;
G41 G00 X34. ;
G01 Z- 5. F0. 1;
X28. 43;
X19. 86 Z- 35. 5;          16°内锥延伸 0.5mm 切出
G40 X17. ;
M17;
```

工件掉头装夹 φ40 外圆

```
JGZD. MPF;      加工左端
N1;平端面
T1 D1;                 外圆车刀
S500;
G00 X51. Z0;
G1 X17. F0. 2;
G0 X150. Z200. ;
N2;镗内孔
T6 D1;                 内孔镗刀
S500;
G00 X17. Z2. ;
CYCLE95("KT102",2. ,0. 4,0. 4,0. 1,0. 2,0. 1,0. 1,11,0. 1 ,0 ,0. 2);
G00 X150. Z200. ;
M5;
G74 X1= 0 Z1= 0;
M30;
```

```
KT102.SPF;
G41 G00 X42.46;
G01 Z0.5. F0.1;
G2 X20. Z-35. R60.;
G1 Z-35.5;
G40 X17.;
M17;
```

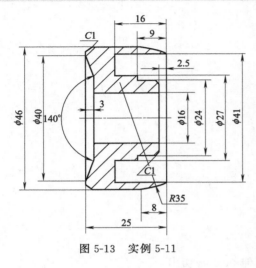

图 5-13 实例 5-11

实例 5-11：完成如图 5-13 所示零件加工，毛坯为 φ50 圆棒料。

(1) 工艺分析

零件由内外型面组成，加工难点在于端面槽的加工。零件毛坯为 φ50 圆棒料，采用三爪夹盘二次装夹完成加工。刀具使用外圆车刀、φ15 钻头、镗孔刀、端面槽刀（a=5mm）、切断刀（a=4mm）。

(2) 加工步骤

加工步骤见表 5-11。

(3) 加工技巧

① FANUC 系统使用 G74 指令钻孔，使用 G71、G70 指令完成外形、内孔加工，切断采用 G75 指令。SIEMENS 系统调用 CYCLE82 指令循环钻孔，采用 CYCLE95 指令完成外形、内孔加工。

表 5-11 加工步骤

工步号	工步内容	刀具类型	切削用量			夹具
			主轴转速 /(r/min)	进给速度 /(mm/r)	背吃刀量 /mm	
1	钻孔 φ15×35	φ15 钻头	500	0.1		三爪夹盘
2	车外圆	外圆车刀	500	0.2		
3	镗孔 φ40.5×2.5、φ16×29	镗孔刀	500	0.2		
4	切端面槽	端面槽刀(a=5mm)	300	0.1		
5	切断保证总长 25.3	切断刀(a=4mm)	300	0.1		
6	平端面保证总长 25，车左端 C1 倒角	外圆车刀	500	0.2		工件掉头装夹 φ46 外圆
7	镗 140°锥孔	镗孔刀	500	0.2		

② 编程零点设定在工件夹持后右侧端面处。

(4) 程序编制

1) FANUC 系统程序

```
O0010;      加工右端
N1;钻孔
G40 G97 G99 M03 S500;
T0505;                              钻头 φ15
G0 X0;
Z10.;
```

```
G74 R0. 5;
G74 Z- 35. Q8000 F0. 1;
G00 Z150. ;
G00 X150. ;
N2;车外形
T0101;                                        外圆车刀
S500;
G00 X51. Z2. ;
G71 U2. R0. 5;
G71 P10 Q20 U0. 4 W0. 2 F0. 2;
N10 G0 G42 X15. ;
G01 Z0 F0. 1;
X41. ;
G3 X46. Z- 8. R35. ;
G1 Z- 30. ;
N20 G40 X51. ;
G70 P10 Q20;
G0 X150. Z150. ;
N3;镗内孔
T0606;                                        内孔镗刀
S500;
G00 X14. 8 Z2. ;
G71 U2. R0. 5;
G71 P30 Q40 U- 0. 4 W0. 2 F0. 2;
N30 G41 G00 X40. 5;
G01 Z- 2. 5 F0. 1;
X16. ;
Z- 29. ;
N40 G40 X14. ;
G70 P30 Q40;                                  精加工
G00 X150. Z150. ;
N4;                                           切端面槽
T0707;                                        外侧刀尖对刀
S300;
G0 X38. ;
Z10. ;
G1 Z- 10. F0. 1;
Z- 15. 95;
Z5. F0. 5;
X31. ;
Z- 2. F0. 1;
```

```
X34. Z- 3. 5;
Z- 9. ;
X37. ;
Z- 15. 95;
Z5. F0. 5;
X41. F0. 1;
Z- 16. F0. 1;
X37. 05;
Z5. F0. 5;
G00 X150. Z150. ;
N4;切断
T0202;                          切刀 a＝4mm 左刀尖对刀
S300;
G00 X60. ;
Z- 29. 5;
G01 X52. F1. 0;
G75 R0. 5;
G75 X15. 8. P8000 F0. 1;
G01 W0. 1;
X60. F0. 5;
G0 X150. Z150. ;
G28 U0 W0 T0 M5;
M30;
```

工件掉头装夹 $\phi46$ 外圆程序：

```
O0011;      加工左端
N1;平端面
T0101;                          外圆车刀
S500;
G00 X16. Z2. ;
Z0 F0. 2;
G1 X44. ;
X47. Z- 1. 5;
G0 X150. Z150. ;
N2;镗内孔
T0606;                          内孔镗刀
S500;
G00 X15. 8. Z2. ;
G71 U2. R0. 5;
G71 P30 Q40 U- 0. 2 W0. 2 F0. 2;
N30 G41 G01 X45. 49 Z1. 0 F0. 5;
G01 X23. 52 Z- 3. F0. 1;
```

```
X15. 8；

N40 G40 X15. ；

G70 P30 Q40；                          精加工

G00 X150. Z200. ；

G28 U0 W0 T0 M5；

M30；
```

2）SIEMENS 系统程序

```
JGYD. MPF；

N1；钻孔

G90 G95 G54 G40 M03 S500；

T5 D1 F0. 5；

X0；

Z20；

CYCLE82 (10,0,5,- 35,35,0. 2)；     调用钻孔循环,离工件表面 5mm 处进给,到达深
                                    度后停止 0. 2s

G0 Z50；

G0 X150. Z150. ；

N2；  加工外形

T1 D1；                             外圆车刀

M3 S500

G00 X51. Z2. ；

CYCLE95("KT11",2. ,0. 4,0. 4,0. 1,0. 2,0. 1,0. 1,9,0. 1 ,0 ,0. 2)；

G00 X150. Z150. ；

N3；镗内孔

T6 D1；                             内孔镗刀

S500；

G00 X14. 8 Z2. ；

CYCLE95("KT111",2. ,0. 4,0. 4,0. 1,0. 2,0. 1,0. 1,11,0. 1 ,0 ,0. 2)；

G00 X150. Z150. ；

N4；                                切端面槽

T7 D1；                             外侧刀尖对刀

S300；

G0 X38. ；

Z10. ；

G1 Z- 10. F0. 1；

Z- 15. 95；

Z5. F0. 5；

X31. ；

Z- 2. F0. 1；

X34. Z- 3. 5；

Z- 9. ；
```

```
X37. ;
Z- 15. 95;
Z5. F0. 5;
X41. F0. 1;
Z- 16. F0. 1;
X37. 05;
Z5. F0. 5;
G00 X150. Z150. ;
N5;切断
T2 D1;
S300;
G00 X60. ;
Z- 29. 5;
G01 X52. F1. 0;
X40. F0. 1;
X40. 1;
X30. ;
X30. 1;
X15. 8. ;
Z- 29. 4;
X60. F0. 5;
G0 X150. Z150. ;
M5;
G74 X1= 0 Z1= 0;
M30;

KT11. MPF;
G0 G42 X15. ;
G01 Z0 F0. 1;
X41. ;
G3 X46. Z- 8. CR= 35. ;
G1 Z- 30. ;
G40 X51. ;
M17;

KT111. SPF;
G41 G00 X40. 5;
G01 Z- 2. 5 F0. 1;
X16. ;
Z- 29. ;
G40 X14. ;
```

切刀 a＝4mm 左刀尖对刀

```
M17;


工件掉头装夹 φ46 外圆
JGZD.MPF;        加工左端
N1;平端面
T1 D1;                                    外圆车刀
S500;
G00 X16.Z2. ;
Z0 F0.2;
G1 X44. ;
X47. Z- 1.5;
G0 X150. Z150. ;
N2;镗内孔
T6 D1;                                    内孔镗刀
S500;
G00 X15.8 Z2. ;
CYCLE95("KT112",2. ,0.4,0.4,0.1,0.2,0.1,0.1,11,0.1 ,0 ,0.2);
G0 X150. Z150. ;
M5;
G74 X1= 0 Z1= 0;
M30;


KT112.SPF;
G41 G01 X45.49 Z1.0 F0.5;
G01 X23.52 Z- 3. F0.1;
X15.8;
G40 X15. ;
M17;
```

实例 5-12：完成图 5-14 所示零件加工，毛坯为 φ35 圆棒料。

（1）工艺分析

零件由内外型面组成，加工难点在于内孔径向槽的加工。零件毛坯为 φ35 圆棒料，采用三爪夹盘装夹完成加工。刀具使用外圆车刀、φ18 钻头、镗孔刀、内切槽刀 1（$a=3mm$，$r=1.5mm$）、内切槽刀 2（$a=5mm$，$r=2.5mm$）、切断刀（$a=4mm$）。

（2）加工步骤

加工步骤见表 5-12。

（3）加工技巧

① FANUC 系统使用 G74 指令钻孔，使用 G71、G70 指令完成内孔加工，切断采用

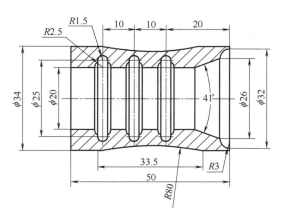

图 5-14　实例 5-12

G75 指令。SIEMENS 系统调用 CYCLE82 指令循环钻孔，采用 CYCLE95 指令完成内孔加工。切内槽采用成形刀具，G01 指令完成加工。

② 编程零点设定在工件夹持后右侧端面处。

表 5-12　加工步骤

工步号	工步内容	刀具类型	切削用量			夹具
			主轴转速 /(r/min)	进给速度 /(mm/r)	背吃刀量 /mm	
1	钻孔	ϕ18 钻头	500	0.2		三爪夹盘
2	车外圆	外圆车刀	500	0.2		
3	镗内孔	镗孔刀	500	0.2		
4	切内槽 3 处 $R2.5$	内切槽刀 2($a=5$mm, $r=2.5$mm)	500	0.1		
5	切内槽 3 处 $R1.5$	内切槽刀 1($a=3$mm, $r=1.5$mm)	500	0.1		
6	切断保总长 50	切断刀($a=4$mm)	500	0.1		

(4) 程序编制

1) FANUC 系统程序

```
O0012;
N1;钻孔
G40 G97 G99 M03 S500;
T0505;                              钻头 φ18
G0 X0;
Z10. ;
G74 R0.5；
G74 Z- 60. Q8000 F0.1；
G00 Z150. ；
G00 X150. ；
N2;车外形
T0101;                              外圆车刀
S500;
G00 X36. Z2. ；
G0 G42 X17. ；
G01 Z0 F0.1；
X34.5. ；
G1 Z- 8.25；
G2 Z- 41.75 R80. ；
G1 Z- 55. ；
G40 X36. ；
G0 Z2. ；
G1 G42 X34. ；
G1 Z- 8.25；
G2 Z- 41.75 R80. ；
G1 Z- 55. ；
```

```
G40 X36. ;
G0 Z2. ;
G00 X150. Z150. ;
N3;镗内孔
T0606;                                          内孔镗刀
S500;
G00 X17. 0 Z2. ;
G71 U2. R0. 5;
G71 P30 Q40 U- 0. 4 W0. 2 F0. 2;
N30 G00 G41 X32. 0;
G01 Z0 F0. 1;
G3 X26. Z- 3. R3. ;
G1 X20. Z- 11. 02;
Z- 55. ;
N40 G1 G40 X17. ;
G70 P30 Q40;                                     精加工
G00 X150. Z150. ;
N4;                                              切内槽 3 处 R2. 5
T0707;                                           刀宽对称中心对刀
S500;
G0 X18. ;
Z10. ;
G1 Z- 20. F0. 5;
X25. F0. 1;
X19. ;
Z- 30. F0. 5;
X25. F0. 1;
X19. ;
Z- 40. F0. 5;
X25. F0. 1;
X19. ;
G0 Z150. ;
X150. ;
N5;                                              切内槽 3 处 R1. 5
T0808;                                           Z 向刀宽对称中心对刀
S500;
G0 X18. ;
Z10. ;
G1 Z- 20. F0. 5;
X25. F0. 2;
X28. F0. 1;
```

```
X19. ;
Z- 30. F0. 5;
X25. F0. 2;
X28. F0. 1;
X19. ;
Z- 40. F0. 5;
X25. F0. 2;
X28. F0. 1;
X19. ;
G0 Z150. ;
X150. ;
N6;切断
T0202;                             切刀 a=4mm 左刀尖对刀
S500;
G00 X45. ;
Z- 54. ;
G01 X36. F1. 0;
G75 R0. 5;
G75 X19. P8000 F0. 1;
G01 W0. 1;
X45. F0. 5;
G0 X150. Z150. ;
M5;
G28 U0 W0 T0 M5;
M30;
```

2) SIEMENS 系统程序

```
CKT12. MPF;
N1;                               钻孔
G90 G95 G54 G40 M03 S500;
T5 D1 F0. 5;                      钻头 φ18
X0;
Z20;
CYCLE82 (10,0,5,- 60,60,0. 2);    调用钻孔循环,离工件表面 5mm 处进给,到达深
                                  度后停止 0.2s
G0 Z50;
G0 X150. Z150. ;
N2;车外形
T1 D1;                            外圆车刀
S500;
G00 X36. Z2. ;
G0 G42 X17. ;
```

```
G01 Z0 F0. 1;
X34. 5. ;
G1 Z- 8. 25;
G2 Z- 41. 75 CR= 80. ;
G1 Z- 55. ;
G40 X36. ;
G0 Z2. ;
G1 G42 X34. ;
G1 Z- 8. 25;
G2 Z- 41. 75 CR= 80. ;
G1 Z- 55. ;
G40 X36. ;
G0 Z2. ;
G00 X150. Z150. ;
N3;镗内孔
T6 D1;                                 内孔镗刀
S500;
G00 X17. Z2. ;
CYCLE95("KT12",2. ,0. 4,0. 4,0. 1,0. 2,0. 1,0. 1,11,0. 1 ,0 ,0. 2);
G0 X150. Z150. ;
N4;                                    切内槽 3 处 R2. 5
T7 D1;                                 刀宽对称中心对刀
S500;
G0 X18. ;
Z10. ;
G1 Z- 20. F0. 5;
X25. F0. 1;
X19. ;
Z- 30. F0. 5;
X25. F0. 1;
X19. ;
Z- 40. F0. 5;
X25. F0. 1;
X19. ;
G0 Z150. ;
X150. ;
N5;                                    切内槽 3 处 R1. 5
T8 D1;                                 Z 向刀宽对称中心对刀
S500;
G0 X18. ;
Z10. ;
```

```
G1 Z- 20. F0. 5;
X25. F0. 2;
X28. F0. 1;
X19. ;
Z- 30. F0. 5;
X25. F0. 2;
X28. F0. 1;
X19. ;
Z- 40. F0. 5;
X25. F0. 2;
X28. F0. 1;
X19. ;
G0 Z150. ;
X150. ;
N6;切断
T2 D1;                     切刀 a＝4mm 左刀尖对刀
S500;
G00 X45. ;
Z- 54. ;
G01 X36. F1. 0;
X26. F0. 1;
X26. 1;
X19;
G01 Z- 53. 9;
X45. F0. 5;
G0 X150. Z150. ;
M5;
G74 X1= 0 Z1= 0;
M30;


KT12. SPF;
G00 G41 X32. 0;
G01 Z0 F0. 1;
G3 X26. Z- 3. CR= 3. ;
G1 X20. Z- 11. 02;
Z- 55. ;
G1 G40 X17. ;
M17;
```

实例 5-13：完成图 5-15 所示零件加工。毛坯为 $\phi55 \times 40$ 圆棒料 ，已预制 $\phi9$ 通孔。

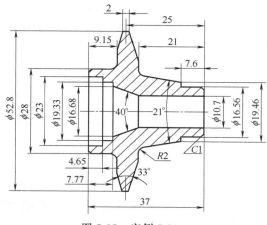

图 5-15　实例 5-13

(1) 工艺分析

零件由内外型面组成，加工难点在于装夹及加工步骤的确定。零件毛坯为 $\phi55\times40$ 圆棒料，采用三爪夹盘三次装夹完成加工。刀具使用外圆车刀、镗孔刀。

(2) 加工步骤

加工步骤见表 5-13。

表 5-13　加工步骤

工步号	工步内容	刀具类型	切削用量			夹具
			主轴转速 /(r/min)	进给速度 /(mm/r)	背吃刀量 /mm	
1	车台阶圆 $\phi17\times7.2$、$\phi26\times13.3$	外圆车刀	500	0.2		三爪夹盘
2	平端面保总长 37，车左端外形含 $\phi52.8$ 外圆	外圆车刀	500	0.2		工件掉头装夹 $\phi29$ 外圆，端面顶靠
3	镗内孔	镗孔刀	500	0.2		
4	车右端外形	外圆车刀	500	0.2		工件掉头装夹 $\phi28$ 外圆

(3) 加工技巧

① FANUC 系统使用 G71、G70 指令完成外形、内孔加工。SIEMENS 系统采用 CYCLE95 指令完成外形、内孔加工。

② 编程零点设定在工件夹持后右侧端面处。

(4) 程序编制

1) FANUC 系统程序

```
O0013;                   第一次装夹   车台阶圆 φ17×7.2,φ29×13.3
T0101;                   外圆车刀
S500;
G00 X56. Z2.;
G71 U2. R0.5;
G71 P10 Q20 U0.4 W0.2 F0.2;
N10 G0 X8.5.;
G1 Z0 F0.2;
```

```
X17. ;
Z- 7. 2；
X26. ；
Z- 20. 5；
N20 X56. ；
G70 P10 Q20；
G0 X150. Z150. ；
M5；
M30；

O0131；              工件掉头装夹 φ29 外圆，端面顶靠，加工左端
N1；                车外形
T0101；             外圆车刀
S500；
G00 X56. Z2. ；
G71 U2. R0. 5；
G71 P10 Q20 U0. 4 W0. 2 F0. 2；
N10 G0 G42 X8. 5. ；
G1 Z0 F0. 2；
X26. ；
X28. Z- 1. ；
Z- 7. 15
G2 X32. Z- 9. 15 R2. ；
G1 X40. 3；
X52. 8 Z- 11. ；
Z- 14. ；
N20 G40 X56；
G70 P10 Q20；
G0 X150. Z150. ；
N2；
T0606；                      内孔镗刀
S500；
G00 X8. 5. Z2. ；
G71 U2. R0. 5；
G71 P30 Q40 U- 0. 4 W0. 2 F0. 2；
N30 G00 G41 X23. ；
G01 Z- 4. 65 F0. 1；
X19. 33；
Z- 7. 77；
X16. 68；
X10. 7 Z- 15. 98
```

```
Z- 41；
N40 G40 X8.5；
G70 P30 Q40；                          精加工
G00 X150. Z150. ；
M5；
M30；


O0132；                               工件掉头装夹 φ28 外圆，车右端外形
T0111；                               外圆车刀 11 刀补（注意：刀补 X 值偏移 2mm）
S500；
G00 X56. Z2. ；
G42 X10. ；
G1 Z0 F0.2；
X14.56；
X16.56 Z- 1. ；
Z- 7.6；
X19.46；
X23.82 Z- 18.74；
G2 X27.75 Z- 21. R2. ；
G1 X32.54；
X54.8 Z- 24.3；
G40 X56. ；
G0 Z2. ；
T0101；                               精加工
G42 X10. ；
G1 Z0 F0.2；
X14.56；
X16.56 Z- 1. ；
Z- 7.6；
X19.46；
X23.82 Z- 18.74；
G2 X27.75 Z- 21. R2. ；
G1 X32.54；
X54.8 Z- 24.3；
G40 X56. ；
G0 Z2. ；
G0 X150. Z150. ；
M05；
M30；
```

2）SIEMENS 系统程序

```
CKT13.MPF
N1;                          第一次装夹　车台阶圆 φ17×7.2　φ29×13.3
G90 G95 G54 G40 M03 S500;
T1 D1;                       外圆车刀
S500;
G00 X56. Z2.;
CYCLE95("KT161",2.,0.4,0.4,0.1,0.2,0.1,0.1,9,0.1,0,0.2);
G0 X150. Z150.;
M5;
M30;


KT131.SPF;
G0 X8.5.;
G1 Z0 F0.2;
X17.;
Z- 7.2;
X26.;
Z- 20.5;
X56.;
M17;


CKT131.MPF;                  工件掉头装夹 φ29 外圆,端面顶靠,加工左端
N1;                          车外形
G90 G95 G54 G40 M03 S500;
T1 D1;                       外圆车刀
S500;
G00 X56. Z2.;
CYCLE95("KT132",2.,0.4,0.4,0.1,0.2,0.1,0.1,9,0.1,0,0.2);
G00 X150. Z150.;
N2;
T0606;                       内孔镗刀
S500;
G00 X8.5. Z2.;
CYCLE95("KT133",2.,0.4,0.4,0.1,0.2,0.1,0.1,11,0.1,0,0.2);
G0 X150. Z150.;
M5;
M30;


KT132.SPF;
G0 G42 X8.5.;
```

```
G1 Z0 F0. 2;
X26. ;
X28. Z- 1. ;
Z- 7. 15;
G2 X32. Z- 9. 15 CR= 2. ;
G1 X40. 3;
X52. 8 Z- 11. ;
Z- 14. ;
G40 X56;
M17;


KT133. SPF;
G00 G41 X23. ;
G01 Z- 4. 65 F0. 1;
X19. 33;
Z- 7. 77;
X16. 68;
X10. 7 Z- 15. 98;
Z- 41;
G40 X8. 5;
M17;


CKT132. MPF;                       工件掉头装夹 φ28 外圆,车右端外形
G90 G95 G54 G40 M03 S500;
T1 D2;                             外圆车刀 D2 刀补(注意:刀补 X 值偏移 2mm)
G00 X56. Z2. ;
G42 X10. ;
G1 Z0 F0. 2;
X14. 56;
X16. 56 Z- 1. ;
Z- 7. 6;
X19. 46;
X23. 82 Z- 18. 74;
G2 X27. 75 Z- 21. CR= 2. ;
G1 X32. 54;
X54. 8 Z- 24. 3;
G40 X56. ;
G0 Z2. ;
T0101;                             精加工
G42 X10. ;
```

```
G1 Z0 F0.2;
X14.56;
X16.56 Z- 1.;
Z- 7.6;
X19.46;
X23.82 Z- 18.74;
G2 X27.75 Z- 21. CR= 2.;
G1 X32.54;
X54.8 Z- 24.3;
G40 X56.;
G0 Z2.;
G0 X150. Z150.;
M5;
G74 X1= 0 Z1= 0;
M30;
```

实例 5-14：完成图 5-16 所示零件加工。毛坯为 φ60×63 圆棒料（已预制 φ14 孔）。

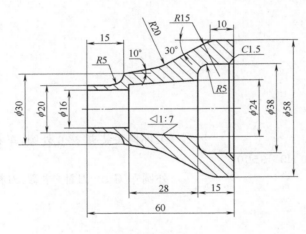

图 5-16　实例 5-14

(1) 工艺分析

零件由内外型面组成，加工难点在于装夹及加工步骤的确定。零件毛坯为 φ60×63 圆棒料（已预制 φ14 孔），采用三爪夹盘二次装夹完成加工。刀具使用外圆车刀、镗孔刀。

(2) 加工步骤

加工步骤见表 5-14。

表 5-14　加工步骤

工步号	工步内容	刀具类型	切削用量			夹具
			主轴转速 /(r/min)	进给速度 /(mm/r)	背吃刀量 /mm	
1	车 φ59×15 外圆	外圆车刀	500	0.2		三爪夹盘
2	加工内腔	镗孔刀	500	0.2		
3	平端面保总长 60	外圆车刀	500	0.2		工件掉头装夹 φ59 外圆
4	加工外形	外圆车刀	500	0.2		工件以 1：7 锥孔与芯轴配合装夹

(3) 加工技巧

① FANUC 系统使用 G71、G70 指令完成外形、内孔加工。SIEMENS 系统采用 CY-
CLE95 指令完成外形、内孔加工。

② 编程零点设定在工件夹持后右侧端面处。

(4) 程序编制

1) FANUC 系统程序

```
O0014;                          加工内腔
N1;                             车 φ59×15 外圆
T0101;                          外圆车刀
S500;
G00 X60. Z2. ;
X59. ;
G1 Z- 15. F0.2;
X60. ;
G0 X150. Z150. ;
N2;
T0606;                          内孔镗刀
S500;
G00 X13. 5 Z2. ;
G71 U2. R0. 5;
G71 P30 Q40 U- 0. 4 W0. 2 F0. 2;
N30 G00 G41 X41. ;
G1 Z0 F0.2;
X38. Z- 1. 5;
Z- 10. ;
G3 X28. Z- 15. R5. ;
G1 X24. ;
X20. Z- 43. ;
X16. ;
Z- 63. 5;
N40 G40 X13. 5;
G70 P30 Q40;                    精加工
G00 X150. Z150. ;
M5;
M30;
```

工步 2 平端面保总长 60 程序略。

```
O0141;                          工件以 1:7 锥孔与芯轴配合装夹,车外形
T0101;                          外圆车刀
S500;
G00 X61. Z2. ;
```

```
G71 U1. 5 R0. 5;
G71 P10 Q20 U0. 4 W0. 2 F0. 2;
N10 G0 G42 X20. ;
G1 Z- 10. F0. 2;
G2 X30. Z- 15. R5. ;
G1 X34. 23 Z- 27. 01;
G2 X38. 99 Z- 33. 53 R20. ;
G1 X53. 98 Z- 46. 52;
G3 X58. Z- 54. 02 R15. ;
G1 Z- 60. 5;
N20 G40 X61. ;
G70 P10 Q20;
G0 X150. Z150. ;
M5;
M30;
```

2）SIEMENS 系统程序

```
KT14. MPF;
N1;                              车 φ59×15 外圆
G90 G95 G54 G40 M03 S500;
T1 D1;                           外圆车刀
S500;
G00 X60. Z2. ;
X59. ;
G1 Z- 15. F0. 2;
X60. ;
G0 X150. Z150. ;
N2;
T0606;                           内孔镗刀
S500;
G00 X13. 5 Z2. ;
CYCLE95("KT141",2. ,0. 4,0. 4,0. 1,0. 2,0. 1,0. 1,11,0. 1 ,0 ,0. 2);
G0 X150. Z150. ;
M5;
G74 X1= 0 Z1= 0;
M30;

KT141. SPF;
G00 G41 X41. ;
G1 Z0 F0. 2;
X38. Z- 1. 5;
Z- 10. ;
```

```
G3 X28. Z- 15. CR= 5. ;
G1 X24. ;
X20. Z- 43. ;
X16. ;
Z- 63.5 ;
G40 X13.5 ;
M17 ;
```

工步2平端面保总长60程序略。

```
CKT141.MPF ;                    工件以1：7锥孔与芯轴配合装夹，车外形
G90 G95 G54 G40 M03 S500 ;
T1 D1 ;                         外圆车刀
S500 ;
G00 X61. Z2. ;
CYCLE95("KT142",2. ,0.4,0.4,0.1,0.2,0.1,0.1,9,0.1 ,0 ,0.2) ;
G00 X150. Z150. ;
M5 ;
G74 X1= 0 Z1= 0 ;
M30 ;
```

```
KT142.SPF ;
G0 G42 X20. ;
G1 Z- 10. F0.2 ;
G2 X30. Z- 15. CR= 5. ;
G1 X34.23 Z- 27.01 ;
G2 X38.99 Z- 33.53 CR= 20. ;
G1 X53.98 Z- 46.52 ;
G3 X58. Z- 54.02 CR= 15. ;
G1 Z- 60.5 ;
G40 X61. ;
M17 ;
```

实例5-15：完成图5-17所示零件加工，毛坯为 ϕ95 圆棒料。

(1) 工艺分析

零件具有内外型腔，包括外型面、内孔、锥度圆、内螺纹、内空刀槽等加工内容。加工难点为孔和内螺纹。零件毛坯为 ϕ95 圆棒料，采用三爪夹盘装夹完成加工。刀具使用外圆车刀、钻头（ϕ28）、镗孔刀、内沟槽刀、内螺纹刀、切断刀（a＝4mm）。

(2) 加工步骤

加工步骤见表5-15。

(3) 加工技巧

① FANUC系统使用G71、G70指令完成外形、内孔加工，使用G74指令钻孔，采用

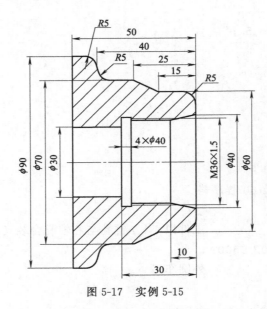

图 5-17 实例 5-15

G75 指令切断，采用 G92 指令加工螺纹。SIEMENS 系统采用 CYCLE95 指令完成外形、内孔加工，采用 CYCLE82 指令钻孔，采用 CYCLE97 指令加工螺纹。

表 5-15 加工步骤

工步号	工步内容	刀具类型	切削用量			夹具
			主轴转速/(r/min)	进给速度/(mm/r)	背吃刀量/mm	
1	钻孔 ϕ28	ϕ28 钻头	500	0.2		三爪夹盘
2	车外形	外圆车刀	500	0.2		
3	镗内孔	镗孔刀	500	0.2		
4	切空刀槽	内沟槽刀	500	0.1		
5	切螺纹	内螺纹刀	300	1.5		
6	切断保总长	切断刀(a＝4mm)	400	0.1		

② 编程零点设定在工件右侧端面处。

（4）程序编制

1）FANUC 系统程序

```
O0015;
N1;钻孔
G40 G97 G99 M03 S400;
T0505;                          钻头 φ28
G0 X0;
Z20. ;
G1 Z5. F0.5;
G74 R0.5;
G74 Z- 65. Q8000 F0.15;
G00 Z150. ;
G00 X150. ;
N2;车外形
T0101;                          外圆车刀
```

```
G00 X96. Z5. ;
G71 U2. R0. 5;
G71 P10 Q20 U0. 4 W0. 2 F0. 2;
N10 G42 G00 X27. ;
G01 Z0 F0. 1;
X50. ;
G03 X60. Z- 5. R5. ;
G01 Z- 15. ;
X70. Z- 25. ;
Z- 35. ;
G02 X80. W- 5. R5. ;
G03 X90. W- 5. R5. ;
G01 Z- 55. ;
X92. 0;
N20 G40 G01 X96. ;
G70 P10 Q20;
G0 X150. Z200. ;
N3;镗内孔
T0606;                                    内孔镗刀
S500;
G00 X27. Z5. ;
G71 U2. R0. 5;
G71 P30 Q40 U- 0. 4 W0. 2 F0. 2;
N30 G41 G00 X40. ;
G01 Z0 F0. 1;
X34. 5 Z- 10. ;
Z- 30. ;
X30. ;
Z- 55. ;
N40 G40 X27. ;
G70 P30 Q40;
G00 X150. Z200. ;
N4;切空刀槽
T0707;                                    内沟槽刀 a= 4mm
G00 X26. ;
Z5. ;
G01 Z- 30. F0. 5;
X40. F0. 05;
X26. F0. 3;
G0 Z200. ;
X150. ;
```

```
N5;切内螺纹
T0808;                                     内螺纹刀
S300;
G00 X33. Z5. ;
G92 X34. 85 Z- 28. F1. 5;
X35. 45;
X35. 85;
X36. 0;
G00 X150. Z200. ;
N6;切断
T0202;                                     切刀 a＝4mm 左刀尖对刀
S400;
G00 X110. ;
Z- 54. ;
G1 X92. F1. ;
G75 R0. 5;
G75 X0 P8000 F0. 1;
G01 W0. 1;
X96. F0. 5;
G0 X150. Z200. ;
G28 U0 W0 T0 M5;
M30;
```

2）SIEMENS 系统程序

```
CKT15. MPF;
N1;钻孔
G90 G95 G54 G40 M03 S500;
T5 D1 F0. 5;                               钻头 φ28
X0;
Z20;
CYCLE82 (10,0,5,- 65,65,0. 2);             调用钻孔循环,离工件表面 5mm 处进给,到达深度
                                           后停止 0. 2s
G0 Z50;
G0 X150. Z200. ;
N2； 加工外形
T1 D1;                                     外圆车刀
M3 S500
G00 X96. Z5. ;
CYCLE95("KT15",2. ,0. 4,0. 4,0. 1,0. 2,0. 1,0. 1,9,0. 1 ,0 ,0. 2);
G00 X150. Z150. ;
N3;镗内孔
T6 D1;                                     内孔镗刀
```

```
S500;
G00 X27. Z5.
CYCLE95("KT151",2.,0.4,0.4,0.1,0.2,0.1,0.1,11,0.1 ,0 ,0.2);
G00 X150. Z200.;
```
N4;切空刀槽
```
T7 D1;                              内沟槽刀 a＝4mm
G00 X26.;
Z5.;
G01 Z- 30. F0.5;
X40. F0.05;
X26. F0.3;
G0 Z150.;
X150.;
```
N5;切内螺纹
```
T8 D1;                              内螺纹刀
S300;
G00 X33. Z5.;
CYCLE97(1.5,,0.,- 28.,36.,36.,2.,2.,0.975,0.2,0.,,4,,2,1.);
                              调用螺纹切削循环
G00 X150. Z150.;
```
N6;切断
```
T2 D1;                              切刀 a＝4mm 左刀尖对刀
S400;
G00 X110.;
Z- 54.;
G1 X96. F1.;
X80. F0.1;
X81.;
X70. F0.1;
X71.;
X60. F0.1;
X61.;
X50. F0.1;
X51.;
X40. F0.1;
X41.;
X29. F0.1;
Z- 53.9;
X96. F2.;
```

```
G0 X150. Z200. ;
M5;
G74 X1= 0 Z1= 0;
M30;

KT15. SPF;
G42 G00 X27. ;
G01 Z0 F0. 1;
X50. ;
G03 X60. Z- 5. CR= 5. ;
G01 Z- 15. ;
X70. Z- 25. ;
Z- 35. ;
G02 X80. Z- 40. CR= 5. ;
G03 X90. Z- 45. CR= 5. ;
G01 Z- 55. ;
X92.0;
G40 G01 X96. ;
M17;

KT151. SPF;
G41 G00 X40. ;
G01 Z0 F0. 1;
X34. 5 Z- 10. ;
Z- 30. ;
X30. ;
Z- 55. ;
G40 X27. ;
M17;
```

实例 5-16：完成图 5-18 所示零件加工。毛坯为 ϕ50 圆棒料。

(1) 工艺分析

零件由外圆、槽、螺纹及特性面组成。工件毛坯为 ϕ50 圆棒料，采用三爪夹盘装夹完成加工。刀具使用外圆车刀、钻头（ϕ16）、螺纹刀、镗孔刀、内切槽刀（a=4mm）、内螺纹刀、切断刀。

(2) 加工步骤

加工步骤见表 5-16。

(3) 加工技巧

① FANUC 系统使用 G71、G70 指令完成外形、内孔加工，使用 G74 指令钻孔，采用 G75 指令切断，采用 G92 指令加工螺纹。SIEMENS 系统采用 CYCLE95 指令完成外形、内孔加工，采用 CYCLE82 指令钻孔，采用 CYCLE97 指令加工螺纹。

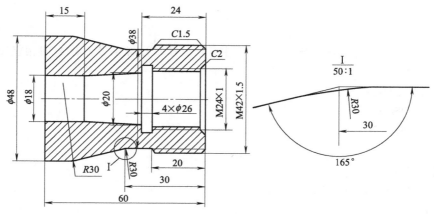

图 5-18　实例 5-16

表 5-16　加工步骤

工步号	工步内容	刀具类型	切削用量			夹具
			主轴转速 /(r/min)	进给速度 /(mm/r)	背吃刀量 /mm	
1	钻 $\phi16\times65$(有效长度 65mm)孔	$\phi16$ 钻头	500	0.2		三爪夹盘
2	车外形	外圆车刀	500	0.2		
3	加工 M42×1.5 螺纹	螺纹刀	400	1.5		
4	加工内腔各表面	镗孔刀	500	0.2		
5	切 $4\times\phi26$ 退刀槽	内切槽刀($a=4$mm)	500	0.1		
6	加工 M24×1 内螺纹	内螺纹刀	300	1		
7	切断保证总长 60	切断刀	400	0.1		

② 编程零点设定在工件右侧端面处。

(4) 程序编制

1) FANUC 系统程序

```
O0016;
N1;钻孔
G40 G97 G99 M03 S400;
T0505;                              钻头 φ16
G0 X0;
Z20. ;
G1 Z5. F0.5;
G74 R0.5;
G74 Z- 70. Q8000 F0.15;
G00 Z150. ;
G00 X150. ;
N2;车外形
T0111;        粗车 11 号刀补        外圆车刀,刀具勿干涉
G0 X52. Z5. ;
```

```
M98 P0160；
G0 X52. Z5. ；
T0101；        精车 1 号刀补      （注意：11 号刀补与 1 号刀补 X 向相差 1mm）
M98 P0160；
G00 X150. Z150；
N3；  切外螺纹
T0303；  螺纹刀
S400；
G00 X43 Z5. ；
G92 X41.2 Z- 22. F1.5；
    X40.6；
    X40.2；
    X40.04；
G00 X150. Z150；
N4；    镗内孔
T0606；                          内孔镗刀
S500；
G00 X15. Z5. ；
G71 U2. R0.5；
G71 P30 Q40 U- 0.4 W0.2 F0.2；
N30 G41 G00 X28. ；
G01 Z0 F0.1；
X24. Z- 2. ；
X22.8；
Z- 24. ；
X20. ；
X18. Z- 45. ；
Z- 65. ；
N40 G40 X15. ；
G70 P30 Q40；
G00 X150. Z150. ；
N5；切空刀槽
T0707；                          内沟槽刀 a= 4mm
G00 X18. ；
Z5. ；
G01 Z- 24. F0.5；
X26. F0.05；
X18. F0.3；
G0 Z150. ；
X150. ；
N6；切内螺纹
T0808；                          内螺纹刀
```

```
S300;
G00 X21.5 Z5.;
G92 X23.4 Z- 22. F1.;
X23.8;
X24.;
G0 X150. Z150.;
N7;切断
T0202;                          切刀 a＝4mm 左刀尖对刀
S400;
G00 X60.;
Z- 64.;
G1 X50. F1.;
G75 R0.5;
G75 X17. P8000 F0.1;
G01 W0.1;
X60. F0.5;
G0 X150. Z150.;
G28 U0 W0 T0 M5;
M30;

O0160;
G0 G42 X15.;
G1 Z0 F0.1;
X38.8;
X41.8 Z- 1.5;
Z- 18.5;
X38. Z- 20.;
Z- 26.37;
G2 X40.04 Z- 33.81 R30.;
G1 X45.96 Z- 44.85;
G3 X48. Z- 52.61 R30.;
G1 Z- 65.;
G40 X52.;
M99;
```

2）SIEMENS 系统程序

```
CKT.MPF;
N1;钻孔
G90 G95 G54 G40 M03 S500;
T5 D1 F0.5;                      钻头 ϕ16
X0;
Z20;
```

CYCLE82(10,0,5,- 70,70,0.2);调用钻孔循环,离工件表面 5mm 处进给,到达深度后
　　　　　　　　　　　　停止 0.2s

G0 Z20;

G0 X150. Z150. ;

N2;车外形

T1 D2;　　　　　粗车 D2 刀补　　　外圆车刀,刀具勿干涉

G0 X52. Z5. ;

LCWX;　　　　调用子程序

G0X52. Z5. ;

T1D1;　　　精车 D1 刀补　　　　(注意:D2 刀补与 D1 刀补 X 向相差 1mm)

LCWX;　　　调用子程序

G00 X150. Z150. ;

N3;切外螺纹

T3D1;

S400;

G00 X43. Z5. ;

CYCLE 97(1.5,,0,- 22.,42.,42.,2.,2.,0.98,0.2,0,,4,,3,1.);

G00 X150. Z150. ;

N4;　　　镗内孔

T6 D1;　　　　　　　　　内孔镗刀

S500;

G00 X15. Z5. ;

CYCLE95("KT161",2.,0.4,0.4,0.1,0.2,0.1,0.1,11,0.1 ,0 ,0.2);

G00 X150. Z150. ;

N5;切空刀槽

T7 D1;　　　　　　　　内沟槽刀 a= 4mm

G00 X18. ;

Z5. ;

G01 Z- 24. F0.5;

X26. F0.05;

X18. F0.3;

G0 Z150. ;

X150. ;

N6;切内螺纹

T8 D1;　　　　　　　　　内螺纹刀

S300;

G00 X21.5Z5. ;

CYCLE97(1.,,0.,- 22.,24.,24.,2.,2.,0.65,0.2,0,,4,,2,1.);

　　　　　　　　　　调用螺纹切削循环

G00 X150. Z150. ;

N7;切断

T2 D1;　　　　　　　　切刀 a＝4mm 左刀尖对刀

```
S400;
G00 X60. ;
Z- 64. ;
G1 X50. F1. ;
X40. F0. 1;
X40. 1;
X30. ;
X30. 1;
X17. 8;
Z- 63. 9;
X60. F0. 5;
G0 X150. Z150. ;
M5;
G74 X1= 0 Z1= 0;
M30;
LCWX. SPF;
G0 G42 X15. ;
G1 Z0 F0. 1;
X38. 8;
X41. 8 Z- 1. 5;
Z- 18. 5;
X38. Z- 20. ;
Z- 26. 37;
G2 X40. 04 Z- 33. 81 CR= 30. ;
G1 X45. 96 Z- 44. 85;
G3 X48. Z- 52. 61 CR= 30. ;
G1 Z- 65. ;
G40 X52. ;
M17;

KT161. SPF;
G41 G00 X28. ;
G01 Z0 F0. 1;
X24. Z- 2. ;
X22. 8;
Z- 24. ;
X20. ;
X18. Z- 45. ;
Z- 65. ;
G40 X15. ;
M17;
```

第6章

典型零件加工

6.1 轴类零件的加工

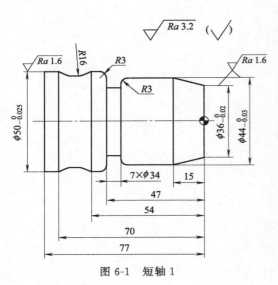

图 6-1　短轴 1

零件 1：完成如图 6-1 所示短轴零件加工，毛坯为 $\phi55$ 圆棒料。

（1）工艺分析

零件毛坯为 $\phi55$ 圆棒料，有三段精密外圆表面，加工时可通过变化刀具补偿保证。零件采用三爪夹盘装夹。刀具使用外圆车刀、切槽刀（$a=5\text{mm}$）、切断刀（$a=4\text{mm}$）。

（2）编写数控加工工序卡、刀具卡、程序卡

1）数控加工工序卡（表 6-1）

2）刀具卡（表 6-2）

3）基点坐标图（图 6-2）和基点坐标表（6-3）

4）程序卡（表 6-4）

零件 2：完成如图 6-3 所示球头短轴零件加工，毛坯为 $\phi45$ 圆棒料。

表 6-1　数控加工工序卡　　　　编制人：　　　　年　月　日

零件名称	短轴	零件图号	DZ1	数控系统	FANUC	工序号
工步号	工步内容 （走刀路线）	G 功能	T 功能	转速 S /(r/min)	进给速度 F /(mm/r)	背吃刀量 a_p /mm
1	粗切外形	G71	T0101	600	0.2 粗	1.5 粗
2	精切外形	G70	T0202	700	0.15 精	0.2 精
3	7×$\phi34$ 直槽及槽 右侧 $R3$ 圆角	G01 G03	T0303	400	0.1	
4	切断保证总长 77.5	G75	T0404	300	0.1	5
			掉头装夹			
5	平端面保证长度 77	G01	T0101	600	0.2	0.5

表6-2 刀具卡　　　　　　编制人：　　　　年　月　日

零件名称		短轴	零件图号	DZ1	数控系统	FANUC
序号	刀具号	刀具名称及规格	刀具材料	刀尖半径 R/mm	刀位点	加工表面
1	T0101	外圆车刀	硬质合金	0.2	刀尖	粗车外形
2	T0202	外圆车刀	硬质合金	0.2	刀尖	精车外形
3	T0303	切槽刀($a=5$mm)	高速钢		左刀尖	切 5×2 直槽
4	T0404	切断刀($a=4$mm)	高速钢		左刀尖	切断

表6-3 基点坐标表

1(36,0)	7(50,−70)
2(44,−15)	8(50,−77)
3(44,−37)	9(38,−40)
4(44,−47)	10(34,−40)
5(50,−50)	11(34,−47)
6(50,−54)	

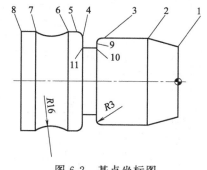

图6-2 基点坐标图

表6-4 程序卡　　　　　　编制人：　　　　年　月　日

零件名称	短轴	零件图号	DZ1	数控系统	FANUC
	O0001;		主程序号		
	N1;		粗车外形		
N5	G97 G99 G40 G21;				
N10	T0101 M8;		换1号刀 外圆车刀		
N15	M03 S600;		设定主轴转速，正转		
N20	G00 X56. Z2. ;		到循环起点		
N25	G71 U1. 5 R0. 5;		外圆切削循环		
N30	G71 P35 Q80 U0. 4 W0. 2 F0. 2;				
N35	G0 G42 X0;		精加工程序开始		
N40	G1 X36. F0. 15;		点1		
N45	X44. Z−15. ;		点2		
N50	Z−47;		点4		
N55	G3 X50. Z−50. R3. ;		点5		
N60	G1 Z−54. ;		点6		
N65	G2 X50. Z−70. R16. ;		点7		
N70	G1 Z−82. ;		点8,延伸5mm		
N75	X52. ;		退刀		
N80	G40 X56. ;		去除刀补		
N85	G0 X150. Z150. ;		回换刀点		
	N2;		精车外形		
N90	T0202;		换2号刀 外圆车刀		
N95	M3 S700;				
N100	G00 X56. Z2. ;		到循环起点		
N105	G70 P35 Q80;		精加工外轮廓		
	N3;		$7\times\phi34$ 直槽及槽右侧 $R3$ 圆角		
N110	T0303;		换3号刀 切槽刀 $a=5$		
N115	M3 S400;				
N120	G0 X80. Z−47. ;				
N125	G1 X56. F0. 5;		点4,X 向加 12mm		
N130	X34. 1 F0. 1;		点11,留余量 0.1		

续表

零件名称	短轴		零件图号	DZ1	数控系统	FANUC
N135	X45. ;		退刀			
N140	Z-42. ;					
N145	X44. ;		点 3			
N150	G3 X38. Z-45. R3. ;		点 9			
N155	G1 X34. ;		点 10			
N160	Z-46.95;		点 11			
N165	X80. F0.5;		退刀			
	N4;			切断保证总长 77.5		
N170	T0404;		切断刀 $a=4$			
N175	M03 S300;					
N180	G0 X65. Z81.5;		快速定位 Z 向过点 8(+0.5mm)			
N185	G1 X56. F0.5;					
N190	G75 R0.5;					
N195	G75 X0 P5000 F0.1;					
N200	W0.1;		Z 向让刀			
N205	G1 X65. F0.5;		退刀			
N210	G0 X150. Z150. ;		回换刀点			
N215	G28 U0 W0 M5;		返回参考点,主轴停			
N220	M30;		程序结束			

掉头装夹,平端面保证长度 77,程序略

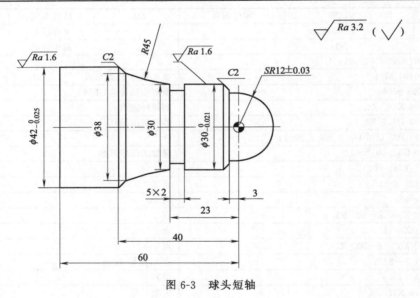

图 6-3 球头短轴

(1) 工艺分析

零件毛坯为 φ45 圆棒料,有三段精密外圆表面(端面球形表面加工时也可采用圆弧切入的进刀方式,以完成球面的光滑转接)。零件采用三爪夹盘装夹。刀具使用外圆车刀、切槽刀($a=5$mm)、切断刀($a=4$mm)。

(2) 编写数控加工工序卡、刀具卡、程序卡

1)数控加工工序卡(表 6-5)

2)刀具卡(表 6-6)

3)基点坐标图(图 6-4)和基点坐标表(表 6-7)

4)程序卡(表 6-8)

表6-5　数控加工工序卡　　　　编制人：　　　年　月　日

零件名称	球头短轴	零件图号	QTDZ	数控系统	FANUC	工序号
工步号	工步内容 （走刀路线）	G 功能	T 功能	转速 S /(r/min)	进给速度 F /(mm/r)	背吃刀量 a_p /mm
1	粗切外形	G71	T0101	600	0.2 粗	1.5 粗
2	精切外形	G70	T0202	700	0.15 精	0.2 精
3	切 5×2 直槽	G01	T0303	400	0.1	
4	切断保证总长 60.5	G75	T0404	300	0.1	5
			掉头装夹			
5	平端面保证长度 60	G01	T0101	600	0.2	0.5

表6-6　刀具卡　　　　编制人：　　　年　月　日

零件名称		球头短轴	零件图号	QTDZ	数控系统	FANUC
序号	刀具号	刀具名称 及规格	刀具材料	刀尖半径 R/mm	刀位点	加工表面
1	T0101	外圆车刀	硬质合金	0.2	刀尖	粗车外形
2	T0202	外圆车刀	硬质合金	0.2	刀尖	精车外形
3	T0303	切槽刀(a=5mm)	高速钢		左刀尖	切 5×2 直槽
4	T0404	切断刀(a=4mm)	高速钢		左刀尖	切断

表6-7　基点坐标表

1(0,12)	7(30,−23)
2(24,0)	8(38,−38)
3(24,−3)	9(42,−40)
4(26,−3)	10(42,−60)
5(30,−5)	11(26,−18)
6(30,−18)	12(26,−23)

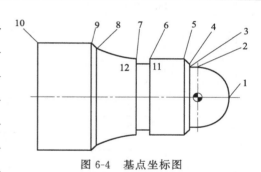

图 6-4　基点坐标图

表6-8　程序卡　　　　编制人：　　　年　月　日

零件名称	球头短轴	零件图号	QTDZ	数控系统	FANUC
	O0002;			主程序号	
	N1;			粗切外形	
N5	G97 G99 G40 G21;				
N10	T0101 M8;			换 1 号刀 外圆车刀	
N15	M03 S600;			设定主轴转速,正转	
N20	G00 X46. Z15.;			到循环起点	
N25	G71 U1.5 R0.5;			外圆切削循环	
N30	G71 P35 Q90 U0.4 W0.2 F0.2;				
N35	G0 G42 X0;			精加工程序开始	
N40	G1 Z12. F0.15;			点 1	
N45	G3 X24. Z0 R12.;			点 2	
N50	G1 Z−3.;			点 3	
N55	X26.;			点 4	
N60	X30. Z−5.;			点 5	
N65	Z−23.;			点 7	
N70	G2 X38. Z−38. R45.;			点 8	
N75	G1 X42. Z−40.;			点 9	
N80	Z−65.;			点 10,Z 向延伸 5mm	

续表

零件名称	球头短轴	零件图号	QTDZ	数控系统	FANUC
N85	X45. ;		退刀		
N90	G40 X46.		去除刀补		
N95	G0 X150. Z150. ;		回换刀点		
	N2 ;			精车外形	
N100	T0202 ;		换 2 号刀 外圆车刀		
N105	M3 S700 ;				
N110	G0 X46. Z15. ;		到循环起点		
N115	G70 P35 Q90 ;		精加工外轮廓		
N120	G0 X150. Z150. ;		回换刀点		
	N3 ;			切 5×2 直槽	
N125	T0303 ;		换 3 号刀 切槽刀(左刀尖对刀)		
N130	M3 S400 ;				
N135	G0 X50. Z−23. ;		快速定位		
N140	G1 X32. F1. ;		切槽起点		
N145	X26. F0.1 ;		点 12、点 11		
N150	X32. F0.5 ;		退刀		
N155	G0 X150. Z150. ;		回换刀点		
	N4 ;			切断	
N160	T0404 ;		换 4 号刀 切断刀		
N165	M03 S300 ;				
N170	G0 X50. Z−60.5 ;		快速定位 Z 向过点 10(0.5mm)		
N175	G1 X44. F1. ;		切削起点		
N180	G75 R0.5 ;		切槽循环		
N185	G75 X0 P5000 F0.1 ;		切槽循环		
N190	W0.1 ;		Z 向让刀		
N195	G1 X50. F0.3 ;		退刀		
N200	G0 X150. Z150. M09 ;		回换刀点,切削液停		
N205	G28 U0 W0 M5 ;		返回参考点,主轴停		
N210	M30 ;		程序结束		

掉头装夹,平端面保证长度 60,程序略

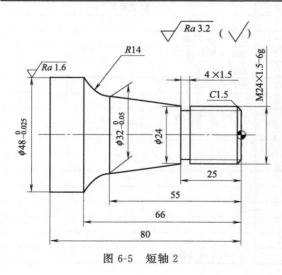

图 6-5 短轴 2

零件 3:完成如图 6-5 所示短轴零件加工,毛坯为 φ50 圆棒料。

(1) 工艺分析

零件毛坯为 φ50 圆棒料,有两段精密外圆表面和精密螺纹表面。零件采用三爪夹盘装夹,伸出长度为 90mm,刀具使用外圆车刀、切槽刀(a=4mm)、螺纹刀、切断刀。

(2) 编写数控加工工序卡、刀具卡、程序卡

1)数控加工工序卡(表 6-9)

2)刀具卡(表 6-10)

3)基点坐标图(图 6-6)和基点坐标表(表 6-11)

4)程序卡(表 6-12)

表 6-9 数控加工工序卡　　　　编制人：　　　年 月 日

零件名称	短轴		零件图号	DZ2	数控系统	FANUC	工序号
工步号	工步内容 （走刀路线）	G 功能	T 功能	转速 S /(r/min)	进给速度 F /(mm/r)	背吃刀量 a_p /mm	
1	切外形	G71、G70	T0101	600	0.2 粗、0.15 精	1.5 粗、0.2 精	
2	切 4×1.5 退刀槽	G01	T0202	400	0.1		
3	切螺纹	G92	T0303	200	1.5		
4	切断保证总长	G75	T0202	300	0.1		

表 6-10 刀具卡　　　　编制人：　　　年 月 日

零件名称		短轴	零件图号	DZ2	数控系统	FANUC
序号	刀具号	刀具名称 及规格	刀具材料	刀尖半径 R/mm	刀位点	加工表面
1	T0101	外圆车刀	硬质合金	0.2	刀尖	粗精车外形
2	T0202	切断刀(a=4mm)	高速钢	0.2	左刀尖	切 4×1.5 退刀槽
3	T0303	螺纹刀	硬质合金	0.2	刀尖	切螺纹

表 6-11 基点坐标表

1(21,0)	7(48,−80)
2(24,−1.5)	8(21,−21)
3(24,−21)	9(21,−25)
4(24,−25)	10(22.05,3)
5(32,−55)	11(22.04,−23)
6(48,−66)	

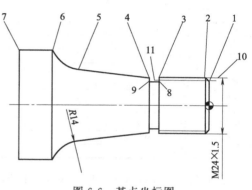

图 6-6 基点坐标图

表 6-12 程序卡　　　　编制人：　　　年 月 日

零件名称	短轴	零件图号	DZ2	数控系统	FANUC
	O0003;			主程序号	
	N1;			切外形	
N5	G97 G99 G40 G21;				
N10	T0101 M8;		换 1 号刀 外圆车刀		
N15	M03 S600;		设定主轴转速，正转		
N20	G00 X52. Z2.;		到循环起点		
N25	G71 U1.5 R0.5;		外圆切削循环		
N30	G71 P35 Q80 U0.4 W0.2 F0.2;				
N35	G0 G42 X0;		精加工程序开始		
N40	G1 Z0 F0.15;				
N45	X21.;		点 1		
N50	X23.8 Z−1.5;		点 2		
N55	Z−25.;		点 4		
N60	X32. Z−55.;		点 5		
N65	G2 X48. Z−66. R14.;		点 6		
N70	G1 Z−85.;		点 7,Z 向延伸 5mm		
N75	X50.;		退刀		
N80	G40 X52.;		去除刀补		
N85	G70 P35 Q80;		精加工外形		
N90	G0 X150. Z150.;		回换刀点		

零件名称		短轴		零件图号	DZ2	数控系统	FANUC
		N2;			切 4×1.5 退刀槽		
N95	T0202;				换 2 号刀 切断刀（左刀尖对刀）		
N100	M3 S400;						
N105	G0 X34. Z−25.;				快速定位		
N110	G1 X25. F0.5;				切槽起点		
N115	X21. F0.1;				点 9、点 8		
N120	X34. F0.5;				退刀		
N125	G0 X150. Z150.;				回换刀点		
		N3;			切螺纹		
N130	T0303;				换 3 号刀 螺纹刀		
N135	M03 S200;						
N140	G0 X25. Z3.;				快速定位　点 10 的 Z 值		
N145	G92 X23.2 Z−23. F1.5;				切螺纹		
N150	X22.6;						
N155	X22.2;						
N160	X22.04;				点 11		
N165	G0 X150. Z150.;				回换刀点		
		N4;			切断保证总长		
N170	T0202;				换 2 号刀 切断刀（左刀尖对刀）		
N175	M03 S300;						
N180	G0 X60. Z−84.;				快速定位　点 7 的 Z 值		
N185	G1 X49. F1.;				切削起点　点 7X 向加 1mm		
N190	G75 R0.5;				切槽循环		
N195	G75 X0 P5000 F0.1;						
N200	W0.1;				Z 向让刀		
N205	G1 X55. F0.5;				退刀		
N215	G0 X150. Z150. M09;				回换刀点，切削液停		
N220	G28 U0 W0 M5;				返回参考点，主轴停		
N225	M30;				程序结束		

零件 4：完成如图 6-7 所示螺杆零件加工，毛坯为 $\phi40×88$ 圆棒料。

(1) 工艺分析

零件毛坯为 $\phi40×88$ 圆棒料，加工难点在于零件的装夹，以及精密圆柱面、球面、螺纹的加工。零件采用三爪夹盘二次装夹完成加工。刀具使用外圆车刀、螺纹刀。

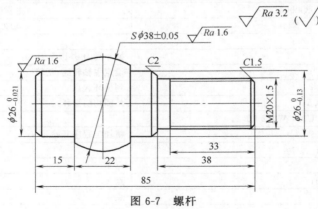

图 6-7　螺杆

(2) 编写数控加工工序卡、刀具卡、程序卡

1) 数控加工工序卡（表 6-13）

2) 刀具卡（表 6-14）

3) 基点坐标

图 6-8 所示为工步 1、2 基点坐标图，表 6-15 所示为工步 1、2 基点坐标表。

表6-13 数控加工工序卡　　　编制人：　　　年　月　日

零件名称	螺杆		零件图号	LGJG	数控系统	FANUC	工序号
工步号	工步内容 （走刀路线）		G 功能	T 功能	转速 S /(r/min)	进给速度 F /(mm/r)	背吃刀量 a_p /mm
1	车左端外形，去球面余量		G71 G70	T0101	600	0.2粗、0.15精	1.5粗、0.2精
2	精车球面		G03	T0202	700	0.1	
掉头装夹，夹持ϕ26外圆、端面顶靠							
3	车右端外形		G71 G70	T0101	600	0.2粗、0.15精	1.5粗、0.2精
4	切螺纹		G92	T0303	400	1.5	

表6-14 刀具卡　　　编制人：　　　年　月　日

零件名称		螺杆	零件图号	LGLG	数控系统	FANUC
序号	刀具号	刀具名称 及规格	刀具材料	刀尖半径 R/mm	刀位点	加工表面
1	T0101	外圆车刀	硬质合金	0.2	刀尖	粗精车外形
2	T0202	外圆车刀	硬质合金	1.2	刀尖	精车球面
3	T0303	螺纹刀	硬质合金	0.2	刀尖	切螺纹

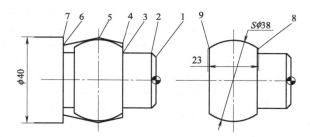

图6-8 工步1、2基点坐标图

表6-15 工步1、2基点坐标表

1(22,0)	6(30.5,−42)
2(26,−2)	7(40,−42)
3(26,−15)	8(30.25,−14.5)
4(33.5,−15)	9(30.25,−37.5)
5(40,−26)	

图6-9所示为工步3、4基点坐标图，表6-16所示为工步3、4基点坐标表。

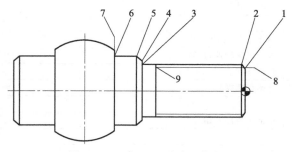

图6-9 工步3、4基点坐标图

表6-16 工步3、4基点坐标表

1(17,0)	6(26,−48)
2(20,−1.5)	7(40,−48)
3(20,−38)	8(18.05,3)
4(22,−38)	9(18.05,−33)
5(26,−40)	

4）程序卡（表6-17）

表6-17 程序卡　　　编制人：　　　年　月　日

零件名称		螺杆	零件图号	LGJG	数控系统	FANUC
	O0004;				主程序号（工步1、2）	
	N1;				车左端外形，去球面余量	
N5	G97 G99 G40 G21;					
N10	T0101 M8;				换1号刀 外圆车刀	

零件名称	螺杆	零件图号	LGJG	数控系统	FANUC
N15	M03 S600;		设定主轴转速,正转		
N20	G00 X42. Z2. ;		到循环起点		
N25	G71 U1. 5 R0. 5;		外圆切削循环		
N30	G71 P35 Q80 U0. 4 W0. 2 F0. 2;				
N35	G0 G42 X0;		精加工程序开始		
N40	G1 Z0 F0. 15;				
N45	X22. ;		点1		
N50	X26. Z-2. ;		点2		
N55	Z-15. ;		点3		
N60	X33.5;		点4		
N65	X40. Z-26. ;		点5		
N70	X30.5 Z-42. ;		点6		
N75	X40. ;		点7,退刀		
N80	G40 X42. ;		去除刀补		
N85	G70 P35 Q90;		精加工外形		
N90	G0 X150. Z150. ;		回换刀点		
	N2;		精车球面		
N95	T0202;		换2号刀,外圆车刀(R1. 2)		
N100	M3 S700;				
N105	G0 X45. Z-12. 5. ;				
N110	G1 G42 X30. 25 F0. 1;				
N115	Z-14. 5;		点8		
N120	G3 X30. 25 Z-37. 5 R19. ;		点9		
N125	G1 G40 X45. F0. 5;				
N130	G0 X150. Z150. ;		回换刀点		
N135	G28 U0 W0 M5;		返回参考点,主轴停		
N140	M30;		程序结束		
	掉头装夹,夹持 φ26 外圆、端面顶靠				
	O0042;		主程序号(工步3、4)		
	N1;		车右端外形		
N5	G97 G99 G40 G21;				
N10	T0101 M8;		换1号刀 外圆车刀		
N15	M03 S600;		设定主轴转速,正转		
N20	G00 X42. Z2. ;		到循环起点		
N25	G71 U1. 5 R0. 5;		外圆切削循环		
N30	G71 P35 Q80 U0. 4 W0. 2 F0. 2;				
N35	G0 G42 X0;		精加工程序开始		
N40	G1 Z0 F0. 15;				
N45	X17. ;		点1		
N50	X19. 8. Z-1. 5;		点2 螺纹大径车小 0. 2		
N55	Z-38. ;		点3		
N60	X22. ;		点4		
N65	X26. Z-40. ;		点5		
N70	Z-48. ;		点6		
N80	X40. ;		点7,退刀		
N85	G40 X42. ;		去除刀补		
N90	G70 P35 Q90;		精加工外形		
N95	G0 X150. Z150. ;		回换刀点		

续表

零件名称	螺杆	零件图号	LGJG	数控系统	FANUC
	N2；		切螺纹		
N100	T0303；		换3号刀　螺纹刀		
N105	M03 S400；				
N110	G0 X22. Z3. ；		快速定位		
N115	G92 X19.2 Z－33. F1.5；		切螺纹　点8－9		
N120	X18.6；				
N125	X18.2；				
N130	X18.05；				
N135	G0 X150. Z150. ；		回换刀点		
N140	G28 U0 W0 M5；		返回参考点，主轴停		
N145	M30；		程序结束		

零件 5：完成如图 6-10 所示球头轴零件加工，毛坯为 ϕ55 棒料。

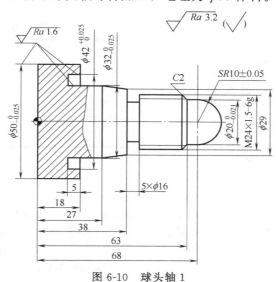

图 6-10　球头轴 1

(1) 工艺分析

零件由精密圆柱面、端面槽、球面、螺纹等表面组成，加工难点在于各精密表面、端面槽的加工。零件毛坯为 ϕ55 圆棒料，采用三爪夹盘装夹完成加工。刀具使用外圆车刀、切槽刀（a＝5mm）、螺纹刀、端面槽刀（a＝4mm）、切断刀（a＝4mm）。

(2) 编写数控加工工序卡、刀具卡、程序卡

1) 数控加工工序卡（表 6-18）

表 6-18　数控加工工序卡　　编制人：　　　　年　月　日

零件名称	球头轴		零件图号	QTZ	数控系统	FANUC	工序号	
工步号	工步内容 （走刀路线）		G 功能	T 功能	转速 S /(r/min)	进给速度 F /(mm/r)	背吃刀量 a_p/mm	
1	车外形（ϕ32 车至 ϕ32.1，其余表面至尺寸）		G71 G70	T0101	600	0.2粗、0.15精	1.5粗、0.2精	
2	切 5×ϕ16 退刀槽		G01	T0202	500	0.1		
3	切 M24×1.5 螺纹		G92	T0303	300	1.5		
4	加工端面槽保证 ϕ32、ϕ42 深 5 至尺寸		G01	T0404	300	0.1		
5	切断保证总长		G75	T0505	300	0.1		

2）刀具卡（表 6-19）

表 6-19　刀具卡　　　　　编制人：　　　　　年　月　日

零件名称		球头轴	零件图号	QTZ	数控系统	FANUC
序号	刀具号	刀具名称及规格	刀具材料	刀尖半径 R/mm	刀位点	加工表面
1	T0101	外圆车刀	硬质合金	0.2	刀尖	粗精车外形
2	T0202	切槽刀（a＝5mm）	高速钢		左侧刀尖	切 5×φ16 退刀槽
3	T0303	螺纹刀	硬质合金	0.2	刀尖	切螺纹
4	T0404	端面槽刀（a＝4mm）	高速钢		外侧刀尖	加工端面槽
5	T0505	切断刀（a＝4mm）	高速钢		左侧刀尖	切断保证总长

3）基点坐标图（图 6-11）和基点坐标表（表 6-20）

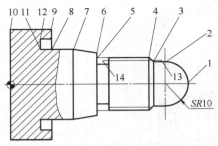

图 6-11　基点坐标图

表 6-20　基点坐标表

1(0,78)	8(32,18)
2(20,68)	9(50,18)
3(20,63)	10(50,0)
4(24,61)	11(32,13)
5(24,38)	12(42,13)
6(29,38)	13(22.05,66)
7(32,27)	14(22.05,40.5)

4）程序卡（表 6-21）

表 6-21　程序卡　　　　　编制人：　　　　　年　月　日

零件名称	球头轴	零件图号	QTZ	数控系统	FANUC
				主程序号	
	O0005;				
	N1;		车外形（φ32 车至 φ32.1，其余表面至尺寸）		
N5	G97 G99 G40 G21;				
N10	T0101 M8;		换 1 号刀　外圆车刀		
N15	M03 S600;		设定主轴转速，正转		
N20	G00 X57. Z80.;		到循环起点		
N25	G71 U1.5 R0.5;		外圆切削循环		
N30	G71 P35 Q100 U0.4 W0.2 F0.2;				
N35	G0 G42 X0;		精加工程序开始		
N40	G1 Z78. F0.15;		点 1		
N45	G3 X20. Z68. R10.;		点 2		
N50	G1 Z63.;		点 3		
N55	X23.8 Z61.;		点 4		
N60	Z38.;		点 5		
N65	X29.;		点 6		
N70	X32. Z27.;		点 7		
N75	X32.1;				
N80	Z18.;		点 8		
N85	X50.;		点 9		
N90	Z－5.;		点 10，Z 向延伸 5mm		
N95	X52.;		退刀		
N100	G40 X55.;		去除刀补		
N105	G70 P35 Q100;		精加工外形		

续表

零件名称	球头轴	零件图号	QTZ	数控系统	FANUC
N110	G0 X150. Z150. ;		回换刀点		
N115	G70 P35 Q90;		精加工外形		
N120	G0 X150. Z150. ;		回换刀点		
N2;			切 5×ϕ16 退刀槽		
N125	T0202;		换 2 号刀,切槽刀($a=5$mm)		
N130	M3 S500;				
N135	G0 X40. Z38. ;		快速定位		
N140	G1 X29.1 F0.5;		切槽起点		
N145	X16. F0.1;				
N150	X40. F0.5;		退刀		
N155	G0 X150. Z150. ;		回换刀点		
N3;			切 M24×1.5 螺纹		
N160	T0303;		换 3 号刀 切槽刀(左刀尖对刀)		
N165	M3 S300;				
N170	G0 X34. Z66. ;		快速定位		
N175	G1 X26. ;		切螺纹循环起点		
N180	G92 X23.2 Z40.5. F1.5;		切螺纹 点 13-14		
N185	X22.6;				
N190	X22.2;				
N195	X22.05;				
N200	G0 X150. Z150. ;		回换刀点		
N4;			加工端面槽		
N205	T0404;		端面槽刀($a=4$mm)		
N210	M3 S300;				
N215	G0 X60. Z28. ;		快速定位		
N220	G1 X33.9 Z20. F0.5;				
N225	G1 Z13.1 F1. ;		点 12		
N230	Z27.5;		退刀		
N235	X32. ;				
N240	Z13. ;		点 11		
N245	X34.		点 12		
N250	Z19. ;		退刀		
N255	G0 X150. Z150. ;		回换刀点		
N5;			切断保证总长		
N260	T0505;		切断刀($a=4$mm)		
N265	M03 S300;				
N270	G0X60. Z−4. ;		快速定位 点 10 的 Z 值		
N275	G1 X51. F1. ;		切削起点 点 10 X 向加 1mm		
N280	G75 R0.5;		切槽循环		
N285	G75 X0 P5000 F0.1;				
N290	W0.1;		Z 向让刀		
N295	G1 X56. F0.5;		退刀		
N300	G0 X150. Z150. M09;		回换刀点,切削液停		
N305	G28 U0 W0 M5;		返回参考点,主轴停		
N310	M30;		程序结束		

零件 6:完成如图 6-12 所示轴零件加工,毛坯为 ϕ45×53 圆棒料。

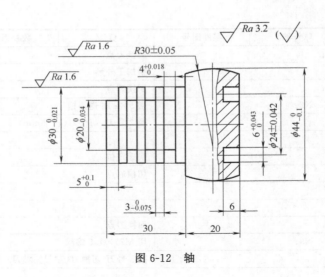

图 6-12　轴

(1) 工艺分析

　　零件由精密圆柱面、径向槽、端面槽、球面等表面组成，加工难点在于各槽的加工。3 处径向槽采取切槽刀（$a=3.8\text{mm}$）粗切，由切槽刀（$a=4\text{mm}$）精切直接保证，加工时切槽刀（$a=4\text{mm}$）需试刀，保证尺寸后才可使用。为保证零件尺寸，编程时可对基点坐标进行处理。零件毛坯为 $\phi45\times53$ 圆棒料，采用三爪夹盘二次装夹完成加工。刀具使用外圆车刀、切槽刀（$a=3.8\text{mm}$、$a=4\text{mm}$）、端面槽刀（$a=5\text{mm}$）。

(2) 编写数控加工工序卡、刀具卡、程序卡

　　1）数控加工工序卡（表 6-22）

表 6-22　数控加工工序卡　　编制人：　　　　年　月　日

零件名称	轴	零件图号	ZLX	数控系统	FANUC	工序号	
工步号	工步内容 （走刀路线）	G 功能	T 功能	转速 S /(r/min)	进给速度 F /(mm/r)	背吃刀量 a_p /mm	
1	车左端外形	G71 G70	T0101	600	0.2粗、0.15精	1.5粗、0.2精	
2	粗切3处径向槽	G01	T0202	500	0.1		
3	精切3处径向槽	G01	T0303	500	0.1		
掉头装夹，夹持 $\phi30$ 外圆							
4	平端面保总长50，车 R30 外圆	G01 G03	T0101	600			
5	切端面槽	G01	T0404	300			

　　2）刀具卡（表 6-23）

表 6-23　刀具卡　　编制人：　　　　年　月　日

零件名称	轴	零件图号	ZLX	数控系统	FANUC
序号	刀具号	刀具名称 及规格	刀具材料	刀尖半径 R/mm	刀位点	加工表面
1	T0101	外圆车刀	硬质合金	0.2	刀尖	粗精车外形
2	T0202	切槽刀（$a=3.8\text{mm}$）	高速钢		左刀尖	切3处径向槽
3	T0303	切槽刀（$a=4\text{mm}$）	高速钢		左刀尖	切3处径向槽
4	T0404	端面槽刀（$a=5\text{mm}$）	高速钢		内侧刀尖	切端面槽

3）基点坐标

图 6-13 所示为工步 1、2 基点坐标图，表 6-24 所示为工步 1、2 基点坐标表。

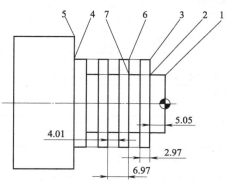

图 6-13　工步 1、2 基点坐标图

表 6-24　工步 1、2 基点坐标表

1(20,0)	5(45,−30)
2(20,−5.05)	6(30,−12.03)
3(30,−5.05)	7(20,−12.03)
4(30,−30)	

图 6-14 所示为工步 3、4 基点坐标图，表 6-25 所示为工步 3、4 基点坐标表。

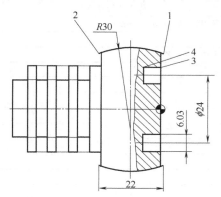

图 6-14　工步 3、4 基点坐标图

表 6-25　工步 3、4 基点坐标表

| 1(39.82,1) | 3(30.01,0) |
| 2(39.82,−21) | 4(30.01,−6.05) |

4）程序卡（表 6-26）

表 6-26　程序卡　　　　编制人：　　　　年　月　日

零件名称		轴	零件图号	ZLX	数控系统	FANUC
	O0006;			主程序号		
	N1;			车左端外形		
N5	G97 G99 G40 G21;					
N10	T0101 M8;			换 1 号刀 外圆车刀		
N15	M03 S600;			设定主轴转速,正转		
N20	G00 X46. Z2.;			到循环起点		
N25	G71 U1.5 R0.5;			外圆切削循环		
N30	G71 P35 Q80 U0.4 W0.2 F0.2;					
N35	G0 G42 X0;			精加工程序开始		
N40	G1 Z0 F0.15;					
N45	X20.;			点 1		
N50	Z−5.05.;			点 2		
N55	X30.;			点 3		
N60	Z−30.;			点 4		
N65	X45.;			点 5,退刀		
N70	G40 X46.;			去除刀补		

零件名称		轴	零件图号	ZLX	数控系统	FANUC
N75	G70 P35 Q70;			精加工外形		
N80	G0 X150. Z150.;			回换刀点		
	N2;			粗切3处径向槽		
N85	T0202;			换2号刀,切槽刀(a=3.8mm)		
N90	M3 S500;					
N95	G0 X40. Z−11.93;			快速定位(Z−11.93为点6 Z值+0.1)		
N100	G1 X31. F0.5;			切槽起点		
N105	X20. F0.1;			点7		
N110	X31. F0.5;			退刀		
N115	W−6.97;					
N120	X20. F0.1;					
N125	X31. F0.5;			退刀		
N130	W−6.97;					
N135	X20. F0.1;					
N140	X40. F0.5;			退刀		
N145	G0 X150. Z150.;			回换刀点		
	N3;			精切3处径向槽		
N150	T0303;			换3号刀,切槽刀(a=4mm)		
N155	M3 S500;					
N160	G0 X40. Z−12.03;			快速定位(点6 Z值)		
N165	G1 X31. F0.5;			切槽起点		
N170	X19.97 F0.1;			点7		
N175	X31. F0.5;			退刀		
N150	W−6.97;					
N155	X19.97 F0.1;					
N160	X31. F0.5;			退刀		
N165	W-6.97;					
N170	X19.97 F0.1;					
N175	X40. F0.5;			退刀		
N180	G0 X150. Z150.;			回换刀点		
N185	G28 U0 W0 M5;			返回参考点,主轴停		
N190	M30;			程序结束		
	掉头装夹,夹持φ30外圆					
	O0062;			主程序号		
	N1;			车左端外形		
N5	G97 G99 G40 G21;					
N10	T0101 M8;			换1号刀 外圆车刀		
N15	M03 S600;			设定主轴转速,正转		
N20	G0 X50. Z0;					
N25	G1 Z0 F0.2;			平端面保总长		
N30	G0 X49.82 Z1.;			快速定位 点1,X值加10mm		
N35	G1 G42 X40.82 F0.5;			粗切 点1,X值加1mm		
N40	G3 X40.82 Z−21 F0.1;			点2,X值加1mm		
N45	G1 G40 X49.82;			退刀、去刀补		
N50	G0 Z1.;			精加工程序开始		
N55	G1 G42 X39.82 F0.5;			点1		
N60	G3 X39.82 Z−21 F0.1;			点2		
N65	G1 G40 X49.82;			退刀、去刀补		
N70	G0 Z150.;					
N75	X150.;			回换刀点		

续表

零件名称		轴	零件图号	ZLX	数控系统	FANUC
		N2;		加工端面槽		
N80	T0404;			端面槽刀($a=5mm$)		
N85	M3 S300;					
N90	G1 X19.95 Z20. F0.5;			切槽外侧留余量 0.05		
N95	G1 Z5. F0.5;					
N100	Z−6. F0.1;					
N105	Z2. F0.5;			退刀		
N110	X17.99.;			切槽内侧		
N115	Z−6.05 F0.1;					
N120	X20.01;			精车槽外侧		
N125	Z2.;					
N130	G0 X150. Z150.;			回换刀点		
N135	G28 U0 W0 M5;			返回参考点,主轴停		
N140	M30;			程序结束		

零件 7:完成如图 6-15 所示槽轮轴零件加工。毛坯为 $\phi50\times90$ 圆棒料(已加工,一端预作中心孔 A2.5)。

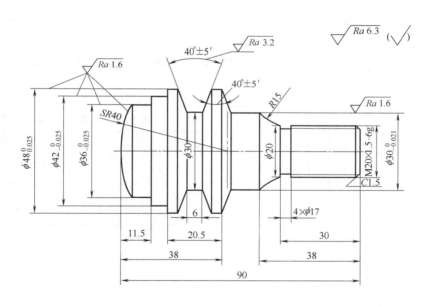

图 6-15　槽轮轴

(1) 工艺分析

零件由精密外圆、型槽、螺纹表面组成,零件的加工难点在于加工步骤确定、工件装夹、中部型槽的加工。零件毛坯为 $\phi50\times90$ 圆棒料(已加工,一端预作中心孔 A2.5),采用三爪夹盘二次装夹完成加工。刀具使用外圆车刀、切槽刀 1($a=5mm$)、切槽刀 2($a=4mm$)、螺纹刀。

(2) 编写数控加工工序卡、刀具卡、程序卡

1)数控加工工序卡(表 6-27)

表 6-27　数控加工工序卡　　编制人：　　　　　年　月　日

零件名称	槽轮轴	零件图号	CLZ	数控系统	FANUC	工序号	
工步号	工步内容 （走刀路线）	G 功能	T 功能	转速 S /(r/min)	进给速度 F /(mm/r)	背吃刀量 a_p/mm	
1	车左端外形	G71 G70	T0101	600	0.2 粗、0.15 精	1.5 粗、0.2 精	
2	切径向 40°槽	G01	T0202	500	0.1		
掉头装夹，夹持 $\phi36$ 外圆，一夹一顶							
3	车右端外形	G71 G70	T0101	600	0.2 粗、0.15 精	1.5 粗、0.2 精	
4	切 $4×\phi17$ 退刀槽	G01	T0303	500	0.1		
5	加工 M20×1.5 螺纹	G92	T0404	300	1.5		

2）刀具卡（表 6-28）

表 6-28　刀具卡　　编制人：　　　　　年　月　日

零件名称		槽轮轴	零件图号	CLZ	数控系统	FANUC
序号	刀具号	刀具名称 及规格	刀具材料	刀尖半径 R/mm	刀位点	加工表面
1	T0101	外圆车刀	硬质合金	0.2	刀尖	粗精车外形
2	T0202	切槽刀 1($a=5$mm)	高速钢		左刀尖	切径向槽
3	T0303	切槽刀 2($a=4$mm)	高速钢		左刀尖	切空刀槽
4	T0404	螺纹刀	硬质合金		刀尖	切螺纹

3）基点坐标

图 6-16 所示为工步 1、2 基点坐标图，表 6-29 所示为工步 1、2 基点坐标表。

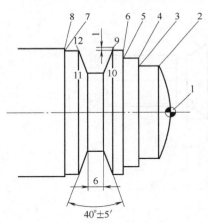

图 6-16　工步 1、2 基点坐标图

表 6-29　工步 1、2 基点坐标表

1(0,0)	7(48,−39)
2(36,−4.28)	8(50,−39)
3(36,−11.5)	9(50,−21.08)
4(42,−11.5)	10(30,−24.72)
5(42,−17.5)	11(30,−30.72)
6(48,−17.5)	12(50,−34.36)

图 6-17 所示为工步 3～5 基点坐标图，表 6-30 所示为工步 3～5 基点坐标表。

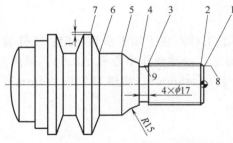

图 6-17　工步 3～5 基点坐标图

表 6-30　工步 3～5 基点坐标表

1(17,0)	6(30,−48.72)
2(20,−1.5)	7(50,−52.36)
3(20,−26)	8(18.05,3)
4(20,−30)	9(18.05,−28)
5(30,−38)	

4）程序卡（表6-31）

表6-31 程序卡 编制人： 年 月 日

零件名称	槽轮轴	零件图号		CLZ	数控系统	FANUC
	O0007；				主程序号	
	N1；				车左端外形	
N5	G97 G99 G40 G21；					
N10	T0101 M8；			换1号刀 外圆车刀		
N15	M03 S600；			设定主轴转速，正转		
N20	G00 X52. Z2. ；			到循环起点		
N25	G71 U1.5 R0.5；			外圆切削循环		
N30	G71 P35 Q80 U0.4 W0.2 F0.2；					
N35	G0 G42 X0；			精加工程序开始		
N40	G1 Z0 F0.15；			点1		
N45	G3 X36. Z−4.28 R40. ；			点2		
N50	G1 Z−11.5；			点3		
N55	X42. ；			点4		
N60	Z−17.5；			点5		
N65	X48. ；			点6		
N70	Z−39. ；			点7		
N75	X50. ；			点8		
N80	G40 X52. ；			去除刀补		
N85	G70 P35 Q70；			精加工外形		
N90	G0 X150. Z150. ；			回换刀点		
	N2；			切径向40°槽		
N95	T0202；			换2号刀，切槽刀1（$a=5$）		
N100	M3 S500；					
N105	G0 X60. Z−30.22；			快速定位（Z−30.22为点11 Z值＋0.5）		
N110	G1 X50. F0.5；			去余量		
N115	X30. F0.1；					
N120	X50. F0.5；					
N125	Z−34.26 F0.1；			点12 Z值＋0.1		
N130	X30. Z−30.62；			点11 Z值＋0.1		
N135	X50. F0.5；					
N140	Z−25.18 F0.1；			点9 Z值−0.1		
N145	X30. Z−29.82；			点10 Z值−0.1		
N150	X50. F0.5；			精加工		
N155	Z−25.08 F0.1；			点9		
N160	X29.95 Z−29.72；			点10		
N165	Z−30.72；			点11		
N170	X50. Z−34.36；			点12		
N175	G0 X150. Z150. ；			回换刀点		
N180	G28 U0 W0 M5；			返回参考点，主轴停		
N185	M30；			程序结束		
	掉头装夹，夹持φ36外圆，一夹一顶					
	O0072；				主程序号	
	N1；				车右端外形	
N5	G97 G99 G40 G21；					
N10	T0101 M8；			换1号刀 外圆车刀		
N15	M03 S600；			设定主轴转速，正转		
N20	G00 X52. Z2. ；			到循环起点		
N25	G71 U1.5 R0.5；			外圆切削循环		
N30	G71 P35 Q70 U0.4 W0.2 F0.2；					
N35	G0 G42 X17. ；			精加工程序开始		

零件名称		槽轮轴	零件图号	CLZ	数控系统	FANUC
N40	G1 Z0 F0.15;			点 1		
N45	X19.8 Z−1.5;			点 2 螺纹大径车小 0.2		
N50	Z−30.;			点 4		
N55	G2 X30. Z−38. R15.;			点 5		
N60	G1 Z−48.72;			点 6		
N65	X50. Z−52.36;			点 7		
N70	G40 X52.;			去除刀补		
N80	G70 P35 Q70;			精加工外形		
N85	G0 X150. Z150.;			回换刀点		
	N2;			切退刀槽		
N90	T0303 M8;			换 3 号刀，切槽刀 2(a=4mm)		
N95	M03 S500;			设定主轴转速，正转		
N100	G0 X50. Z−30.;			快速定位		
N105	G1 X21. F0.5;			点 4 X 向＋1mm		
N110	X17. F0.1;					
N115	X21. F0.5;			退刀		
N120	G0 X150. Z150.;			回换刀点		
	N3;			切螺纹		
N125	T0404 M8;			换 3 号刀 螺纹刀		
N130	M03 S300;					
N135	G0 X22. Z3.;			快速定位		
N140	G92 X19.2 Z−28. F1.5;			切螺纹 点 8−9		
N145	X18.6;					
N150	X18.2;					
N155	X18.05;					
N160	G0 X150. Z150.;			回换刀点		
N165	G28 U0 W0 M5;			返回参考点，主轴停		
N170	M30;			程序结束		

零件 8：完成如图 6-18 所示球头轴零件加工，毛坯为 $\phi45\times115$ 棒料，已预制 $\phi18$ 孔。

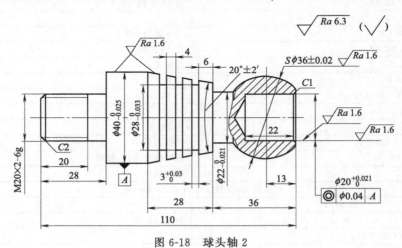

图 6-18   球头轴 2

(1) 工艺分析

零件由精密圆柱面、球面、径向槽、螺纹等表面组成。零件毛坯为 $\phi45\times115$ 圆棒料，已预制 $\phi18$ 孔。采用三爪夹盘二次装夹完成加工。刀具使用外圆车刀、镗孔刀、切槽刀 1（a=5mm）、切槽刀 2（a=3mm）、螺纹刀。切槽刀 2（a=3mm）应先试刀，保证宽度尺寸 3 才可使用。

（2）编写数控加工工序卡、刀具卡、程序卡

1）数控加工工序卡（表6-32）

表6-32 数控加工工序卡　　　编制人：　　　　　年　月　日

零件名称	球头轴	零件图号	QTZ	数控系统	FANUC	工序号
工步号	工步内容 （走刀路线）	G 功能	T 功能	转速 S /(r/min)	进给速度 F /(mm/r)	背吃刀量 a_p/mm
1	车右端外形	G71 G70	T0101	700	0.2粗、0.15精	1.5粗、0.2精
2	切径向槽保证 ϕ22 至尺寸	G01	T0202	400	0.1	
3	车 $S\phi$36 球面	G03	T0101	700	0.1	
4	切 3 处径向槽	G01	T0303	500	0.1	
5	镗内孔	G01	T0505	600	0.15	
	掉头装夹，夹持 ϕ40 外圆					
6	平端面保总长 110	G01	T0101	600		
7	车左端外形	G71 G70	T0101	600	0.2粗、0.15精	1.5粗、0.2精
8	加工 M20×2 螺纹	G92	T0404	300	1.5	

2）刀具卡（表6-33）

表6-33 刀具卡　　　编制人：　　　　　年　月　日

零件名称	球头轴	零件图号	QTDZ	数控系统	FANUC
序号	刀具号	刀具名称 及规格	刀具材料	刀尖半径 R/mm	刀位点	加工表面
1	T0101	外圆车刀	硬质合金	0.2	刀尖	粗精车外形
2	T0202	切槽刀 1(a=5mm)	高速钢		左刀尖	切径向槽
3	T0303	切槽刀 2(a=3mm)	高速钢		左刀尖	切 3 处径向槽
4	T0404	螺纹刀	硬质合金			切螺纹
5	T0505	镗孔刀	硬质合金	0.2	刀尖	镗内孔

3）基点坐标

图 6-19 所示为工步 1～5 基点坐标图，表 6-34 所示为工步 1～5 基点坐标表。

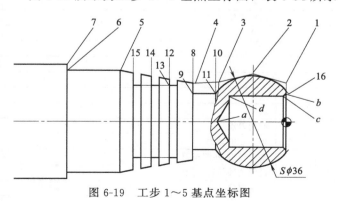

图 6-19　工步 1～5 基点坐标图

表6-34　工步 1～5 基点坐标表

1(31,0)	11(22，−27.25)
2(38，−13)	12(50，−45)
3(31，−26)	13(28，−45)
4(29.78，−35)	14(50，−52)
5(40，−64)	15(50，−59)
6(40，−84)	16(22.62,1)
7(45，−84)	a(0−27)
8(50，−36)	b(22,0)
9(22，−36)	c(20，−1)
10(50，−27.25)	d(20，−22)

图 6-20 所示为工步 6～8 基点坐标图，表 6-35 所示为工步 6～8 基点坐标表。

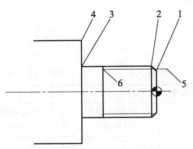

图 6-20　工步 6～8 基点坐标图

表 6-35　工步 6～8 基点坐标表

1(16,0)	4(40,-28)
2(20,−2)	5(17.4,4)
3(20,−28)	6(17.4,−20)

4）程序卡（表 6-36）

表 6-36　程序卡　　　编制人：　　　　年　月　日

零件名称	球头轴	零件图号	QTZ	数控系统	FANUC
	O0008;			主程序号	
	N1;			车右端外形	
N5	G97 G99 G40 G21;				
N10	T0101 M8;		换 1 号刀，外圆车刀		
N15	M03 S700;		设定主轴转速，正转		
N20	G00 X47. Z2. ;		到循环起点		
N25	G71 U1.5 R0.5;		外圆切削循环		
N30	G71 P35 Q80 U0.4 W0.2 F0.2;				
N35	G0 G42 X17. ;		精加工程序开始		
N40	G1 Z0 F0.15;				
N45	X31. ;		点 1		
N50	X38. Z−13. ;		点 2		
N55	X31. Z−26. ;		点 3		
N60	X29.78 Z−35. ;		点 4		
N65	X40. Z−64. ;		点 5		
N70	Z−84. ;		点 6		
N75	X45. ;		点 7		
N80	G40 X47. ;		去除刀补		
N85	G70 P35 Q70;		精加工外形		
N90	G0 X150. Z150. ;		回换刀点		
	N2;		切径向槽保证 ϕ22 至尺寸		
N95	T0202;		换 2 号刀，切槽刀 1(a=5)		
N100	M3 S400;				
N105	G0 X50. Z−35.9;		快速定位 点 8		
N110	G1 X22.05 F0.1;		点 9		
N115	X50. F0.5;				
N120	Z−32.25 F0.1;		点 10		
N125	X22. ;		点 11		
N130	Z−36. ;		点 9		
N135	X50. F0.5;		点 8		
N140	G0 X150. Z150. ;		回换刀点		
	N3;		车 S ϕ36 球面		
N145	T0101 M8;		换 1 号刀 外圆车刀		
N150	M03 S700;		设定主轴转速，正转		
N155	G0 X32.62 Z2. ;		快速定位		
N160	G1 G42 X22.62 F0.5;				
N165	Z1. F0.1;		点 16		
N170	G3 X22. Z−27.25 R18;		点 11		

零件名称		球头轴		零件图号		QTZ	数控系统	FANUC
N175	G1 G40 X25. ;							
N180	G40 X40. ;							
N185	G0 X150. Z150. ;				回换刀点			
		N4 ;				切3处径向槽		
N190	T0303 M8 ;				换3号刀,切槽刀2(a=3mm)			
N195	M03 S500 ;				设定主轴转速,正转			
N200	G0 X50. Z−45. ;				点12			
N205	G1 X40. F0.5 ;							
N210	G1 X28. F0.1 ;				点13			
N215	X50. F0.5 ;							
N220	Z−52. ;				点14			
N225	G1 X40. ;							
N230	G1 X28. F0.1 ;							
N235	X50. F0.5 ;							
N240	Z−59. ;				点15			
N245	G1 X40. ;							
N250	G1 X28. F0.1 ;							
N255	X50. F0.5 ;							
N260	G0 X150. Z150. ;				回换刀点			
		N5 ;				镗内孔		
N265	T0505 M8 ;				换5号刀 镗刀			
N270	M03 S600 ;				设定主轴转速,正转			
N275	G0 X17. Z50. ;				快速定位			
N280	G1 Z2. F1. ;							
N285	G41 X26. F0.2 ;							
N290	X20. Z−1. ;				点 c			
N295	Z−22. ;				点 d			
N300	G1 G40 X17. ;							
N305	G0 Z150. ;							
N310	X150. ;				换刀点			
N315	G28 U0 W0 M5 ;				返回参考点,主轴停			
N320	M30 ;				程序结束			
		掉头装夹,夹持 ϕ40 外圆						
		O0082 ;					主程序号		
		N1 ;					车左端外形		
N5	G97 G99 G40 G21 ;							
N10	T0101 M8 ;				换1号刀 外圆车刀			
N15	M03 S600 ;				设定主轴转速,正转			
N20	G0 X50. Z0 ;				快速定位			
N25	G1 X0 F0.2 ;				平端面保总长			
N30	G0 X46. Z1. ;				到循环起点			
N35	G71 U1.5 R0.5 ;				外圆切削循环			
N40	G71 P45 Q65 U0.4 W0.2 F0.2 ;							
N45	G42 X16. ;				点1			
N50	X19.8 Z−2. ;				点2			
N55	Z−28. ;				点3			
N60	X40. ;				点4			
N65	G40 X50. ;				去刀补			
N70	G70 P45 Q65							
N75	G0 X150. Z150. ;				回换刀点			
		N2 ;				切螺纹		
N80	T0404 M8 ;				换4号刀 螺纹刀			
N85	M03 S300 ;							

零件名称		球头轴	零件图号		QTZ	数控系统	FANUC
N90	G0 X22. Z3. ;				快速定位		
N95	G92 X19.1 Z−20. F2. ;				切螺纹　点 5—6		
N100	X18.5 ;						
N105	X17.9 ;						
N110	X17.5 ;						
N115	X17.4 ;						
N120	G0 X150. Z150. ;				回换刀点		
N125	G28 U0 W0 M5 ;				返回参考点,主轴停		
N130	M30 ;				程序结束		

零件 9:完成如图 6-21 所示带孔轴零件加工,毛坯为 $\phi45\times95$ 棒料,已预制 $\phi16$ 孔。

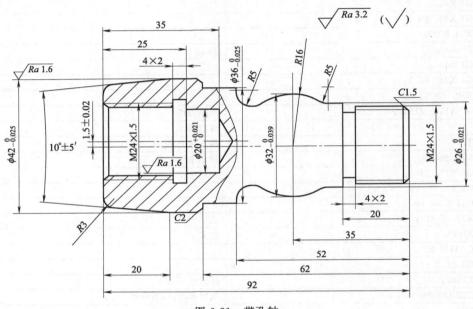

图 6-21　带孔轴

(1) 工艺分析

零件由精密圆柱面、型面、内孔表面、内外螺纹等表面组成,内孔与外圆表面偏心量为 1.5mm,零件的加工难度在于各精密表面的保证、偏心量的保证。零件毛坯为 $\phi45\times95$ 圆棒料,采用三爪夹盘三次装夹完成加工。刀具使用外圆车刀、外切槽刀($a=4$mm)、内切槽刀($a=4$mm)、内外螺纹刀、镗孔刀。

(2) 编写数控加工工序卡、刀具卡、程序卡

1) 数控加工工序卡(表 6-37)

表 6-37　数控加工工序卡　　编制人:　　　　　年　月　日

零件名称	带孔轴	零件图号	DKZ	数控系统	FANUC	工序号	
工步号	工步内容 (走刀路线)	G 功能	T 功能	转速 S /(r/min)	进给速度 F /(mm/r)	背吃刀量 a_p/mm	
1	车右端外形(含 $\phi42$ 外圆)	G71 G70	T0101	600	0.2粗、0.15精	1.5粗、0.2精	
2	加工中部型面	G02 G03	T0404	600	0.15		
3	切 4×2 退刀槽	G01	T0202	500	0.1		

续表

工步号	工步内容 （走刀路线）	G 功能	T 功能	转速 S /(r/min)	进给速度 F /(mm/r)	背吃刀量 a_p/mm
4	加工 M24×1.5 螺纹	G92	T0303	300	1.5	
掉头装夹，夹持 φ36 外圆、端面顶靠						
5	车左端外形	G01 G03	T0101	600	0.2 粗、0.15 精	1.5 粗、0.2 精
夹持 φ36 外圆、端面顶靠，找正偏心量 1.5						
6	镗内孔	G01	T0505	500	0.1	
7	切 4×2 退刀槽	G01	T0606	500	0.1	
8	加工 M24×1.5 螺纹	G92	T0808	300	1.5	

2）刀具卡（表 6-38）

表 6-38　刀具卡　　　　　　　　　编制人：　　　　　　年　月　日

零件名称		带孔轴	零件图号	DKZ	数控系统	FANUC
序号	刀具号	刀具名称 及规格	刀具材料	刀尖半径 R/mm	刀位点	加工表面
1	T0101	外圆车刀	硬质合金	0.2	刀尖	粗精车外形、 切中部型面
2	T0202	外切槽刀（a=4mm）	高速钢	0.2	刀尖	切空刀槽
3	T0303	外螺纹刀	硬质合金		刀尖	切螺纹
4	T0404	成形车刀 （a=5mm，r=2.5mm）	硬质合金	2.5		加工中部型面
5	T0505	镗孔刀	硬质合金	0.2	刀尖	镗孔
6	T0606	内切槽刀（a=4mm）	高速钢		刀尖	切空刀槽
7	T0707	内螺纹刀	硬质合金		刀尖	切内螺纹

3）基点坐标

图 6-22 所示为工步 1～4 基点坐标图，表 6-39 所示为工步 1～4 基点坐标表。

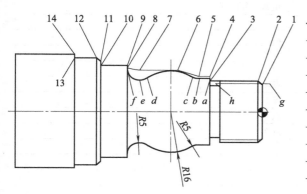

图 6-22　工步 1～4 基点坐标图

表 6-39　工步 1～4 基点坐标表

1(21,0)	12(42,−63.5)
2(24,−1.5)	13(42,−72.5)
3(24,−20)	14(45,−72.5)
4(28,−20)	a(26,−20)
5(28,−24.18)	b(26,−24.18)
6(33,−32.51)	c(27.42,−26.76)
7(33,−47)	d(26.26,−44.14)
8(34.46,−52)	e(24.46,−47)
9(36,−52)	f(34.46,−52)
10(36,−62)	g(22.05,3)
11(39,−62)	h(22.05,−18.)

图 6-23 所示为工步 5 基点坐标图，表 6-40 所示为工步 5 基点坐标表。

图 6-24 所示为工步 6～8 基点坐标图，表 6-41 所示为工步 6～8 基点坐标表。

表 6-40　工步 5 基点坐标表

1(33,0)	3(42.18,−21)
2(38.98,−2.74)	

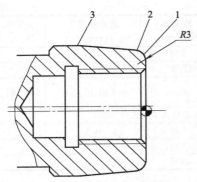

图 6-23　工步 5 基点坐标图

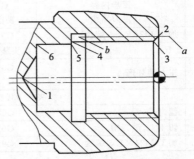

图 6-24　工步 6～8 基点坐标图

表 6-41　工步 6～8 基点坐标表

1(0, −39)	5(20, −25)
2(26.4, 1)	6(20, −35)
3(22.1, −1.5)	a(24, 3)
4(22.1, −25)	b(24, −26)

4) 程序卡（表 6-42）

表 6-42　程序卡　　　　　编制人：　　　　年　月　日

零件名称	带孔轴	零件图号	DKZ	数控系统	FANUC
	O0009;		主程序号		
	N1;		车右端外形(含 φ42 外圆)		
N5	G97 G99 G40 G21;				
N10	T0101 M8;		换 1 号刀 外圆车刀		
N15	M03 S600;		设定主轴转速，正转		
N20	G00 X47. Z2. ;		到循环起点		
N25	G71 U1.5 R0.5;		外圆切削循环		
N30	G71 P35 Q110 U0.4 W0.2 F0.2;				
N35	G0 G42 X0;		精加工程序开始		
N40	G1 Z0 F0.15;				
N45	X21. ;		点 1		
N50	X24. Z−1.5;		点 2		
N55	Z−20. ;		点 3		
N60	X28. ;		点 4		
N65	Z−24.18;		点 5		
N70	X33. Z−32.51;		点 6		
N75	Z−47. ;		点 7		
N80	X34.46 Z−52.		点 8		
N85	X36. ;		点 9		
N90	Z−62. ;		点 10		
N95	X39. ;		点 11		
N100	X42. Z−63.5;		点 12		
N105	Z−72.5;		点 13		
N110	X45. ;		点 14		
N115	G40 X47. ;		去除刀补		
N120	G70 P35 Q70;		精加工外形		
N125	G0 X150. Z150. ;		回换刀点		
	N2;		加工中部型面		
N130	T0412;		换 4 号刀，成形车刀($a=5mm, r=2.5mm$) 粗加工 12 号刀补值		

续表

	零件名称	带孔轴	零件图号	DKZ	数控系统	FANUC
N135	M3 S600					
N140	G0 X47. Z—47. ;			快速定位		
N145	G1 X33. F0.5;			点 7		
N150	X24.46 F0.1;			点 e 切槽去余量		
N155	G0 X33. ;					
N160	Z—15. ;					
N165	G1 G42 X26. F0.1;			点 a X 值,加刀补		
N170	Z—24.18;			点 b		
N175	G2 X27.42 Z—26.76 R5. ;			点 c		
N180	G3 X26.26 Z—44.14 R16. ;			点 d		
N185	G2 X34.46 Z—52. R5. ;			点 f		
N190	G1 X37. ;			退刀		
N195	G40 X45. ;			去刀补		
N200	Z—15. ;					
N205	T0404;			粗加工 2 号刀补值		
N210	G1 G42 X26. F0.1;					
N215	Z—24.18;					
N220	G2 X27.42 Z—26.76 R5. ;					
N225	G3 X26.26 Z—44.14 R16. ;					
N230	G2 X34.46 Z—52. R5. ;					
N235	G1 X37. ;					
N240	G40 X45. ;					
N245	G0 X150. Z150. ;			回换刀点		
	N3;			切空刀槽		
N250	T0202;			切槽刀($a=4$mm)		
N255	M3 S500;					
N260	G0 X35. Z—20. ;					
N265	G1 X28. F0.5;					
N270	X20. F0.1;					
N275	X35. F0.5;					
N280	G0 X150. Z150. ;			回换刀点		
	N4;			加工 M24×1.5 螺纹		
N285	T0303;			换 3 号刀 螺纹刀		
N290	M3 S300;					
N295	G0 X34. Z3. ;			快速定位		
N300	G1 X26. ;			切螺纹循环起点		
N305	G92 X23.2 Z—18. F1.5;			切螺纹 点 g~h		
N310	X22.6;					
N315	X22.2;					
N320	X22.05;					
N325	G0 X150. Z150. ;			回换刀点		
N330	G28 U0 W0 M5;			返回参考点,主轴停		
N335	M30;			程序结束		
	掉头装夹,夹持 ϕ36 外圆、端面顶靠					
	O0091;			主程序号		
N5	G97 G99 G40 G21;			车左端外形		
N10	T0101 M8;			换 1 号刀 外圆车刀		
N15	M03 S600;			设定主轴转速,正转		
N20	G00 X47. Z0;					
N25	G1 X15.5 F0.2;			平端面		

零件名称		带孔轴	零件图号	DKZ	数控系统	FANUC
N30	X43. ;					
N35	G1 Z—21. F0. 2;			去余量		
N40	G0 X45. Z2. ;					
N45	G1 G42 X33. ;					
N50	Z0 F0. 15;			点1		
N55	G3 X38. 98 Z—2. 74 R3. ;			点2		
N60	G1 X42. 18 Z—21. ;			点3		
N65	G40 X45. ;					
N70	G0 X150. Z150. ;			回换刀点		
N75	G28 U0 W0 M5;			返回参考点,主轴停		
N80	M30;			程序结束		
夹持 ϕ36 外圆、端面顶靠,找正偏心量1.5						
O0092;				主程序号		
N1;				镗内孔		
N5	T0505;			镗刀		
N10	M3 S500;					
N15	G00 X15. Z2. ;					
N20	G71 U1. 5 R0. 5;					
N25	G71 P30 Q60 U—0. 4 W0. 2 F0. 2;					
N30	G41 G00 X26. 4;					
N35	G01 Z1. F0. 1;			点2		
N40	X22. 1 Z—1. 5;			点3		
N45	Z—25. ;			点4		
N50	X20. ;			点5		
N55	Z—35. ;			点6		
N60	G40 X15. ;			去除刀补		
N65	G70 P30 Q60;			精加工		
N75	G0 X150. Z150. ;			回换刀点		
N2;				切空刀槽 4×2		
N80	T0606;			内切槽刀(a=4mm)		
N85	M3 S500;					
N90	G00 X18. Z5. ;					
N95	G1 Z—25. F 0. 5;					
N100	X26. F0. 1;					
N105	X18. ;					
N110	Z5. F0. 5;					
N115	G0 X150. Z150. ;			回换刀点		
N3;				加工 M24×1. 5 螺纹		
N120	T0808;			内螺纹刀		
N125	M3 S300;					
N130	G0 X21. Z3. ;					
N135	G92 X22. 85 Z—28. F1. 5;					
N140	X23. 45;					
N145	X23. 85;					
N150	X24. 0;					
N155	G0 X150. Z150. ;			回换刀点		
N160	G28 U0 W0 M5;			返回参考点,主轴停		
N165	M30;			程序结束		

零件 10：完成如图 6-25 所示空心轴零件加工。毛坯为 $\phi35\times55$ 圆棒料，预制 $\phi9$ 孔。

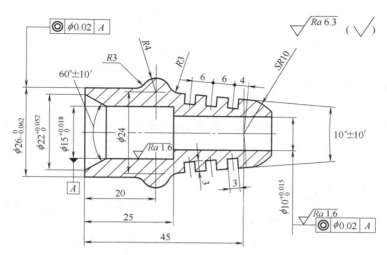

图 6-25　空心轴 1

(1) 工艺分析

零件由精密外圆、内孔、型面、槽等表面组成，且有较高位置精度要求，零件的加工难点在于加工工艺及装夹方法的确定。为保证型面各圆弧表面的光滑转接，采用外圆车刀粗车，成形刀（$a=5\text{mm}$，$r=2.5\text{mm}$）精车完成。三处径向槽加工时，宽度采取切槽刀（$a=3\text{mm}$）直接保证，切 3 处径向槽，刀具倾斜装夹（以 $10°$ 外锥面为基准对刀），进刀路径采取斜向进刀方式完成加工。零件毛坯采取 $\phi35\times55$ 圆棒料，预制 $\phi9$ 孔，采用三爪夹盘二次装夹完成加工。

(2) 编写数控加工工序卡、刀具卡、程序卡

1) 数控加工工序卡（表 6-43）

表 6-43　数控加工工序卡　　　编制人：　　　年　月　日

零件名称	空心轴		零件图号	KXZ	数控系统	FANUC	工序号	
工步号	工步内容 （走刀路线）		G 功能	T 功能	转速 S /(r/min)	进给速度 F /(mm/r)	背吃刀量 a_p/mm	
1	车左端外形，$\phi26$、$R3$、$R4$、$R3$		G01	T0101	600	0.2 粗、0.15 精	1.5 粗、0.2 精	
			G01、G02、 G03	T0202	600	0.15		
2	镗内孔		G71 G70	T0303	600	0.2 粗、0.15 精	1.5 粗、0.2 精	
掉头装夹，夹持 $\phi26$ 外圆、端面顶靠								
3	车右端外形		G71 G70	T0101	600	0.2 粗、0.15 精	1.5 粗、0.2 精	
4	切 3 处径向槽		G01	T0404	400	0.1		

2) 刀具卡（表 6-44）

表 6-44　刀具卡　　　编制人：　　　年　月　日

零件名称		空心轴	零件图号	KXZ	数控系统	FANUC
序号	刀具号	刀具名称 及规格	刀具材料	刀尖半径 R/mm	刀位点	加工表面
1	T0101	外圆车刀	硬质合金	0.2	刀尖	粗精车外形

续表

序号	刀具号	刀具名称 及规格	刀具材料	刀尖半径 R/mm	刀位点	加工表面
2	T0202	成形刀（$a=5$mm， $r=2.5$mm）	高速钢	2.5	刀尖	精车左端外形
3	T0303	镗孔刀	硬质合金	0.2		镗孔
4	T0404	切槽刀（$a=3$mm）	高速钢		右侧刀尖	切槽

3）基点坐标

图 6-26 所示为工步 1、2 基点坐标图，表 6-45 所示为工步 1、2 基点坐标表。

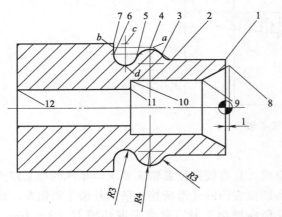

图 6-26　工步 1、2 基点坐标图

表 6-45　工步 1、2 基点坐标表

1(26,0)	9(15,−15.06)
2(26,−14.26)	10(15,−25)
3(28.68,−16.75)	11(10,−25)
4(32,−20)	12(10,−55)
5(27.06,−23.7)	a(33,−19)
6(29.34,−29.47)	b(33,−29.47)
7(35,−29.47)	c(35,−26.47)
8(23.16,1)	d(23.34,−26.47)

图 6-27 所示为工步 3、4 基点坐标图，表 6-46 所示为工步 3、4 基点坐标表。

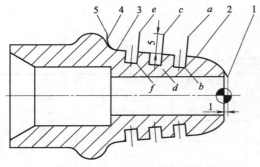

图 6-27　工步 3、4 基点坐标图

表 6-46　工步 3、4 基点坐标表

1(9.94,1)	b(14.38,−9.59)
2(19.92,−6.84)	c(31.36,−14.87)
3(23.36,−26.5)	d(15.42,−15.47)
4(28.34,−28.78)	e(32.42,−20.85)
5(32,−28.78)	f(16.48,−21.54)
a(30.32,−8.89)	

4）程序卡（表 6-47）

表 6-47　程序卡　　　编制人：　　　年　月　日

零件名称	空心轴	零件图号	KXZ	数控系统	FANUC
	O0010;			主程序号	
	N1;			粗车左端外形	
N5	G97 G99 G40 G21;				
N10	T0101 M8;		换 1 号刀 外圆车刀		
N15	M03 S600;		设定主轴转速，正转		
N20	G0 X36. Z0;				
N25	G1 X8. F0.2;		平端面		
N30	Z2. ;				

续表

零件名称		空心轴	零件图号	KXZ	数控系统	FANUC
N35	X33. ;					
N40	Z−29. ;			去余量		
N45	G0 X33.5 Z2. ;					
N50	G1 X26.5 F0.2 ;					
N55	Z−14. ;					
N60	X33. Z−19. ;					
N65	G0 X36. Z2. ;					
N70	G0 X150. Z150. ;			回换刀点		
	N2 ;			精车左端外形		
N75	T0212 M8 ;			成形刀($a=5mm, r=2.5mm$)粗切 12 号刀补		
N80	M03 S600 ;			设定主轴转速, 正转		
N85	G0 X45. Z−26.47 ;			快速定位		
N90	G1 X35. F0.5 ;			点 c		
N95	X23.34 F0.1 ;			点 d 切槽去余量		
N100	G0 X38. ;					
N105	X35. ;					
N110	Z4. ;					
N115	G1 G42 X26. F0.1 ;			点 1 X 值, 加刀补		
N120	Z−14.26 ;			点 2		
N125	G2 X28.68 Z−16.75 R3. ;			点 3		
N130	G3 X32. Z−20 R4. ;			点 4		
N135	G3 X27.06 Z−23.7 R4. ;			点 5		
N140	G2 X29.34 Z−29.47 R3. ;			点 6		
N145	G1 X35. ;			退刀		
N150	G40 X38. ;			去刀补		
N155	Z4. ;					
N160	T0202 ;			精加工 2 号刀补		
N165	G1 G42 X26. F0.1 ;			点 1 X 值, 加刀补		
N170	Z−14.26 ;			点 2		
N175	G2 X28.68 Z−16.75 R3. ;			点 3		
N180	G3 X32. Z−20 R4. ;			点 4		
N185	G3 X27.06 Z−23.7 R4. ;			点 5		
N190	G2 X29.34 Z−29.47 R3. ;			点 6		
N195	G1 X35. ;			退刀		
N200	G40 X38. ;			去刀补		
	N3 ;			镗内孔		
N205	T0303 M8 ;			镗刀		
N210	M3 S600 ;					
N215	G00 X8. Z2. ;					
N220	G71 U1.5 R0.5 ;					
N225	G71 P230 Q260 U−0.4 W0.2 F0.2 ;					
N230	G0 G41 X23.16 ;					
N235	G1 Z1. F0.1 ;			点 8		
N240	X15. Z−15.06 ;			点 9		
N245	Z−25 ;			点 10		
N250	X10. ;			点 11		
N255	Z−55. ;			点 12		
N260	G40 X8. ;			去除刀补		
N265	G70 P230 Q260 ;					
N270	G0 X150. Z150. ;			回换刀点		
N275	G28 U0 W0 M5 ;			返回参考点, 主轴停		
N280	M30 ;			程序结束		

零件名称	空心轴	零件图号	KXZ	数控系统	FANUC
掉头装夹，夹持φ26外圆、端面顶靠					
O0011；			主程序号		
N1；			车右端外形		
N5	G97 G99 G40 G21；				
N10	T0101 M8；		换1号刀外圆车刀		
N15	M03 S600；		设定主轴转速，正转		
N20	G00 X36. Z2.；		到循环起点		
N25	G71 U1.5 R0.5；		外圆切削循环		
N30	G71 P35 Q65 U0.4 W0.2 F0.2；				
N35	G0 G42 X8.；		精加工程序开始		
N40	G1 Z1. F0.15；				
N45	X9.94.；		点1		
N50	G3 X19.92 Z−6.84 R10.；		点2		
N55	G1 X23.36 Z−26.5；		点3		
N60	G2 X28.34 Z−28.78 R3.；		点4		
N65	G1 G40 X32. Z−28.78；		点5		
N70	G70 P35 Q65；		精加工外形		
N75	G0 X150. Z150.；		回换刀点		
N2；			切3处径向槽		
N80	T0404 M8；		换4号刀 切槽刀（$a=3mm$）		
N85	M03 S400；		设定主轴转速，正转		
N90	G00 X30.32 Z−8.89；		点a		
N95	G1 X14.38 Z−9.59 F0.1；		点b		
N100	X30.32 Z−8.89；		点a		
N105	X31.36 Z−14.87 F0.5；		点c		
N110	X15.42 Z−15.47 F0.1；		点d		
N115	X31.36 Z−14.87；		点c		
N120	X32.42 Z−20.85 F0.5；		点e		
N125	X16.48 Z−21.54 F0.1；		点f		
N130	X32.42 Z−20.85 F0.5；		点e		
N135	G0 X150. Z150.；		回换刀点		
N140	G28 U0 W0 M5；		返回参考点，主轴停		
N145	M30；		程序结束		

零件11：完成如图6-28所示空心轴零件加工。毛坯为台阶轴，并预制φ10孔，见图6-29。

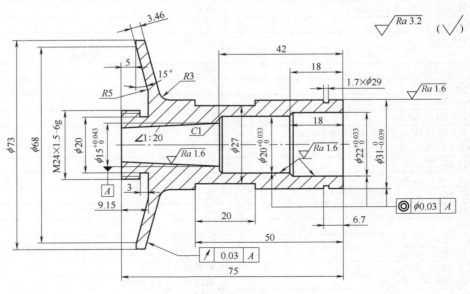

图6-28 空心轴2

(1) 工艺分析

零件由精密外圆、内孔、螺纹表面组成。零件的加工难点在于左端型面、螺纹的加工,加工时通过合理安排加工工艺、装夹,采用自制刀具完成加工。零件毛坯为 $\phi75\times25$、$\phi34\times52$ 台阶轴并预制 $\phi10$ 孔,如图 6-29 所示。刀具使用外圆车刀、切槽刀 1($a=1.7$mm)、切槽刀 2($a=5$mm)、镗孔刀、切槽刀(自制,$a=3$mm,切螺纹退刀槽、左端型面,无干涉)、螺纹刀(无干涉)。

(2) 编写数控加工工序卡、刀具卡、程序卡

1)数控加工工序卡(表 6-48)

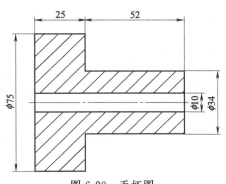

图 6-29 毛坯图

表 6-48 数控加工工序卡　　　编制人:　　　年　月　日

零件名称	空心轴	零件图号	KXZ	数控系统	FANUC	工序号
工步号	工步内容 (走刀路线)	G 功能	T 功能	转速 S /(r/min)	进给速度 F /(mm/r)	背吃刀量 a_p/mm
1	车右端外形,并去切径向槽 $20\times\phi27$ 余量	G01	T0101	600	0.2 粗、0.15 精	
2	切径向槽 $1.7\times\phi29$	G01	T0202	500	0.1	
3	切径向槽 $20\times\phi27$	G01	T0303	500	0.1	
4	镗内孔	G71 G70	T0404	600	0.2 粗、0.15 精	1.5 粗、0.2 精
掉头装夹,夹持 $\phi31$ 外圆						
5	平端面保总长 75,车左端口 余量	G01	T0101	600	0.2 粗、0.15 精	
6	切端面槽及螺纹退刀槽	G01 G03	T0505	500	0.1	
7	切螺纹	G92	T0606	300		1.5
8	车左端外形,保证尺寸 $3.46、15°、\phi31$	G71 G70	T0707	600	0.2 粗、0.15 精	

2)刀具卡(表 6-49)

表 6-49 刀具卡　　　编制人:　　　年　月　日

零件名称		空心轴	零件图号	KXZ	数控系统	FANUC
序号	刀具号	刀具名称 及规格	刀具材料	刀尖半径 R/mm	刀位点	加工表面
1	T0101	外圆车刀	硬质合金	0.2	刀尖	粗精车外形
2	T0202	切槽刀 1($a=1.7$mm)	高速钢		左刀尖	切 $1.7\times\phi29$ 槽
3	T0303	切槽刀 2($a=5$mm)	高速钢		左刀尖	切 $20\times\phi27$ 槽
4	T0404	镗孔刀	硬质合金	0.2		镗孔
5	T0505	自制切槽刀($a=3$mm)	高速钢		刀尖	切端面槽
6	T0606	螺纹刀	硬质合金	0.1	刀尖	切螺纹
7	T0707	外圆车刀(左偏刀)	硬质合金	0.2	刀尖	车左端外形,保证 尺寸 $3.46、15°、\phi31$

3)基点坐标

图 6-30 所示为工步 1~4 基点坐标图,表 6-50 所示为工步 1~4 基点坐标表。

图 6-31 为工步 5~8 基点坐标图,表 6-51 所示为工步 5~8 基点坐标表。

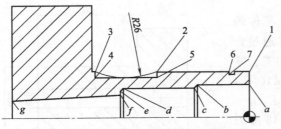

图 6-30　工步 1～4 基点坐标图

表 6-50　工步 1～4 基点坐标表

1(31,0)	a(22,0)
2(31,-30)	b(22,-17)
3(31,-50)	c(20,-18)
4(27,-50)	d(20,-41)
5(27,-30)	e(18,-42)
6(31,-6.7)	f(15.3,-42)
7(29,-6.7)	g(11.8,-77)

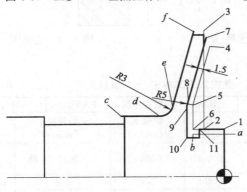

图 6-31　工步 5～8 基点坐标图

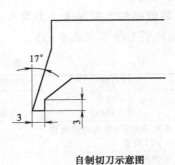

自制切刀示意图

表 6-51　工步 5～8 基点坐标表

1(24,0)	6(24,-7.65)	10(20,-9.15)	d(31,-15.84)
2(24,-5)	7(71.74,-4.5)	11(24,-6.15)	e(35.44,-12.94)
3(75,-5)	8(38.3,-8.98)	a(22.05,3)	f(75,-7.64)
4(67.21,-3.55)	9(35.7,-9.15)	b(22.05,-7.65)	
5(36.62,-7.65)		c(31,-26)	

4) 程序卡（表 6-52）

表 6-52　程序卡　　　　　编制人：　　　　　年　月　日

零件名称	空心轴	零件图号	KXZ	数控系统	FANUC
	O0011;		主程序号		
	N1;		车右端外形，并切去径向槽余量		
N5	G97 G99 G40 G21;				
N10	T0101 M8;		换 1 号刀，外圆车刀		
N15	M03 S600;		设定主轴转速，正转		
N20	G00 X35. Z2. ;		快速定位		
N25	G0 G42 X9.5;		粗加工程序开始		
N30	G1 Z0 F0.15;				
N35	X31.5;		点 1　X 向退 0.5mm		
N40	Z-30.5;		点 2　X 向退 0.5mm		
N45	G2 X31. 5 Z-50. R26. ;		点 3　X 向退 0.5mm		
N50	G1 G40 X35. ;				
N55	G0 Z2. ;		精加工		
N60	G42 X31. F0.15;		点 1		
N65	Z-30. ;		点 2		
N70	G2 X31. Z-50. R26. ;		点 3		
N75	G1 G40 X35. ;				
N80	G0 X150. Z150. ;		回换刀点		

续表

零件名称	空心轴	零件图号	KXZ	数控系统	FANUC
	N2；		切径向槽 1.7×ϕ29		
N85	T0202 M8；		换 2 号刀 切槽刀（$a=1.7\text{mm}$）		
N90	M03 S500；		设定主轴转速，正转		
N95	G0 X41. Z−6.7；				
N100	G1 X31. F0.2；		点 6		
N105	X29. F0.1；		点 7		
N110	X41. F0.2；		退刀		
N115	G0 X150. Z150.；		回换刀点		
	N3；		切径向槽 20×ϕ27		
N120	T0303 M8；		换 3 号刀，切槽刀（$a=5\text{mm}$）		
N125	M03 S500；		设定主轴转速，正转		
N130	G0 X41. Z−35.；				
N135	G1 X31. F0.2；		点 2		
N140	X27.1 F0.1；		点 5		
N145	X31.5 F0.2；				
N150	Z−50.；		点 3		
N155	X27. F0.1；		点 4		
N160	Z−35.；		点 2		
N165	X41. F0.2；		退刀		
N170	G0 X150. Z150.；		回换刀点		
	N4；		镗内孔		
N175	T0404 M8；		镗刀		
N180	M3 S600；				
N185	G00 X9.5 Z2.；				
N190	G71 U1.5 R0.5；				
N195	G71 P205 Q240 U−0.4 W0.2 F0.2；				
N200	G0 G41 X22.；		点 a		
N205	G1 Z−17. F0.1；		点 b		
N210	X20. Z−18.；		点 c		
N215	Z−41.；		点 d		
N220	X18. Z−42.；		点 e		
N225	X15.3；		点 f		
N230	X11.8 Z−77.；		点 g		
N235	G40 X9.5；		去除刀补		
N240	G70 P205 Q240；				
N245	G0 X150. Z150.；		回换刀点		
N250	G28 U0 W0 M5；		返回参考点，主轴停		
N255	M30；		程序结束		
	掉头装夹，夹持 ϕ31 外圆				
	O0012；		加工左端		
	N1；		平端面保总长 75，去左端口余量		
N5	G97 G99 G40 G21；				
N10	T0101 M8；		换 1 号刀，外圆车刀		
N15	M03 S600；		设定主轴转速，正转		
N20	G0 X75. Z2.；		快速定位		
N25	X74.；				
N30	Z−10. F0.2；				
N35	G0 X75. Z2.；				
N40	X73.；				
N45	Z−10. F0.2；				

零件名称	空心轴	零件图号	KXZ	数控系统	FANUC
N50	G0 X75. Z2. ;				
N55	G1 Z−2.5 F0.2；				
N60	X24.5；				
N65	G0 X75. Z2. ;				
N70	G1 Z−4.5 F0.2；				
N75	X24.5；				
N80	X26. ；				
N85	Z1. ；				
N90	X23.8；	点1			
N95	Z−5. ；	点2			
N100	X75. ；	点3			
N105	G0 X150. Z150. ；	回换刀点			
	N2；	切端面槽及螺纹退刀槽			
N110	T0505 M8；	自制切槽刀			
N115	M03 S500；				
N120	G0 X75. Z−3.55；				
N125	G1 X67.21 F0.1；	点4			
N130	X36.62 Z−7.65；	点5			
N135	X24. ；	点6			
N140	Z−4.5；				
N145	X71.74 Z−4.5；	点7			
N150	X38.3 Z−8.98；	点8			
N155	G3 X35.7 Z−9.15 R5. ；	点9			
N160	G1 X20. ；	点10			
N165	X24. ；	点11			
N170	Z2. ；				
N175	G0 X150. Z150. ；	回换刀点			
	N3；	切螺纹			
N180	T0606；	换6号刀，螺纹刀			
N185	M3 S300；				
N190	G0 X34. Z3. ；	快速定位			
N195	G1 X26. ；	切螺纹循环起点			
N200	G92 X23.2 Z−7.65 F1.5；	切螺纹　点a-b			
N205	X22.6；				
N210	X22.2；				
N215	X22.05；				
N220	G0 X150. Z150. ；	回换刀点			
	N4；	车左端外形，保证3.46、15°、φ31			
N225	T0707；	换7号刀，外圆车刀（左偏刀）			
N230	M3 S600；	设定主轴转速，正转			
N235	G00 X76. Z−28. ；	到循环起点			
N240	G71 U1.5 R0.5；	外圆切削循环			
N245	G71 P35 Q65 U0.4 W−0.2 F0.2；				
N250	G0 G42 X31. ；	点c			
N255	G1 Z−15.84 F0.1；	点d			
N260	G3 X35.44 Z−12.94 R3. ；	点e			
N265	G1 X75. Z−7.64；	点f			
N270	G1 G40 X76. ；				
N275	G70 P35 Q65；	精加工外形			
N280	G0 X150. Z150. ；	回换刀点			
N285	G28 U0 W0 M5；	返回参考点，主轴停			
N290	M30；	程序结束			

零件 12 ：完成如图 6-32 所示长轴零件的加工。毛坯为 φ60×170 圆棒料。

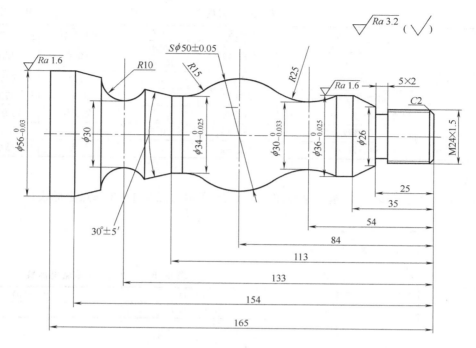

图 6-32　长轴

(1) 工艺分析

零件由精密外圆、型面、螺纹表面组成。零件的加工难点在于装夹、型面的加工。零件毛坯为 φ60×170 圆棒料，采用三爪夹盘二次装夹完成。刀具使用外圆车刀、切槽刀（a＝5mm）、切槽刀（a＝10mm，r＝5mm）、中心钻（A2.5）、螺纹刀。

(2) 编写数控加工工序卡、刀具卡、程序卡

1）数控加工工序卡（表 6-53）

表 6-53　数控加工工序卡　　　编制人：　　　　　年　月　日

零件名称	长轴		零件图号	CZ	数控系统	FANUC	工序号	
工步号	工步内容 （走刀路线）		G 功能	T 功能	转速 S /(r/min)	进给速度 F /(mm/r)	背吃刀量 a_p/mm	
夹持工件（伸出长度 85）								
1	平端面、车左端 φ56×30 外圆		G01	T0101	600	0.2 粗、0.15 精		
工件掉头夹持 φ56 外圆								
2	平端面保总长		G01	T0101	600	0.2		
3	打中心孔		G01	T0505	500			
夹持 φ56 外圆，一夹一顶装夹								
4	车右端外形，保证圆锥、螺 纹外圆表面至尺寸		G71 G70	T0101	600	0.2 粗、0.15 精		
5	粗车去外形（不含 R10 型 槽）余量		G71	T0101	600	0.2 粗、0.15 精		
6	车外形（不含 R10 型槽）		G73 G70	T0101	600	0.2 粗、0.15 精		
7	切螺纹退刀槽		G01	T0202	500	0.1		
8	加工 M24×1.5 螺纹		G01	T0404	300	1.5		
9	切 R10 型槽		G02	T0303	500	0.1		

2）刀具卡（表 6-54）

表 6-54 刀具卡 编制人： 年 月 日

零件名称		长轴	零件图号	CZ	数控系统	FANUC
序号	刀具号	刀具名称及规格	刀具材料	刀尖半径 R/mm	刀位点	加工表面
1	T0101	外圆车刀	硬质合金	0.1	刀尖	粗精车外形
2	T0202	切槽刀（$a=5mm$）	高速钢		刀尖	切退刀槽
3	T0303	切槽刀（$a=10mm,r=5mm$）	高速钢		左刀尖	切 $R10$ 型槽
4	T0404	螺纹刀	硬质合金	0.2		切螺纹
5	T0505	中心钻（A2.5）	高速钢		刀尖	钻中心孔

3）基点坐标

图 6-33 所示为工步 1～3 基点坐标图，表 6-55 所示为工步 1～3 基点坐标表。

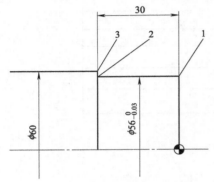

图 6-33 工步 1～3 基点坐标图

表 6-55 工步 1～3 基点坐标表

1(56,0)	3(60,−30)
2(56,−30)	

图 6-34 所示为工步 4～9 基点坐标图，表 6-56 所示为工步 4～9 基点坐标表。

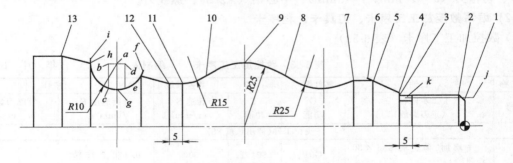

图 6-34 工步 4～9 基点坐标图

表 6-56 工步 4～9 基点坐标表

1(20,0)	7(36,−42.13)	13(56.26,−154.55)	f(44.98,−123.32)
2(24,−2)	8(40,−69)	a(50,−133)	g(30,−133)
3(24,−25)	9(50,−84)	b(50,−136)	h(50,−143)
4(26,−25)	10(40,−99)	c(32.4,−136)	i(54,−143)
5(36,−35)	11(34,−108)	d(50,−130)	j(22.05,3)
6(38,−37)	12(34,−113)	e(32.4,−130)	k(22.05,−22.5)

4）程序卡（表 6-57）

表6-57 程序卡　　　　　　编制人：　　　　年　月　日

零件名称	长轴	零件图号	CZ	数控系统	FANUC

工步1~3程序略(也可在普车上完成)

夹持 φ56 外圆，一夹一顶装夹

	O0011；	主程序号
	N1；	车右端外形,保证圆锥、螺纹外圆表面至尺寸
N5	G97 G99 G40 G21；	
N10	T0101 M8；	换1号刀,外圆车刀
N15	M03 S600；	设定主轴转速,正转
N20	G00 X61. Z2. ；	到循环起点
N25	G71 U1. 5 R0. 5；	外圆切削循环
N30	G71 P35 Q75 U0. 4 W0. 2 F0. 2；	
N35	G0 G42 X0；	
N40	G1 Z0 F0. 15；	
N45	X20. ；	点1
N50	G1 X23. 8 Z−2. ；	点2
N55	Z−25. ；	点3
N60	X26. ；	点4
N65	X38. Z−37. ；	点6
N70	X40. ；	退刀
N75	G40 X46. ；	去除刀补
N80	G70 P35 Q90；	精加工外轮廓
	N2；	粗车去外形(不含R10型槽)余量
N85	G0 X61. Z−33. ；	到循环起点
N90	G71 U1. 5 R0. 5；	
N95	G71 P100 Q120 U0. 4 W0. 2 F0. 2；	
N100	G1 X36. F0. 2；	点5
N105	X36. Z−42. 13；	点7
N110	X40. Z−69. ；	点8
N115	G3 X50. Z−84. R25. ；	点9
N120	G1 X56. 26 Z−154. 55；	点13
	N3；	车外形(不含R10型槽)
N125	M3 S600；	
N130	G0 X61. Z−33. ；	到循环起点
N135	G73 U4. W1. R4；	
N140	G73 P145 Q185 U0. 4 W0. 2 F0. 2；	
N145	G1 G42 X36. F0. 15；	点5
N150	X36. Z−42. 13；	点7
N155	G2 X40. Z−69. R25. ；	点8
N160	G3 X50. Z−84. R25. ；	点9
N165	G3 X40. Z−99. R25. ；	点10
N170	G2 X34. Z−108. R15. ；	点11
N175	G1 Z−113. ；	点12
N180	X56. 26 Z−154. 55；	点13
N185	G40 X61. ；	去刀补
N190	G70 P145 Q185；	精车
N195	G0 X150. Z150. ；	回换刀点
	N4；	切退刀槽
N200	T0202；	切槽刀(a=5mm)
N205	M3 S500；	
N210	G0 X36. Z−20. ；	
N215	G1 X26. F0. 5；	点4
N220	X20. F0. 1；	
N225	X36. F0. 5；	
N230	G0 X150. Z150. ；	回换刀点

零件名称	长轴	零件图号	CZ	数控系统	FANUC
	N5；		加工 M24×1.5 螺纹		
N235	T0404；		换 4 号刀，螺纹刀		
N240	M3 S300				
N245	G0 X34. Z3. ；		快速定位		
N250	G1 X26. ；		切螺纹循环起点		
N255	G92 X23. 2 Z−22.5 F1.5；		切螺纹，点 j-k		
N260	X22. 6；				
N265	X22. 2；				
N270	X22. 05；				
N275	G0 X150. Z150. ；		回换刀点		
	N6；		切 $R10$ 型槽		
N280	T0303；		切槽刀（$a=10$mm，$r=5$mm）		
N285	M3 S500；				
N290	G0 X60. Z−133. ；				
N295	G1 X50. Z−133. F0.1；		点 a		
N300	X30. 5；		点 g　X 值＋0.5mm		
N305	X50. ；		点 a		
N310	Z−136. ；		点 b		
N315	X32. 4；		点 c		
N320	X50. ；		点 b		
N325	Z−130. ；		点 d		
N330	X32. 4；		点 e		
N335	X50. ；		点 d		
N340	Z−133. ；		点 d		
N345	G42 X45. 98 Z−123. 32；		点 f　X 值＋1mm		
N350	G2 X31. 5 Z−133. R10. ；		点 g　X 值＋1mm		
N355	G2 X51. Z−143. R10. ；		点 h　X 值＋1mm		
N360	G1 X54. ；		点 i　X 值＋1mm		
N365	G40 Z−133. ；		去刀补		
N370	G42 X44. 98 Z−123. 32；		点 f		
N375	G2 X30. 5 Z−133. R10. ；		点 g		
N380	G2 X50. Z−143. R10. ；		点 h		
N385	G1 X54. ；		点 i		
N390	G40 Z−133. ；		去刀补		
N395	G0 X150. ；				
N400	Z150. ；		回换刀点		
N405	G28 U0 W0 M5；		返回参考点，主轴停		
N410	M30；		程序结束		

6.2　盘、套类零件加工

零件 1：完成如图 6-35 所示连接盘零件的加工。毛坯为 $\phi115×55$ 圆棒料，已预制 $\phi20$ 孔。

(1) 工艺分析

零件由精密外圆、内孔、螺纹等表面组成。加工难点在于零件的装夹、加工步骤的确定。为保证内孔端口 $R10$ 表面的光滑转接，编程时采取圆弧切入、切出完成加工。零件毛坯为 $\phi115×55$ 圆棒料，已预制 $\phi20$ 孔。采用三爪夹盘二次装夹完成。刀具使用外圆车刀、端面槽

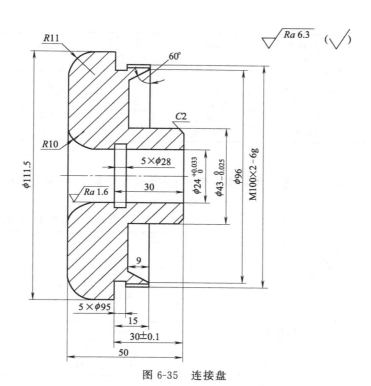

图 6-35 连接盘

刀（$a=5\mathrm{mm}$）、切槽刀（$a=5\mathrm{mm}$）、螺纹刀、内切槽刀（$a=5\mathrm{mm}$）、镗孔刀。

（2）编写数控加工工序卡、刀具卡、程序卡

1）数控加工工序卡（表 6-58）

表 6-58 数控加工工序卡   编制人：   年 月 日

零件名称	连接盘	零件图号	LJP	数控系统	FANUC	工序号	
工步号	工步内容 （走刀路线）	G 功能	T 功能	转速 S /(r/min)	进给速度 F /(mm/r)	背吃刀量 a_p/mm	
夹持工件(伸出长度33)							
1	车右端外形，$\phi43$ 留余量 0.2mm，M100×2-6g 外圆至尺寸	G71 G70	T0101	600	0.2粗、0.15精		
2	切端面槽	G01	T0202	500	0.1		
3	切退刀槽	G01	T0303	500	0.1		
4	切螺纹	G92	T0404	400	1.5		
5	镗孔	G01	T0606	600	0.1		
6	切内槽 5×$\phi28$	G01	T0505	500	0.1		
工件调头装夹 $\phi43$ 表面							
7	车左端外形	G01	T0101	600	0.2		
8	镗端口 R10	G03	T0606	600	0.1		

2）刀具卡（表 6-59）

表 6-59 刀具卡   编制人：   年 月 日

零件名称		连接盘	零件图号	LJP	数控系统	FANUC
序号	刀具号	刀具名称 及规格	刀具材料	刀尖半径 R/mm	刀位点	加工表面
1	T0101	外圆车刀	硬质合金	0.1	刀尖	粗精车外形

续表

序号	刀具号	刀具名称 及规格	刀具材料	刀尖半径 R/mm	刀位点	加工表面
2	T0202	端面槽刀($a=5$mm)	高速钢		前刀尖	切端面槽
3	T0303	切槽刀($a=5$mm)	高速钢		左刀尖	切退刀槽
4	T0404	螺纹刀	硬质合金	0.2	刀尖	切螺纹
5	T0505	内切槽刀($a=5$mm)	高速钢		左刀尖	切内槽
6	T0606	镗孔刀	硬质合金	0.2	刀尖	镗孔

3）基点坐标

图 6-36 所示为工步 1～6 基点坐标图，表 6-60 所示为工步 1～6 基点坐标表。

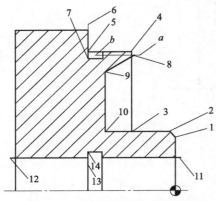

图 6-36　工步 1～6 基点坐标图

表 6-60　工步 1～6 基点坐标表

1(39,0)	9(85.6,−24)
2(43,−2)	10(43,−24)
3(43,−15)	11(24,2)
4(100,−15)	12(24,−57)
5(100,−30)	13(20,−30)
6(116,−30)	14(28,−30)
7(95,−30)	a(97.4,−12)
8(97.16,−14)	b(97.4,−27.5)

图 6-37 所示为工步 7、8 基点坐标图，表 6-61 所示为工步 7、8 基点坐标表。

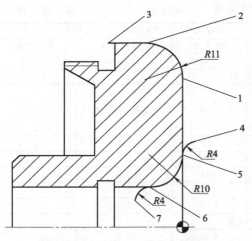

图 6-37　工步 7、8 基点坐标图

表 6-61　工步 7、8 基点坐标表

1(89.5,0)	5(44,0)
2(111.5,−11)	6(24,−10)
3(111.5,−22)	7(16,−14)
4(52,4)	

4）程序卡（表 6-62）

表 6-62　程序卡　　　　编制人：　　　　　年　月　日

零件名称	连接盘	零件图号	LJP	数控系统	FANUC
		夹持 ϕ115 外圆,伸出长度 33			
	O0001;		主程序号		
	N1;		车右端外形,ϕ43 留余量 0.2mm,螺纹外圆至尺寸		

零件名称		连接盘	零件图号	LJP	数控系统	FANUC
N5	G97 G99 G40 G21;					
N10	T0101 M8;			换1号刀 外圆车刀		
N15	M03 S600;			设定主轴转速,正转		
N20	G00 X116. Z2.;			到循环起点		
N25	G71 U1.5 R0.5;			外圆切削循环		
N30	G71 P35 Q75 U0.4 W0.2 F0.2;					
N35	G0 G42 X19.5;					
N40	G1 Z0 F0.15;					
N45	X39.;			点1		
N50	G1 X43.2 Z−2.;			点2		
N55	Z−15.;			点3		
N60	X99.8;			点4		
N65	Z−30.;			点5		
N70	X115.;			退刀		
N75	G40 X116.;			点6,去除刀补		
N80	G70 P35 Q90;			精加工外轮廓		
N85	G0 X150. Z150.;			回换刀点		
	N2;			切端面槽		
N90	T0202 M8;			换2号刀,端面槽刀($a=5$mm)		
N95	M03 S500;					
N100	G0 X43.2 Z5.;			快速定位		
N105	G1 Z−23.95 F0.1;			点10 去余量		
N110	Z−14.9 F0.3;			点3 退刀		
N115	X53.;			定位		
N120	G1 Z−23.95 F0.1;			去余量		
N125	Z−14.9 F0.3;			退刀		
N130	X62.8;			定位		
N135	G1 Z−23.95 F0.1;			去余量		
N140	Z−14.9 F0.3;			退刀		
N145	X72.4;			定位		
N150	G1 Z−23.95 F0.1;			去余量		
N155	Z−14.9 F0.3;			退刀		
N160	X78.;			定位		
N165	Z−21.8 F0.1;			去余量		
N170	Z−14. F0.3;			退刀		
N175	X87.16 Z−14.;			点8		
N180	X75.6 Z−24. F0.1;			点9		
N185	X43.05;			点10 精车槽底		
N190	Z0;			退刀		
N195	X43.;			定位		
N200	Z−24.01;			点10 精车$\phi43$		
N205	X45. Z0 F0.5;			退刀		
N210	G0 X150. Z150.;			回换刀点		
	N3;			切退刀槽		
N215	T0303 M8;			换3号刀,切槽刀($a=5$mm)		
N220	M3 S500;					
N225	G0 X129. Z−30.;			快速定位		
N230	G1 X116. F0.5;			点6		
N235	X95. F0.1;			点7		
N240	X116. F0.5;					
N245	G0 X150. Z150.;			回换刀点		

零件名称	连接盘	零件图号	LJP	数控系统	FANUC
	N4；		切螺纹		
N250	T0404 M8；		换 4 号刀，螺纹刀		
N255	M03 S400；				
N260	G0 X102. Z3.；		快速定位		
N265	G92 X99.1 Z—27.5 F2.；		切螺纹　点 5—6		
N270	X98.5；				
N275	X97.9；				
N280	X97.5；				
N285	X97.4；				
N290	G0 X150. Z150.；		回换刀点		
	N5；		镗孔		
N295	T0606；		换 6 号刀，镗刀		
N300	M3 S600；				
N305	G0 X19.5. Z2.；		快速定位		
N310	G1 X23. F0.15；				
N315	Z—57.；				
N320	G0 X22. Z2.；		退刀		
N325	G1 X24. F0.15；		点 11		
N330	Z—57.；		点 12		
N335	G0 X22. Z2.；		退刀		
N340	G0 X150. Z150.；		回换刀点		
	N6；		切内槽 5×φ28		
N345	T0505；		换 5 号刀，内切槽刀($a=5$mm)		
N350	M3 S500；				
N355	G0 X20. Z5.；		快速定位		
N360	G1 Z—30. F1.；		点 13		
N365	X28. F0.1；		点 14		
N370	X20.；		退刀		
N375	G0 Z150.；				
N380	X150.；		回换刀点		
N385	G28 U0 W0 M5；		返回参考点，主轴停		
N390	M30；		程序结束		

工件掉头装夹 φ43 表面

	O0051；		主程序号		
	N1；		车左端外形		
N5	T0101；		换 1 号刀，外圆车刀		
N10	M3 S600；				
N15	G0 X115. Z6.；		到循环起点		
N20	G71 U1.5 R0.5；				
N25	G71 P30 Q55 U0.4 W0.2 F0.2；				
N30	G1 G42 X23.5 F0.1；				
N35	Z0；				
N40	X89.5；		点 1		
N45	G3 X111.5 Z—11. R11.；		点 2		
N50	G1 Z—22.；		点 3		
N55	G40 X115.；				
N60	G70 P95 Q120；				
N65	G0 X150. Z150.；		回换刀点		

续表

零件名称		连接盘	零件图号	LJP	数控系统	FANUC
	N2;			镗端口 *R*10		
N70	T0606;			换 6 号刀,镗刀		
N75	M3 S600;					
N80	G0 X19. 5. Z2. ;			快速定位		
N85	G71 U1. 5 R0. 5;					
N90	G71 P95 Q115 U0. 4 W0. 2 F0. 2;					
N95	G41 X52. ;			点 4		
N100	G3 X44. Z0 R4. ;			点 5		
N105	G2 X24. Z−10. R10. ;			点 6		
N110	G3 X16. Z−14. R4. ;			点 7		
N115	G40 X15. ;					
N120	G0 X150. Z150. ;			回换刀点		
N125	G28 U0 W0 M5;			返回参考点,主轴停		
N130	M30;			程序结束		

零件 2:加工如图 6-38 所示轴套零件加工,毛坯为 ϕ70×66 圆棒料,已预制 ϕ20 孔。

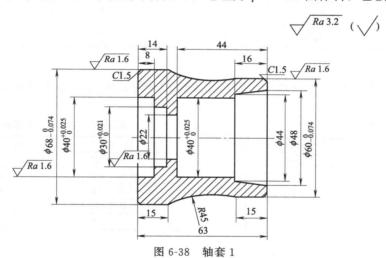

图 6-38　轴套 1

(1) 工艺分析

　　零件由内外精密表面组成。此零件的加工难点在于工件的装夹、加工步骤的确定。零件毛坯为 ϕ70×66 圆棒料(预制 ϕ20 孔),采用三爪夹盘三次装夹完成加工。刀具使用外圆车刀、镗孔刀。

(2) 编写数控加工工序卡、刀具卡、程序卡

1)数控加工工序卡 (表 6-63)

表 6-63　数控加工工序卡　　编制人:　　　　年　月　日

零件名称	轴套	零件图号	ZT	数控系统	FANUC	工序号
工步号	工步内容 (走刀路线)	G 功能	T 功能	转速 S /(r/min)	进给速度 F /(mm/r)	背吃刀量 a_p/mm
		夹持工件,伸出长度38mm				
1	车右端 ϕ60×36 外圆	G01	T0101	600	0.15	
2	加工右端内腔	G71 G70	T0202	600	0.2粗、0.15精	

续表

工步号	工步内容 （走刀路线）	G 功能	T 功能	转速 S /(r/min)	进给速度 F /(mm/r)	背吃刀量 a_p/mm
	工件掉头装夹 $\phi60$ 外圆、端面顶靠					
3	平端面保证总长 63、车左端 外形 $\phi68$ 外圆	G01	T0101	600	0.15	
4	加工左端内腔	G71 G70	T0202	600	0.2 粗、0.15 精	
	工件掉头装夹 $\phi68$ 外圆					
5	加工 $R45$ 凹圆弧	G01	T0101	600	0.1	

2）刀具卡（表 6-64）

表 6-64　刀具卡　　　　　编制人：　　　　年　月　日

零件名称		轴套	零件图号	ZT	数控系统	FANUC
序号	刀具号	刀具名称 及规格	刀具材料	刀尖半径 R/mm	刀位点	加工表面
1	T0101	外圆车刀	硬质合金	0.2	刀尖	粗精车外形
2	T0202	镗孔刀	硬质合金	0.2	刀尖	镗孔

3）基点坐标

图 6-39 所示为工步 1、2 基点坐标图，表 6-65 所示为工步 1、2 基点坐标表。

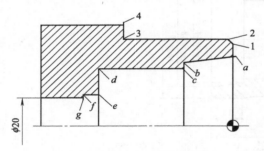

图 6-39　工步 1、2 基点坐标图

表 6-65　工步 1、2 基点坐标表

1（57,0）	c（40,−16）
2（60,−1.5）	d（40,−44）
3（60,−36）	e（22,−44）
4（72,−36）	f（22,−49）
a（48.24,1）	g（18,−49）
b（44,−16）	

图 6-40 所示为工步 3、4 基点坐标图，表 6-66 所示为工步 3、4 基点坐标表。

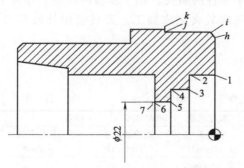

图 6-40　工步 3、4 基点坐标图

表 6-66　工步 3、4 基点坐标表

h（65,0）	3（30,−8）
i（68,−1.5）	4（30,−14）
j（68,−16）	5（22,−14）
k（72,−16）	6（22,−20）
1（40,0）	7（20,−20）
2（40,−8）	

图 6-41 所示为工步 5 基点坐标图，表 6-67 所示为工步 5 基点坐标表。

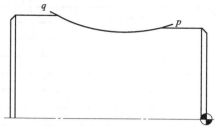

图 6-41 工步 5 基点坐标图

表 6-67 工步 5 基点坐标表

$p(62,-11.72)$	$q(70,-49.74)$

4) 程序卡 (表 6-68)

表 6-68 程序卡 编制人: 年 月 日

零件名称		轴套	零件图号		ZT	数控系统	FANUC
夹持工件,伸出长度38mm							
O0002;				主程序号			
N1;				车右端 $\phi60\times36$ 外圆			
N5	G97 G99 G40 G21;						
N10	T0101 M8;			换 1 号刀 外圆车刀			
N15	M03 S600;			设定主轴转速,正转			
N20	G00 X72. Z2.;			快速定位			
N25	G71 U1.5 R0.5;						
N30	G71 P35 Q60 U0.4 W0.2 F0.2;						
N35	G1 G42 X19.5 F0.1;						
N40	Z0;						
N45	G1 X57. F0.15;			点 1			
N50	X60 Z-1.5;			点 2			
N55	G1 Z-36.;			点 3			
N60	G40 X72.;			点 4			
N65	G70 P35 Q60;						
N70	G0 X150. Z150.;			回换刀点			
N2;				加工右端内孔			
N75	T0202 M8;			换 2 号刀,镗孔刀			
N80	M03 S600;			设定主轴转速,正转			
N85	G0 X18. Z1.;			快速定位			
N90	G71 U1.5 R0.5;						
N95	G71 P100 Q130 U-0.4 W0 F0.15;						
N100	G1 G41 X48.24 F0.1;			点 a			
N105	X44. Z-16.;			点 b			
N110	X40.;			点 c			
N115	Z-44.;			点 d			
N120	X22.;			点 e			
N125	Z-49.;			点 f			
N130	G40 X18.;			点 g			
N135	G70 P100 Q130;			精车			
N140	G0 X150. Z150.;			回换刀点			
工件掉头装夹 $\phi60$ 外圆、端面顶靠							
O0021;				主程序号			
N1;				平端面保证总长 63、车左端外形 $\phi68$ 外圆			
N5	T0101 M8;			换 1 号刀 外圆车刀			
N10	M03 S600;			设定主轴转速,正转			
N15	G0 X72 Z2.;			快速定位			

零件名称		轴套	零件图号	ZT	数控系统	FANUC
N20	X68. 5. ；					
N25	G1 Z−16. F0. 1；					
N30	G0 X69. Z 0. 2；					
N35	X19. 5；					
N40	Z0；					
N45	X65. ；		点 h			
N50	X68. Z−1. 5；		点 i			
N55	Z−16. ；		点 j			
N60	X72. ；		点 k			
N65	G0 X150. Z150. ；		回换刀点			
	N2；			加工左端内孔		
N70	T0202 M8 S600；		换 2 号刀，镗孔刀			
N75	G0 X18. Z1. ；		快速定位			
N80	G71 U1. 5 R0. 5；					
N85	G71 P90 Q120 U−0. 4 W0 F0. 15；					
N90	G1 G41 X40. F0. 1；		点 1			
N95	Z−8. ；		点 2			
N100	X30. ；		点 3			
N105	Z−14. ；		点 4			
N110	X22. ；		点 5			
N115	Z−20. ；		点 6			
N120	G40 X20. ；		点 7			
N125	G70 P90 Q120；		精车			
N130	G0 X150. Z150. ；		回换刀点			
N135	G28 U0 W0 M5；		返回参考点，主轴停			
N140	M30；		程序结束			
			工件掉头装夹 φ68 外圆			
	O0022；			主程序号		
	N1；			加工 R45 凹圆弧		
N5	T0101 M8；		换 1 号刀 外圆车刀			
N10	M03 S600；		设定主轴转速，正转			
N15	G0 X65. Z−11. 72；		快速定位，点 p 的 Z 坐标值			
N20	G1 X64. ；					
N25	G3 X72. Z−49. 74 R45. F0. 15；		点 q 的 Z 坐标值			
N30	G1 X65. Z−11. 72 F0. 5；					
N35	G1 X63. ；					
N40	G3 X71. Z−49. 74 R45. F0. 15；					
N45	G1 X65. Z−11. 72 F0. 5；					
N50	G1 X62. ；		点 p			
N55	G3 X70. Z−49. 74 R45. F0. 15；		点 q			
N60	G0 X150. Z150. ；		回换刀点			
N65	G28 U0 W0 M5；		返回参考点，主轴停			
N70	M30；		程序结束			

零件 3：完成如图 6-42 所示轴套零件加工。毛坯为 $\phi80\times78$ 圆棒料，已预制 $\phi14$ 通孔。

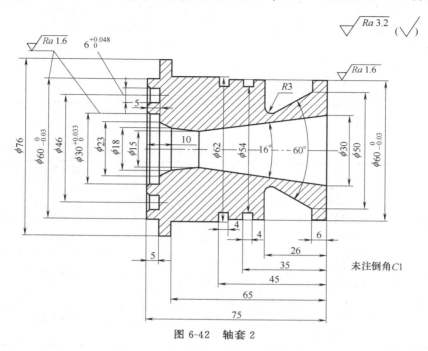

图 6-42　轴套 2

(1) 工艺分析

零件由内外复杂型腔表面组成。内腔主要由内锥孔、圆柱孔组成；外型由台阶圆、圆周槽、端面槽以及右侧较深的锥度凹槽组成。此零件的加工难点在于工件的装夹、加工步骤的确定和右侧较深的锥度凹槽的加工。零件毛坯为 $\phi80\times78$ 圆棒料，已预制 $\phi14$ 通孔。零件采用三爪夹盘二次装夹完成加工。刀具使用外圆车刀、镗孔刀、端面槽刀（$a=4mm$）、切槽刀 1（$a=4mm$）、切槽刀 2（$a=3mm$）、切槽刀 3（$a=3mm$，应磨出偏角，避免刀具与径向槽 $R3$ 圆弧面、$60°$ 锥面干涉）。

(2) 编写数控加工工序卡、刀具卡、程序卡

1) 数控加工工序卡（表 6-69）

表 6-69　数控加工工序卡　　编制人：　　　　年　月　日

零件名称	轴套	零件图号	ZT	数控系统	FANUC	工序号	
工步号	工步内容 （走刀路线）	G 功能	T 功能	转速 S /(r/min)	进给速度 F /(mm/r)	背吃刀量 a_p/mm	
夹持 $\phi80$ 外圆，伸出长度 58mm							
1	车外圆 $\phi62.2\times56$（留余量 0.2），$\phi60\times45$ 至尺寸	G01	T0101	600	0.15		
2	切两处径向槽（$4\times\phi54$）	G01	T0303	500	0.1		
3	粗切 20 宽、槽底 $R3$ 的径向槽，槽右侧及 $60°$ 锥面至尺寸	G72 G70	T0404 T0414	500	粗 0.2、精 0.15		
4	精加工槽左侧及 $R3$ 至尺寸	G01 G02	T0606	500	0.1		
5	加工 $16°$ 内锥孔	G71 G70	T0808	600	粗 0.2、精 0.15		
工件掉头装夹 $\phi60\times45$ 外圆							
6	车左端 $\phi60\times5$、$\phi76\times15$ 外形	G71 G70	T0101	600	粗 0.2、精 0.15		

续表

工步号	工步内容 （走刀路线）	G 功能	T 功能	转速 S /(r/min)	进给速度 F /(mm/r)	背吃刀量 a_p/mm
7	加工左端内腔	G71 G70	T0808	600	粗 0.2、精 0.15	
8	切端面槽	G01	T0707	500	0.1	
9	车外圆 $\phi62$ 至尺寸	G01	T0303	500	0.1	

2）刀具卡（表 6-70）

表 6-70　刀具卡　　　　　编制人：　　　　　年　月　日

零件名称		轴套	零件图号	ZT	数控系统	FANUC
序号	刀具号	刀具名称 及规格	刀具材料	刀尖半径 R/mm	刀位点	加工表面
1	T0101	外圆车刀	硬质合金	0.2	刀尖	粗精车外形
2	T0303	切槽刀 1（a＝4mm）	高速钢		左刀尖	切径向槽两处 （4×$\phi54$）
3	T0404	切槽刀 2（a＝3mm）	高速钢		左刀尖	切型槽
4	T0414	切槽刀 2（a＝3mm）	高速钢		右刀尖	切型槽
5	T0606	切槽刀 3（a＝3mm 偏刀）	高速钢		左刀尖	切型槽
6	T0707	端面槽刀（a＝4mm）	高速钢		外侧刀尖	切端面槽
7	T0808	镗孔刀	硬质合金	0.2	刀尖	镗孔

3）基点坐标

图 6-43 所示为工步 3 基点坐标图，表 6-71 所示为工步 3 基点坐标表。

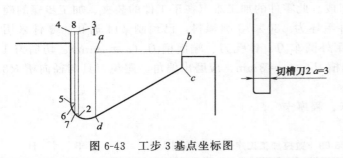

图 6-43　工步 3 基点坐标图

表 6-71　工步 3 基点坐标表	
1（64，−24.5）	7（33.4，−25.2）
2（32.2，−24.5）	8（64，−25.2）
3（64，−24.5）	a（56，−21.6）
4（64，−25.9）	b（56，−6）
5（37.3，−25.9）	c（50，−6）
6（37.3，−25.2）	d（32.1，−21.6）

图 6-44 所示为工步 4 基点坐标图，表 6-72 所示为工步 4 基点坐标表。

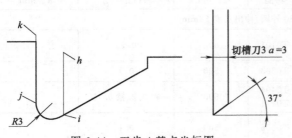

图 6-44　工步 4 基点坐标图

表 6-72　工步 4 基点坐标表	
h（56，−21）	j（37.3，−26）
i（32.82，−21）	k（62，−26）

图 6-45 所示为工步 5 基点坐标图，表 6-73 所示为工步 5 基本坐标表。

图 6-46 为工步 7、8 基点坐标图，表 6-74 所示为工步 7、8 基本坐标表。

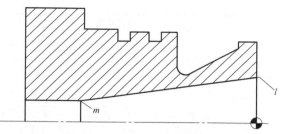

图 6-45　工步 5 基点坐标图

表 6-73　工步 5 基本坐标表

$l(30.28,1)$	$m(14,-56.92)$

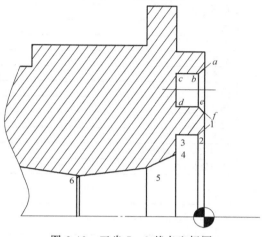

图 6-46　工步 7、8 基点坐标图

表 6-74　工步 7、8 基点坐标表

$1(34,1)$	$a(56,1)$
$2(30,-1)$	$b(52,-1)$
$3(30,-5)$	$c(52,-5)$
$4(23,-5)$	$d(40,-5)$
$5(18,-10)$	$e(40,-1)$
$6(14.88,-22.13)$	$f(36,1)$

4）程序卡（表 6-75）

表 6-75　程序卡　　　　　　　　编制人：　　　　年　月　日

零件名称		轴套	零件图号	ZT	数控系统	FANUC
			夹持 $\phi80$ 外圆，伸出长度 58mm			
	O0002；			主程序号		
	N1；			车台阶圆 $\phi62.2\times56$、$\phi60\times45$ 至尺寸		
N5	G97 G99 G40 G21；					
N10	T0101 M8；			换 1 号刀 外圆车刀		
N15	M03 S600；			设定主轴转速，正转		
N20	G00 X82. Z2. ；			到循环起点		
N25	G71 U1.5 R0.5；			外圆切削循环		
N30	G71 P35 Q65 U0.4 W0.2 F0.1 F0.2；					
N35	G0 X13.5；					
N40	G1 Z0 F0.15；					
N45	X60. ；					
N50	G1 Z-45. ；					
N55	X62.2；					
N60	Z-56. ；					
N65	X82. ；					
N70	G70 P35 Q65；			精加工外轮廓		
N75	G0 X150. Z150. ；			回换刀点		
	N2；			切两处径向槽（$4\times\phi54$）		
N80	T0303 M8；			换 3 号刀，切槽刀 1（$a=4mm$）		
N85	M03 S500；					
N90	G0 X65. Z-35. ；					
N95	G1 X54. F0.1；					

零件名称	轴套	零件图号	ZT	数控系统	FANUC
N100	X65.;				
N105	Z-45.;				
N110	G1 X54. F0.1;				
N115	X65.;				
N120	G0 X150. Z150.;		回换刀点		
	N3;		粗切20宽、槽底R3的径向槽,槽右侧及60°锥面至尺寸		
N125	T0404 M8;		换4号刀,切槽刀2(a=3mm),左刀尖对刀,刀补号04		
N130	M03 S500;				
N135	G0 X74. Z-24.5;		快速定位		
N140	G1 X64. F0.2;		点1		
N145	X32.2 F0.1;		点2		
N150	X64.;		点3		
N155	Z-25.9;		点4		
N160	X37.3;		点5		
N165	Z-25.2;		点6		
N170	X33.4;		点7		
N175	X64.;		点8		
N180	T0414;		右刀尖对刀,刀补号14		
N185	G1 X56. Z-21.6 F0.5;		快速定位,点a		
N190	G72 W2. R0.2;				
N195	G72 P200 Q215 U0.4 W-0.2 F0.2;				
N200	G1 Z-6. F0.15;		点b		
N205	X50.;		点c		
N210	X32.1 Z-21.6;		点d		
N215	Z-21.8;		退刀		
N220	G70 P200 Q215;		精车		
N225	G0 X150. Z150.;				
	N4;		精加工槽左侧及R3至尺寸		
N230	T0606;		切槽刀3(a=3mm 偏刀)		
N235	M03 S500;				
N240	G0 Z-21.;				
N245	X56.;		点h		
N250	G1 X34.82 F0.1;				
N255	M98 P20022;				
N260	G0 X150.;				
N265	Z150.;				
	N5;		加工16°内锥孔		
N270	T0808 M8;		换8号刀,镗孔刀		
N275	M03 S600;				
N280	G0 X13.5 Z1.;		快速定位		
N285	G71 U1.5 R0.5;				
N290	G71 P295 Q305 U-0.4 W0 F0.2;				
N295	G1 G41 X30.28 F0.15;		点L		
N300	X14. Z-56.92;		点M		
N305	G40 X13.5;				
N310	G70 P295 Q305;				
N315	G0 X150. Z150.;		回换刀点		
N320	G28 U0 W0 M5;		返回参考点,主轴停		
N325	M30;		程序结束		

续表

零件名称	轴套	零件图号	ZT	数控系统	FANUC

工件掉头装夹 $\phi60\times45$ 外圆

O0021；			主程序号		
	N1；		车左端 $\phi60\times5$、$\phi76\times15$ 外形		
N5	G97 G99 G40 G21；				
N10	T0101 M8；		换1号刀 外圆车刀		
N15	M03 S600；		设定主轴转速，正转		
N20	G00 X82. Z2. ；		到循环起点		
N25	Z0；				
N30	X13. 5 F0. 15；				
N35	G0 X82. Z2. ；				
N40	G71 U1. 5 R0. 5；		外圆切削循环		
N45	G71 P50 Q70 U0. 4 W0. 2 F0. 2；				
N50	G1 G42 X60. F0. 15；				
N55	Z−5. ；				
N60	X76. ；				
N65	G1 Z−20. ；				
N70	G40 X82. ；				
N75	G70 P50 Q70. ；				
N80	G0 X150. Z150. ；		回换刀点		
	N2；		加工左端内腔		
N85	T0808 M8；		换8号刀，镗孔刀		
N90	M03 S600；				
N95	G0 X13. 5 Z1. ；		快速定位		
N100	G71 U1. 5 R0. 5；				
N105	G71 P110 Q140 U−0. 4 W0 F0. 2；				
N110	G1 G41 X34. F0. 15；		点1		
N115	X30. Z−1. ；		点2		
N120	Z−5. ；		点3		
N125	X23. ；		点4		
N130	X18. Z−10. ；		点5		
N135	X14. 88 Z−22. 13；		点6		
N140	G40 X13. 5；				
N145	G70 P110 Q140；				
N150	G0 X150. Z150. ；		回换刀点		
	N3；		切端面槽		
N155	T0707；		端面槽刀（$a=4$mm），以外侧刀尖对刀		
N160	M3 S500；				
N165	G0 X40. 2 Z5. ；				
N170	G1 Z−4. 9 F0. 05；				
N175	Z1. ；				
N180	X48. ；		点a		
N185	X44. Z−1. ；		点b		
N190	Z−4. 9；		点c		
N195	X41. ；				
N200	Z1. ；				
N205	X36. ；		点f		
N210	X40. Z−1. ；		点e		
N215	Z−5. ；		点d		
N220	X44. ；		点c		
N225	Z5. ；				

续表

零件名称		轴套	零件图号		ZT	数控系统	FANUC
N230	G0 X150. Z150. ;						
		N4 ;					
N235	T0404 M8 ;				车 φ62 至尺寸		
N240	M03 S500 ;						
N245	G0 X92. Z−20.2 ;						
N250	G1 X82. F0.5 ;						
N255	X62.05 F0.1 ;						
N260	X82. F0.5 ;						
N265	Z−17.5 F0.1 ;						
N270	X62.05 ;						
N275	X82. F0.5 ;						
N280	Z−14.6 F0.1 ;						
N285	X62.05 ;						
N290	X82. F0.5 ;						
N295	Z−13. F0.1 ;						
N300	X62 ;						
N305	Z−20.2 ;						
N310	X82. F0.5 ;						
N315	G0 X150. Z150. ;						
N320	G28 U0 W0 M5 ;				返回参考点, 主轴停		
N325	M30 ;				程序结束		
		O0022 ;			子程序 精加工 20 宽槽左侧及 R3 至尺寸		
N5	G1 U−1. F0.1 ;				点 i		
N10	G2 U4.48 W−5 R3. ;				点 j		
N15	G1 U24.7 ;				点 k		
N20	W5. ;						
N25	U−28.18 ;				点 l		
N30	M99 ;						

零件 4：完成如图 6-47 所示偏心轴套零件的加工，毛坯为 φ75×73 圆棒料（已预制 φ17 孔）。

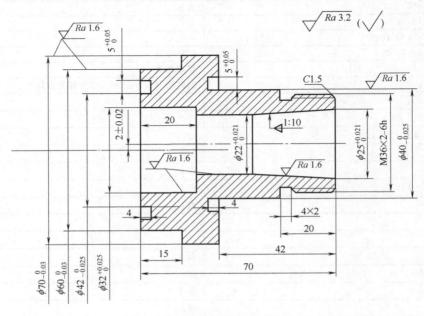

图 6-47　偏心轴套

(1) 工艺分析

零件由内外复杂精密表面组成，右端外形、内孔与左端外形、内孔偏心量为 2mm。此零件的加工难点在于工件的装夹、加工步骤的确定和端面槽的加工。零件毛坯为 $\phi75\times73$ 圆棒料（已预制 $\phi17$ 孔），采用三爪夹盘、四爪夹盘二次装夹完成加工。刀具使用外圆车刀、切槽刀（$a=4$mm）、螺纹刀、端面槽刀（$a=4$mm）、镗孔刀。

(2) 编写数控加工工序卡、刀具卡、程序卡

1）数控加工工序卡（表 6-76）

表 6-76　数控加工工序卡　　　编制人：　　　　年　月　日

零件名称	偏心轴套	零件图号	PXZT	数控系统	FANUC	工序号	
工步号	工步内容 （走刀路线）	G 功能	T 功能	转速 S /(r/min)	进给速度 F /(mm/r)	背吃刀量 a_p/mm	
	夹持工件，伸出长度32mm						
1	车左端外形	G71 G70	T0101 外圆车刀	600	0.15		
2	镗 $\phi32$ 孔	G71 G70	T0505	600	粗 0.2、精 0.15		
3	切 5mm 宽端面槽	G01	T0404	500	0.1		
	工件掉头四爪装夹 $\phi60$ 外圆、端面顶靠，找正偏心 2mm						
4	平端面保证总长 70、车右端 外形，$\phi40$ 车至 $\phi40.1$	G71 G70	T0101	600	粗 0.2、精 0.15		
5	切 4×2 退刀槽	G01	T0202	500	0.1		
6	切 5mm 宽端面槽	G01	T0404	500	0.1		
7	加工 M36×2 螺纹	G92	T0303	300	2		
8	镗右端孔	G71 G70	T0505	600	粗 0.2、精 0.15		

2）刀具卡（表 6-77）

表 6-77　刀具卡　　　编制人：　　　　年　月　日

零件名称		偏心轴套	零件图号	PXZT	数控系统	FANUC
序号	刀具号	刀具名称 及规格	刀具材料	刀尖半径 R/mm	刀位点	加工表面
1	T0101	外圆车刀	硬质合金	0.2	刀尖	粗精车外形
2	T0202	切槽刀（$a=4$mm）	高速钢		左刀尖	4×2 退刀槽
3	T0303	螺纹刀	硬质合金		刀尖	切螺纹
4	T0404	端面槽刀（$a=4$mm）	高速钢		前刀尖	切端面槽
5	T0505	镗孔刀	硬质合金	0.2	刀尖	镗孔

3）基点坐标

图 6-48 所示为工步 1～3 基点坐标图，表 6-78 所示为工步 1～3 基点坐标表。

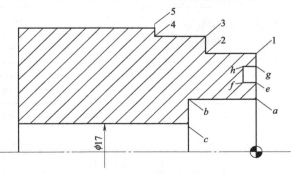

图 6-48　工步 1～3 基点坐标图

表 6-78　工步 1～3 基点坐标表

1(60,0)	b(32,−20)
2(60,−15)	c(16.5,−20)
3(70,−15)	e(42,0)
4(70,−30)	f(42,−4)
5(76,−30)	g(52,0)
a(32,0)	h(52,−4)

图 6-49 所示为工步 4～8 基点坐标图，表 6-79 所示为工步 4～8 基点坐标表。

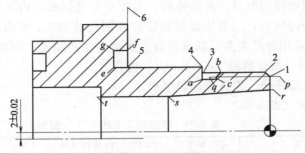

图 6-49　工步 4～8 基点坐标图

表 6-79　工步 4～8 基点坐标表

1(33,0)	a(32,−20)	p(33.4,3)
2(36,−1.5)	b(36,−14.5)	q(33.4,−18)
3(36,−20)	c(33,−16)	r(25.1,1)
4(40,−20)	e(40,−46)	s(22,−30)
5(40,−42)	f(50,−42)	t(22,−51)
6(76,−42)	g(50,−46)	

4）程序卡（表 6-80）

表 6-80　程序卡　　　　　　　　编制人：　　　　年　月　日

零件名称	偏心轴套	零件图号	PXZT	数控系统	FANUC
	夹持 φ80 外圆，伸出长度 58mm				
	O0004;			主程序号	
	N1;			车左端外形	
N5	G97 G99 G40 G21;				
N10	T0101 M8;		换 1 号刀 外圆车刀		
N15	M03 S600 ;		设定主轴转速，正转		
N20	G00 X76 . Z2. ;		到循环起点		
N25	G71 U1.5 R0.5 ;		外圆切削循环		
N30	G71 P35 Q65 U0.4 W0.2 F0.2;				
N35	G0 X16.5;				
N40	G1 Z0 F0.15;				
N45	X60. ;		点 1		
N50	G1 Z−15. ;		点 2		
N55	X70. ;		点 3		
N60	Z−30. ;		点 4		
N65	X76. ;		点 5		
N70	G70 P35 Q65;		精加工外轮廓		
N75	G0 X150. Z150. ;		回换刀点		
	N2;			镗 φ54 孔	
N80	T0505 M8;		换 5 号刀，镗孔刀		
N85	M03 S600 ;		设定主轴转速，正转		
N90	G0 X16.5 Z1. ;		快速定位		
N95	G71 U1.5 R0.5;				
N100	G71 P105 Q115 U−0.4 W0 F0.15;				
N105	G1 G41 X32. F0.1;		点 a		
N110	Z−20. ;		点 b		
N115	G40 X16.5;		点 c		
N120	G70 P105 Q115;				
N125	G0 X150. Z150. ;		回换刀点		
	N3;			切 5mm 宽端面槽	
N130	T0404 M8;		换 4 号刀，端面槽刀(a=4mm)		

零件名称	偏心轴套	零件图号	PXZT	数控系统	FANUC
N135	M03 S500 ;				
N140	G0 X43.9 Z5. ;		快速定位 点 g		
N145	G1 Z−3.95 F0.1 ;		点 h		
N150	Z1. F0.1 ;		退刀		
N155	X42. ;		点 e		
N160	Z−4. ;		点 f		
N165	X44. ;		点 h		
N170	Z1. ;		点 g		
N175	G0 X150. Z150. ;				
N180	G28 U0 W0 M5 ;		返回参考点，主轴停		
N185	M30 ;		程序结束		

工件掉头四爪装夹 φ60 外圆、端面顶靠，找正偏心 2mm	
O0041 ;	主程序序号
N1 ;	平端面保证总长 70、车右端外形，φ40 车至 φ40.1
N5	G97 G99 G40 G21 ;	
N10	T0101 M8 ;	换 1 号刀 外圆车刀
N15	M03 S600 ;	设定主轴转速，正转
N20	G00 X76. Z2. ;	到循环起点
N25	G1 Z0 F0.15 ;	
N30	X16.5 ;	
N35	G00 X76. Z2. ;	
N40	G71 U1.5 R0.5 ;	外圆切削循环
N45	G71 P50 Q85 U0.4 W0.2 F0.2 ;	
N50	G0 G42 X16.5 ;	
N55	G1 Z0 F0.15 ;	
N60	X33. ;	点 1
N65	X36. Z−1.5 ;	点 2
N70	Z−20. ;	点 3
N75	X40.1 ;	点 4 留余量 0.1
N80	Z−42. ;	点 5
N85	G40 X76. ;	点 6
N90	G70 P50 Q85 ;	精加工外轮廓
N95	G0 X150. Z150. ;	回换刀点
N2 ;	切 4×2 退刀槽
N100	T0202 M8 ;	换 2 号刀，切槽刀(a=4mm)
N105	M03 S500 ;	设定主轴转速，正转
N110	G00 X50. Z−20. ;	快速定位
N115	G1 X40. F0.2 ;	点 4
N120	X32.05 F0.1 ;	点 a
N125	X40. ;	点 4
N130	X36. Z−18.5 ;	点 b
N135	X33. Z−20. ;	点 c
N140	X32. ;	点 a
N145	X40. ;	
N150	G0 X150. Z150. ;	回换刀点
N3 ;	切 5mm 宽端面槽
N155	T0404 M8 ;	换 4 号刀，端面槽刀(a=4mm)
N160	M03 S500 ;	
N165	G0 X41.9. Z−32. ;	快速定位
N170	G1 Z−45.95 F0.1 ;	点 g
N175	Z1−19. F0.1 ;	退刀
N180	X40. ;	点 4
N185	Z−46. ;	点 e
N190	X42. ;	点 g
N195	Z−42. ;	点 f
N200	G0Z1. ;	退刀
N205	G0 X150. Z150. ;	回换刀点

续表

零件名称	偏心轴套	零件图号	PXZT	数控系统	FANUC
	N4；			加工 M36×2 螺纹	
N210	T0303 M8；		换3号刀，螺纹刀		
N215	M03 S300；				
N220	G0 X38. Z3.；		快速定位		
N225	G92 X35.1 Z−18. F2.；		切螺纹 点 p−q		
N230	X34.5；				
N235	X33.9；				
N240	X33.5；				
N245	X33.4；		点 q		
N250	G0 X150. Z150.；		回换刀点		
	N5；			镗右端孔	
N255	T0505 M8；		换5号刀，镗孔刀		
N260	M3 S600；				
N265	G0 X15. Z1.；		快速定位		
N270	G71 U1.5 R0.5；				
N275	G71 P280 Q295 U−0.4 W0 F0.2；				
N280	G1 G41 X25.1 F0.15；		点 r		
N285	G1 X22. Z−30.；		点 s		
N290	Z−51.；		点 t		
N295	G40 X15.；				
N300	G70 P280 Q295；				
N305	G0 X150. Z150.；		回换刀点		
N310	G28 U0 W0 M5；		返回参考点，主轴停		
N315	M30；		程序结束		

零件 5：完成如图 6-50 所示套类零件加工，毛坯为 ϕ65 圆棒料。

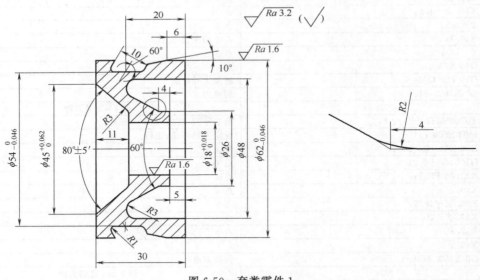

图 6-50 套类零件 1

(1) 工艺分析

零件由复杂精密表面组成，零件的加工难点在于加工步骤的确定和端面型槽、径向型槽的加工。零件毛坯为 ϕ65 圆棒料，采用三爪夹盘二次装夹完成加工。刀具使用 ϕ17 钻头、外圆车刀、切槽刀（自制）、镗孔刀、端面槽刀（$a=4$mm）、端面槽刀（$a=4$mm，$r=2$mm）、切断刀（$a=4$mm）。

(2) 编写数控加工工序卡、刀具卡、程序卡

1）数控加工工序卡（表 6-81）

表 6-81 数控加工工序卡　　　　　　　编制人：　　　　年　月　日

零件名称	套类零件	零件图号	TLLJ	数控系统	FANUC	工序号
工步号	工步内容（走刀路线）	G 功能	T 功能	转速 $S/(r/min)$	进给速度 $F/(mm/r)$	背吃刀量 a_p/mm
夹持工件，伸出长度 38mm						
1	钻孔 $\phi17\times40$	G74	T0707	500	0.15	
2	平端面、车外圆 $\phi62\times35$	G01	T0101	600	0.15	
3	切径向槽含 10°锥面	G01 G02	T0202	500	0.1	
4	镗孔 $\phi18\times20$、$\phi47\times5$	G71 G70	T0404	600	0.2/0.15	
5	切端面槽，保证 $\phi26$、$R2$、60°型面至尺寸	G71 G70	T0505	500	0.1	
6	切端面槽保证 $\phi48$、$R3$	G01 G03	T0606	500	0.1	
7	切断保总长 30.2	G75	T0303	400	0.1	
工件掉头装夹 $\phi62$ 外圆						
8	平端面保证总长 30	G01	T0101	600	0.15	
9	镗左端 60°内锥孔	G71 G70	T0404	600	0.2/0.15	

2）刀具卡（表 6-82）

表 6-82　刀具卡　　　　　　　编制人：　　　　年　月　日

零件名称		套类零件	零件图号	TLLJ	数控系统	FANUC
序号	刀具号	刀具名称及规格	刀具材料	刀尖半径 R/mm	刀位点	加工表面
1	T0101	外圆车刀	硬质合金	0.2	刀尖	粗精车外形
2	T0202 T0212	切槽刀（自制）	高速钢	0.6	左刀尖/右刀尖	切径向槽含 10°锥面
3	T0303	切断刀（$a=4mm$）	高速钢		左刀尖	切断
4	T0404	镗孔刀	硬质合金	0.2	刀尖	镗孔
5	T0505	端面槽刀（$a=4mm$）	高速钢		前侧刀尖	切端面槽，保证 $\phi26$、$R2$、60°型面至尺寸
6	T0606	端面槽刀（$a=4mm$，$r=2mm$）	高速钢		$r=2$ 刀心	切端面槽，保证 $\phi48$、$R3$
7	T0707	$\phi17$ 钻头	高速钢		刀尖	钻孔

3）基点坐标

图 6-51 所示为工步 3、4 基点坐标图，表 6-83 所示为工步 3、4 基点坐标表。

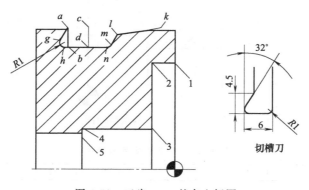

图 6-51　工步 3、4 基点坐标图

表 6-83　工步 3、4 基点坐标表

1(47,0)	a(63，−23.18)	h(54，−24.04)
2(47，−5)	b(54，−23.18)	k(63，−3.16)
3(18，−5)	c(63，−19.94)	l(59.68，−12.59)
4(18，−20)	d(54，−19.94)	m(55，−13.94)
5(16.5，−20)	g(57，−24.9)	n(54，−14.8)

图 6-52 所示为工步 5、6 基点坐标图，表 6-84 所示为工步 5、6 基点坐标表。

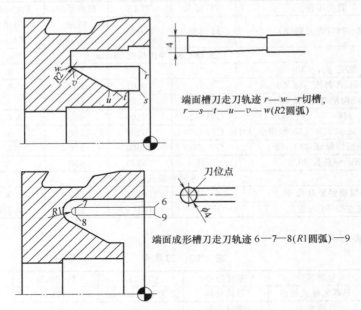

端面槽刀走刀轨迹 r—w—r 切槽，r—s—t—u—v— w(R2圆弧)

刀位点

端面成形槽刀走刀轨迹 6—7—8(R1圆弧)—9

图 6-52　工步 5、6 基点坐标图

表 6-84　工步 5、6 基点坐标表

6(44,2.5)	8(40,−16.86)	r(38,−2.5)	t(26,−8.2)	v(36.8,−18.36)
7(44,−16.86)	9(40,2.5)	s(26,−2.5)	u(26.8,−9.7)	w(38,−19)

图 6-53 所示为工步 9 基点坐标图，表 6-85 所示为工步 9 基点坐标表。

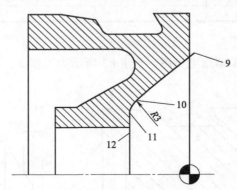

图 6-53　工步 9 基点坐标图

表 6-85　工步 9 基点坐标表

9(46.68,1)	10(28.34,−9.93)	11(23.74,−11)	12(16,−11)

4）程序卡（表 6-86）

表 6-86　程序卡　　　编制人：　　　年　月　日

零件名称		套类零件	零件图号	TLLJ	数控系统	FANUC
夹持 ϕ65 外圆,伸出长度 38mm						
		O0005;			主程序号	
		N1;			钻 ϕ17 孔	
N5		G97 G99 G40 G21;				

零件名称	套类零件	零件图号	TLLJ	数控系统	FANUC
N10	T0707 M8;		换 7 号刀 φ17 钻头		
N15	M03 S500 ;		设定主轴转速,正转		
N20	G0 X0;		到循环起点		
N25	Z20. ;		外圆切削循环		
N30	G1 Z5. F0. 5;				
N35	G74 R0. 5;				
N40	G74 Z−40. Q8000 F0. 15;				
N45	G00 Z150. ;				
N50	X150. ;				
	N2;		平端面、车外圆 φ62×35		
N55	T0101 M8;		换 1 号刀 外圆车刀		
N60	M03 S600 ;		设定主轴转速,正转		
N65	G0 X66. Z5. ;				
N70	Z0;				
N75	X15. 5F0. 15;				
N80	G1 X62. 5 Z1. F0. 5;				
N85	G1 Z−35. F0. 15;				
N90	G0 X63. Z1. ;				
N95	G1 X62. ;				
N100	Z−35. ;				
N105	G0 X150. Z150. ;		回换刀点		
	N3;		切径向槽含 10°锥面		
N110	T0202 M8;		换 2 号刀,切槽刀(自制)		
N115	M03 S500 ;		设定主轴转速,正转		
N120	G0 X73. Z−23. 18;		快速定位		
N125	G1 X63. F0. 3;		点 a		
N130	X54. 1 F0. 1;		点 b		
N135	X63. ;		点 a		
N140	Z−19. 94;		点 c		
N145	X54. 1;		点 d		
N150	X68. ;				
N155	T0212;				
N160	G1 G42 Z−3. 16 F0. 2;		刀补值,R 输入值为 0.95		
N165	X63. F0. 1;		点 k		
N170	X59. 68 Z−12. 59;		点 l		
N175	X55. Z−13. 94;		点 m		
N180	G2 X54. 02 Z−14. 8 R1. ;		点 n		
N185	G1 G40 X63. ;				
N190	T0202;				
N195	G41 X63. Z−23. 18;		点 a 刀补值,R 输入值为 0.95		
N200	G1 X57. Z−24. 9;		点 g		
N205	G3 X54. Z−24. 04 R1. ;		点 h		
N210	G1 G40 Z−23. ;				
N215	Z−19. 8;		点 nZ 值+1mm		
N220	G0 X150;				
N225	Z150. ;		回换刀点		
	N4;		镗孔 φ18×20 、φ47×5		
N230	T0404 M8;		换 4 号刀,镗孔刀		
N235	M3 S600;				
N240	G0 X16. 5 Z1. ;		快速定位		
N245	G71 U1. 5 R0. 5;				

续表

零件名称	套类零件	零件图号	TLLJ	数控系统	FANUC
N250	G71 P265 Q290 U−0.4 W0 F0.2;				
N255	G1 G41 X47. F0.15;		点 1		
N260	G1 Z−5.;		点 2		
N265	X18.;		点 3		
N270	Z−20.;		点 4		
N275	G40 X16.5;		点 5		
N280	G70 P265 Q290;				
N285	G0 X150. Z150.;				
	N5;		切端面槽,保证 ϕ26、R2、60°型面至尺寸		
N290	T0505 M8;		换 5 号刀,端面槽刀($a=4$mm)		
N295	M3 S500;				
N300	G0 X38. Z−5.;		快速定位		
N305	Z−2.5;		点 r		
N310	Z−19. F0.1;		点 w		
N315	Z−2.5 F0.5;		点 r		
N320	G71 U1.5 R0.5;				
N325	G71 P340 Q360 U0.4 W0 F0.2;				
N330	G1 X26. F0.15;		点 s		
N335	G1 Z−8.2;		点 t		
N340	G2 X26.8 Z−9.7 R2.;		点 u		
N345	G1 X36.8 Z−18.36;		点 v		
N350	G2 X38. Z−19. R2.;		点 w		
N355	G70 P340 Q360;				
N360	G0 X150. Z150.;				
	N6;		切端面槽保证 ϕ48、R3		
N365	T0606 M8;		换 6 号刀,端面槽刀($a=4$mm,$r=2$mm)		
N370	M3 S500;				
N375	G0 X42. Z5;		快速定位		
N380	G1 Z−16.8 F0.1;				
N385	Z2.5 F0.2;				
N390	X44. F0.1;		点 6		
N395	Z−16.86;		点 7		
N400	G3 X42. Z−17.86 R1.;				
N405	G3 X40. Z−16.86 R1.;		点 8		
N410	G1 Z2.5 F0.5;		退刀 点 9		
N415	G0 X150. Z150.;		回换刀点		
	N7;		切断保总长 30.2		
N420	T0303;		切断刀($a=4$mm)		
N425	M03 S400;				
N430	G0 X66. Z−34.2;		快速定位		
N435	G75 R0.5;				
N440	G75 X16.5 P5000 F0.1;				
N445	W0.1;		Z 向让刀		
N450	G1 X66. F0.5;		退刀		
N455	G0 X150. Z150.;		回换刀点		
N460	G28 U0 W0 M5;		返回参考点,主轴停		
N465	M30;		程序结束		
	工件掉头装夹 ϕ62 外圆				
	O0051;		主程序号		
	N1;		平端面保证总长 30		
N5	G97 G99 G40 G21;				

续表

零件名称	套类零件	零件图号	TLLJ	数控系统	FANUC
N10	T0101 M8;		换1号刀 外圆车刀		
N15	M03 S600 ;		设定主轴转速,正转		
N20	G00 X63. Z0;		到循环起点		
N25	G1 X16.5 F0.15;				
N30	Z2.;				
N35	G0 X150. Z150.;		回换刀点		
	N2;		镗左端60°内锥孔		
N40	T0404 M8;		换4号刀 镗孔刀		
N45	M03 S600 ;		设定主轴转速,正转		
N50	G0 X16.5 Z1.;		快速定位		
N55	G71 U1.5 R0.5;				
N60	G71 P65 Q80 U−0.4 W0 F0.15;				
N65	G1 G41 X46.68 F0.1;		点9		
N70	G1 X28.34 Z−9.93;		点10		
N75	G3 X23.74 Z−11. R3.;		点11		
N80	G1 G40 X16.;		点12		
N85	G70 P65 Q80;				
N90	G0 X150. Z150.;				
N95	G28 U0 W0 M5;		返回参考点,主轴停		
N100	M30;		程序结束		

零件6：完成如图 6-54 所示套类零件加工，毛坯为 $\phi70\times35$ 圆棒料，已预制 $\phi20$ 孔。

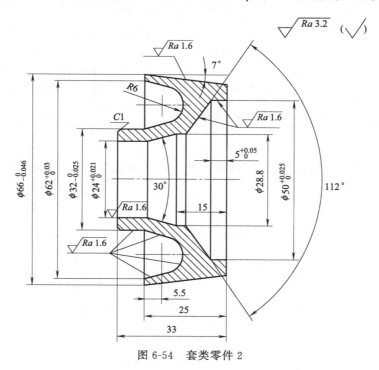

图 6-54　套类零件 2

(1) 工艺分析

零件由复杂型面组成，零件的加工难点在于加工步骤的确定和端面型槽的加工。零件毛坯 $\phi70\times35$ 圆棒料，已预制 $\phi20$ 孔，采用三爪夹盘三次装夹完成加工。刀具使用外圆车刀、镗孔刀、端面槽刀（$a=6\text{mm}$）、端面成形槽刀（$a=6\text{mm}$，$r=3\text{mm}$）。

(2) 编写数控加工工序卡、刀具卡、程序卡

1) 数控加工工序卡（表6-87）

表6-87　数控加工工序卡　　　编制人：　　　　年　月　日

零件名称	套类零件	零件图号	TLLJ	数控系统	FANUC	工序号	
工步号	工步内容（走刀路线）	G功能	T功能	转速 S/(r/min)	进给速度 F/(mm/r)	背吃刀量 a_p/mm	
夹持零件伸出长度18mm							
1	平端面、车右端外圆ϕ64×16	G01	T0101	600	0.15		
2	镗内孔	G71 G70	T0404	600	0.2/0.15		
工件掉头装夹ϕ64外圆，夹持长度14mm							
3	平端面保证总长33，车台阶圆ϕ32.2×8、ϕ66.2×18 外圆车刀	G71 G70	T0101	600	0.2/0.15		
4	切端面槽，保证除R6之外各表面至尺寸	G71 G70	T0202	600	0.2/0.15		
5	切端面槽，保证R6至尺寸	G01 G03	T0303	500	0.1		
工件掉头装夹ϕ32外圆							
6	加工7°外锥	G01	T0101	600	0.15		

2) 刀具卡（表6-88）

表6-88　刀具卡　　　编制人：　　　　年　月　日

	零件名称	套类零件	零件图号	TLLJ	数控系统	FANUC
序号	刀具号	刀具名称及规格	刀具材料	刀尖半径R/mm	刀位点	加工表面
1	T0101	外圆车刀	硬质合金	0.2	刀尖	粗精车外形
2	T0202/TO212	端面槽刀（a=6mm）	高速钢		前刀尖/后刀尖	切端面槽，保证除R6之外各表面
3	T0303	端面成形槽刀（a=6mm，r=3mm）	高速钢		r=3刀心	切端面槽，保证R6
4	T0404	镗孔刀	硬质合金	0.2	刀尖	镗孔

3) 基点坐标

图6-55为所示为工步1、2基点坐标图，表6-89所示为工步1、2基点坐标表。

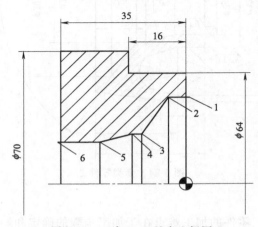

图6-55　工步1、2基点坐标图

图6-56所示为工步4、5基点坐标图，表6-90所示为工步4、5基点坐标表。

表 6-89 工步 1、2 基点坐标表

1(50,1)	3(28.8,−12.5)	5(24,−24)
2(50,−5)	4(28.8,−15)	6(24,−36)

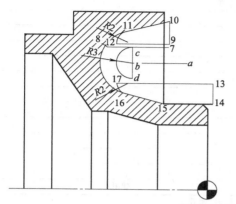

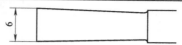

端面槽刀走刀轨迹 7—8(去余量), 9—10—11—12(R2圆弧)—9 切一侧锥面, 13—14—15—16—17 (R2圆弧) -13切另一侧锥面

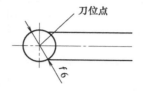

端面成形槽刀走刀轨迹 $a—b—c—d$ (R3圆弧), 切R6型面

图 6-56 工步 4、5 基点坐标图

表 6-90 工步 4、5 基点坐标表

7(53,−7)	12(54.26,−16.47)	17(39.22,−16.74)
8(53,−18.23)	13(39.22,1)	a(47,−4)
9(54.26,−7)	14(32,1)	b(47,−13.54)
10(62.48,−7)	15(32,−8)	c(53,−13.54)
11(58.66,−14.94)	16(35.34,−14.94)	d(41,−13.54)

图 6-57 所示为工步 6 基点坐标图,表 6-91 所示为工步 6 基点坐标表。

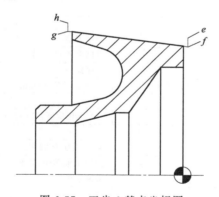

图 6-57 工步 6 基点坐标图

表 6-91 工步 6 基点坐标表

e(63.64,1)	f(59.62,1)	g(66.24,−26)	h(70.28,−26)

4) 程序卡 (表 6-92)

表 6-92 程序卡 　　　　编制人: 　　　年 月 日

零件名称	套类零件	零件图号	TLLJ	数控系统	FANUC
夹持 ϕ70 外圆,伸出长度 18mm					
O0005;			主程序号		
N1;			平端面、车右端外圆 ϕ64×16		
N5	G97 G99 G40 G21;				
N10	T0101 M8;		换 1 号刀 外圆车刀		

零件名称	套类零件	零件图号	TLLJ	数控系统	FANUC
N15	M03 S600 ;		设定主轴转速,正转		
N20	G0 X72. Z2. ;		快速定位		
N25	Z0. ;				
N30	G1 X19. 5 F0. 15 ;				
N35	G0 X72. Z2. ;				
N40	G1 X66. ;				
N45	Z－16. ;				
N50	X72. ;				
N55	Z2. F0. 5 ;				
N60	X64. ;				
N65	Z－16. F0. 15 ;				
N70	X72. ;				
N75	G0 X150. Z150. ;		回换刀点		
	N2;			镗孔	
N80	T0404 M8 ;		换 4 号刀,镗孔刀		
N85	M3 S600 ;				
N90	G0 X19. 5 Z1. ;		快速定位		
N95	G71 U1. 5 R0. 5 ;				
N100	G71 P105 Q135 U－0. 4 W0 F0. 15 ;				
N105	G1 G41 X50. F0. 1 ;		点 1		
N110	G1 Z－5. ;		点 2		
N115	X28. 8 Z－12. 5 ;		点 3		
N120	Z－15. ;		点 4		
N125	X24. Z－24. ;		点 5		
N130	Z－36. ;		点 6		
N135	G40 X19. 5 ;				
N140	G70 P105 Q135 ;				
N145	G0 X150. Z150. ;		回换刀点		
N150	G28 U0 W0 M5 ;		返回参考点,主轴停		
N155	M30 ;		程序结束		
	工件掉头装夹 φ64 外圆,夹持长度14mm				
	O0051 ;		主程序号		
	N1 ;		平端面保证总长 33,车台阶圆 φ32. 2×8、φ66. 2×18 外圆车刀		
N5	G97 G99 G40 G21 ;				
N10	T0101 M8 ;		换 1 号刀 外圆车刀		
N15	M03 S600 ;		设定主轴转速,正转		
N20	G0 X72. Z2. ;		快速定位		
N25	G1 Z0 F0. 15 ;				
N30	X23. 5 ;				
N35	G0 X72. Z2. ;				
N40	G71 U1. 5 R0. 5 ;				
N45	G71 P50 Q85 U0. 4 W0 F0. 2 ;				
N50	G1 G42 X23. 5 F0. 15 ;				
N55	Z0 ;				
N60	X30. 2 ;				
N65	X32. 2 Z－1. ;				
N70	Z－8. ;				
N75	X66. 2 ;				
N80	Z－18. ;				
N85	G1 G40 X68. ;				
N90	G70 P50 Q85 ;				

续表

零件名称		套类零件	零件图号	TLLJ	数控系统	FANUC
N95	G0 X150. Z150.；					
		N2；		切端面槽,保证除 R6 之外各表面至尺寸		
N100	T0212 M8；			换 1 号刀 端面槽刀(a＝6mm),刀补号 12		
N105	M03 S600；			设定主轴转速,正转		
N110	G0 X53. Z5.；			快速定位		
N115	G1 Z−7. F0.5；			点 7		
N120	Z−18.23 F0.1；			点 8		
N125	Z−7. F0.5；					
N130	X54.26；			点 9		
N135	G71 U1. R0.5；					
N140	G71 P145 Q155 U−0.2 W0 F0.15；					
N145	G1 X62.48；			点 10		
N150	X58.66 Z−14.94；			点 11		
N155	G3 X54.26 Z−16.47 R2.；			点 12		
N160	G70 P145 Q155；					
N165	G0Z1.；					
N170	T0202；			刀补号 02		
N175	G0 X39.22 Z1.；			点 13		
N180	G71 U1. R0.5；					
N185	G71 P190 Q205 U0.2 W0 F0.15；					
N190	G1 X32.；			点 14		
N195	Z−8.；			点 15		
N200	X35.34 Z−14.94；			点 16		
N205	G2 X39.22 Z−16.74 R2.；			点 17		
N210	G70 P190 Q205；					
N215	G0 X150. Z150.；			回换刀点		
		N3；		切端面槽,保证 R6 至尺寸		
N220	T0303 M8；			换 3 号刀,端面槽刀(a＝6mm,r＝3mm)		
N225	M3 S500；					
N230	G0 X47. Z5.；			快速定位		
N235	G1 Z−4. F0.2；			点 a		
N240	Z−13.54 F0.1；			点 b		
N245	X53.；			点 c		
N250	G3 X41. Z−13.54 R3.；			点 d		
N255	G1 Z5. F0.5；					
N260	G0 X150. Z150.；			回换刀点		
N265	G28 U0 W0 M5；			返回参考点,主轴停		
N270	M30；			程序结束		
		工件掉头装夹 φ32 外圆				
		O0052；		主程序号		
N5	T0101 M8；			换 1 号刀,外圆车刀。加工 7°外锥		
N10	M3 S600；					
N15	G0 X63.64. Z1.；			快速定位点 e		
N20	G1 X59.62 F0.15；			点 f		
N25	X66.24 Z−26.；			点 g		
N30	X70.28；			点 h		
N35	G0 X150. Z150.；			回换刀点		
N40	G28 U0 W0 M5；			返回参考点,主轴停		
N45	M30；			程序结束		

零件7：完成如图 6-58 所示轴套零件加工，毛坯为 ϕ50 圆棒料。

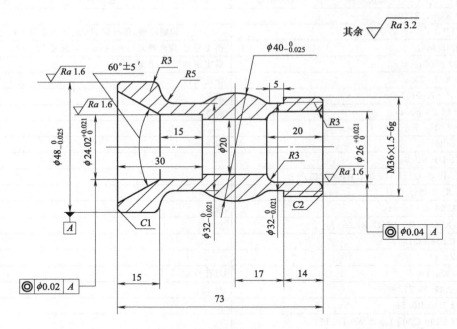

图 6-58　轴套 3

（1）工艺分析

零件由复杂型面组成，零件精度较高。零件的加工难点在于加工步骤的确定和中部型面的加工。零件毛坯为 ϕ50 圆棒料，采用三爪夹盘二次装夹完成加工。刀具使用 ϕ18 钻头、外圆车刀、镗孔刀、切断刀（$a=5\mathrm{mm}$）、螺纹刀。

（2）编写数控加工工序卡、刀具卡、程序卡

1）数控加工工序卡（表 6-93）

表 6-93　数控加工工序卡　　　编制人：　　　年　月　日

零件名称	轴套	零件图号	ZT	数控系统	FANUC	工序号	
工步号	工步内容 （走刀路线）	G 功能	T 功能	转速 $S/(\mathrm{r/min})$	进给速度 $F/(\mathrm{mm/r})$	背吃刀量 a_p/mm	
夹持零件伸出长度18mm							
1	钻 ϕ18×78孔	G74	T0606	500	0.1		
2	车外形、去型面余量	G71 G70	T0101	600	0.2/0.15		
3	切退刀槽 5×ϕ32、切槽去型面余量	G01	T0202	500	0.1		
4	切 M36×1.5 螺纹	G92	T0303	500	1.5		
5	车退刀槽左侧外形	G73 G70	T0101	600	0.2/0.15		
6	镗右端内孔	G71 G70	T0404	600	0.2/0.15		
7	切断保总长 73.5	G75	T0202	400	0.1		
工件掉头装夹 ϕ48 外圆							
8	平端面保证总长 73、加工 C1 倒角	G01	T0101	600	0.15		
9	加工左端内孔	G71 G70	T0404	600	0.2/0.15		

2）刀具卡（表6-94）

表 6-94　刀具卡　　　　编制人：　　　　年　月　日

零件名称		轴套	零件图号	ZT	数控系统	FANUC
序号	刀具号	刀具名称及规格	刀具材料	刀尖半径 R/mm	刀位点	加工表面
1	T0101	外圆车刀	硬质合金	0.2	刀尖	粗精车外形
2	T0202	切断刀（$a=5$mm）	高速钢		左刀尖	切空刀槽、切断
3	T0303	螺纹刀	高速钢		刀尖	加工螺纹
4	T0404	镗孔刀	硬质合金	0.2	刀尖	镗孔
5	T0606	ϕ18钻头	高速钢			钻孔

3）基点坐标

图6-59所示为工步2～4基点坐标图，表6-95所示为工步2～4基点坐标表。

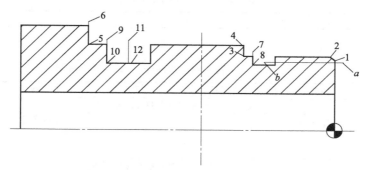

图 6-59　工步2～4基点坐标图

表 6-95　工步2～4基点坐标表

1(34,0)	6(48.2,−57.5)	11(43,−48.2)
2(36,−1)	7(38,−19)	12(32,−48.2)
3(36,−21.28)	8(32,−19)	a(34.05,2)
4(41,−21.28)	9(43,−53)	b(34.05,−16.5)
5(41,−57.5)	10(32,−53)	

图6-60所示为工步5、6基点坐标图，表6-96所示为工步5、6基点坐标表。

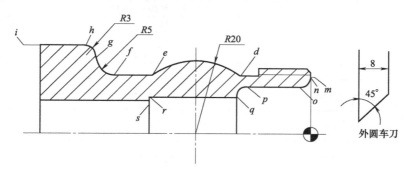

图 6-60　工步5、6基点坐标图

表 6-96　工步5、6基点坐标表

d(32,−19)	i(48,−78)	q(20,−20)
e(32,−43)	m(32,1)	r(20,−43.5)
f(32,−53)	n(32,0)	s(16,−43.5)
g(42,−58)	o(26,−3)	
h(48,−61)	p(26,−17)	

图 6-61 所示为工步 9 基点坐标图，表 6-97 所示为工步 9 基点坐标表。

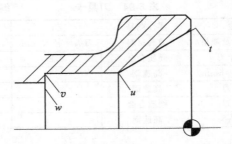

图 6-61　工步 9 基点坐标图

表 6-97　工步 9 基点坐标表

$t(42.48,1)$	$u(24,-15)$	$v(24,-30)$	$w(18,-30)$

4）程序卡（表 6-98）

表 6-98　程序卡　　编制人：　　年　月　日

零件名称		轴套	零件图号		ZT	数控系统		FANUC
夹持 $\phi70$ 外圆，伸出长度 18mm								
O0006；					主程序号			
N1；					钻 $\phi18\times78$ 孔			
N5	G97 G99 G40 G21；							
N10	T0606 M8；				换 6 号刀，$\phi18$ 钻头			
N15	M03 S500 ；				设定主轴转速，正转			
N20	G0 X0；							
N25	Z20. ；							
N30	G1 Z5. F0.5；							
N35	G74 R0.5；							
N40	G74 Z-83. Q8000 F0.1；							
N45	G00 Z150. ；							
N50	G00 X150. ；							
N2；					车外形、去型面余量			
N55	T0101 M8；				换 1 号刀 外圆车刀			
N60	M03 S600 ；				设定主轴转速，正转			
N65	G0 X72. Z2. ；				快速定位			
N70	G1 Z0.2 F0.2；							
N75	X17.5；							
N80	G0 X52. Z2. ；							
N85	G71 U1.5 R0.5；							
N90	G71 P95 Q140 U0.4 W0 F0.2；							
N95	G1 G42 X17.5 F0.15；							
N100	Z0；							
N105	X34. ；				点 1			
N110	X35.8 Z-1. ；				点 2			
N115	Z-21.28. ；				点 3			
N120	X41. ；				点 4			
N125	Z-57.5；				点 5			
N130	X48.2；				点 6			
N135	Z-78. ；							
N140	G1 G40 X52. ；							
N145	G70 P95 Q140；							
N150	G0 X150. Z150. ；							

零件名称		轴套	零件图号	ZT	数控系统	FANUC
	N3；			切退刀槽 5×ϕ32、切槽去型面余量		
N155	T0202 M8；			换 2 号刀 切断刀($a=5$mm)		
N160	M03 S500；			设定主轴转速,正转		
N165	G0 X52. Z−19.；			快速定位		
N170	G1 X38. F0.5；			点 7		
N175	X32. F0.1；			点 8		
N180	X43. F0.5；					
N185	Z−53. F0.1；			点 9		
N190	X32.；			点 10		
N195	X43. F0.5；					
N200	Z−48.2；			点 11		
N205	X32. F0.1；			点 12		
N210	X43. F0.5；					
N215	G0 X150. Z150.；					
	N4；			切 M36×1.5 螺纹		
N220	T0303 M8；			换 3 号刀 螺纹刀		
N225	M03 S500；			设定主轴转速,正转		
N230	G0 X38. Z2.；			快速定位		
N235	G92 X35.2 Z−16.5 F2.；			切螺纹点 $a-b$		
N240	X34.6；					
N245	X34.2；					
N250	X34.05；					
N255	G0 X150. Z150.；			回换刀点		
	N5；			车退刀槽左侧外形		
N260	T0101 M8；			换 1 号刀,外圆车刀		
N265	M03 S600；			设定主轴转速,正转		
N270	G0 X50. Z−19.；			快速定位		
N275	G73 U3. W0.5 R3；					
N280	G73 P285 Q330 U0.4 W0.2 F0.15；					
N285	G1 G42 X32. F0.1；			点 d		
N290	G3 X32. Z−43. R20.；			点 e		
N295	G1 Z−53.；			点 f		
N300	G2 X42. Z−58. R5.；			点 g		
N305	G3 X48. Z−61. R3.；			点 h		
N310	G1 Z−78.；			点 i		
N315	G40 X50.；					
N320	X48.；					
N325	Z−78.；			点 7		
N330	G1 G40 X52.；					
N335	G70 P285 Q330；					
N340	G0 X150. Z150.；					
	N6；			镗右端内孔		
N345	T0404 M8；			换 4 号刀,外圆车刀		
N350	M03 S600；			设定主轴转速,正转		
N355	G0 X17.5. Z1.；			快速定位		
N360	G71 U2. R0.5；					
N365	G71 P370 Q400 U−0.4 W0.2 F0.2；					
N370	G1 G41 X32. F0.15；			点 m		
N375	Z0；			点 n		
N380	G2 X26. Z−3. R3.；			点 o		
N385	G1 Z−17.；			点 p		

零件名称		轴套	零件图号	ZT	数控系统	FANUC
N390	G3 X20. Z−20 R3. ;			点 q		
N395	G1 Z−43.5;			点 r		
N400	G40 X16. ;			点 s		
N405	G70 P370 Q400;					
N410	G0 X150. Z150. ;					
	N7;			切断保总长		
N415	T0202;			换 2 号刀,切断刀($a=5$mm)		
N420	M3 S400;					
N425	G0 X60. ;					
N430	Z−78.5;					
N435	G1 X50. F0.5;					
N440	G75 R0.5;					
N445	G75 X17.5 P8000 F0.1;					
N450	G01 W0.1;					
N455	X50. F0.5;					
N460	G0 X150. Z150. ;			回换刀点		
N465	G28 U0 W0 T0 M5;			返回参考点,主轴停		
N470	M30;			程序结束		
	工件掉头装夹 $\phi48$ 外圆					
	O0052;			主程序号		
	N1;			平端面保证总长 73mm、加工 C1 倒角		
N5	G97 G99 G40 G21;					
N10	T0101 M8;			换 1 号刀,外圆车刀		
N15	M3 S600;					
N20	G0 X17.5 Z10. ;			快速定位		
N25	G1 Z0 F0.5;					
N30	X46. F0.15;					
N35	X48. Z−1. ;					
N40	G0 X150. Z150. ;			回换刀点		
	N2;			镗左端内孔		
N45	T0404 M8;			换 4 号刀,外圆车刀		
N50	M03 S600 ;			设定主轴转速,正转		
N55	G0 X17.5. Z1. ;			快速定位		
N60	G71 U2. R0.5;					
N65	G71 P70 Q90 U−0.4 W0.2 F0.2;					
N70	G1 G41 X42.48 F0.15;			点 t		
N75	G1 X24. Z−15. ;			点 u		
N80	G1 Z−30. ;			点 v		
N85	X18. ;			点 w		
N90	G40 X16. ;					
N95	G70 P70 Q90;					
N100	G0 X150. Z150. ;			回换刀点		
N105	G28 U0 W0 T0 M5;			返回参考点,主轴停		
N110	M30;			程序结束		

零件 8:完成如图 6-62 所示连接套零件的加工,毛坯 $\phi80\times59$ 棒料,已预制 $\phi18$ 孔。

(1) 工艺分析

零件由复杂型面组成,零件精度较高。零件的加工难点在于加工步骤的确定、零件的装夹和左端径向槽的加工(槽底 r2 由刀具保证)。零件毛坯为 $\phi80\times59$ 圆棒料(已预制 $\phi18$ 通孔),采用三爪夹盘二次装夹完成加工。刀具使用外圆车刀、切槽刀($a=8$mm,刀角 r2)、镗

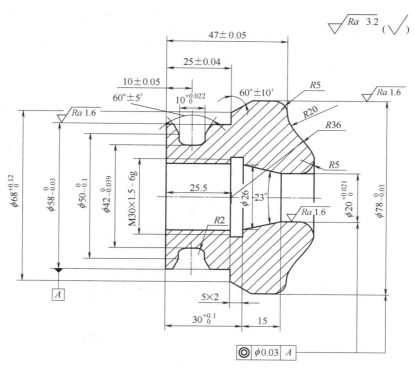

图 6-62 连接套

孔刀、内切槽刀（$a=5$mm）、内螺纹刀。

（2）编写数控加工工序卡、刀具卡、程序卡

1）数控加工工序卡（表 6-99）

表 6-99 数控加工工序卡   编制人：   年 月 日

零件名称	连接套	零件图号	LJT	数控系统	FANUC	工序号	
工步号	工步内容 （走刀路线）	G 功能	T 功能	转速 $S/(r/min)$	进给速度 $F/(mm/r)$	背吃刀量 a_p/mm	
夹持零件伸出长度36mm							
1	车左端外形（含60°锥面）	G71 G70	T0101	600	0.2/0.15		
2	加工左端内孔（含$\phi20$孔）	G71 G70	T0303	600	0.15		
3	切5×2内退刀槽	G01	T0404	500	0.1		
4	切M30×1.5内螺纹	G92	T0505	400	1.5		
5	切径向槽	G01	T0202	500	0.15		
工件掉头装夹$\phi58$外圆、端面顶靠							
6	加工右端外形	G71 G70	T0101	600	0.2/0.15		
7	加工R5内倒圆	G02	T0303	600	0.1		

2）刀具卡（表 6-100）

表 6-100 刀具卡   编制人：   年 月 日

零件名称		连接套	零件图号		LJT	数控系统	FANUC
序号	刀具号	刀具名称及规格	刀具材料	刀尖半径 R/mm		刀位点	加工表面
1	T0101	外圆车刀	硬质合金	0.2		刀尖	粗精车外形

	零件名称	连接套	零件图号	LJT	数控系统	FANUC
2	T0202 T0212	切槽刀(a＝8mm， 刀角 $r2$)	高速钢	刀角 $r2$	左刀尖/右刀尖	切径向槽
3	T0303	镗孔刀	硬质合金	0.2	刀尖	镗孔
4	T0404	内切槽刀(a＝5mm)	高速钢		左刀尖	切 5×2 内退刀槽
5	T0505	内螺纹刀	高速钢		刀尖	切内螺纹

3）基点坐标

图 6-63 所示为工步 1～5 基点坐标图，表 6-101 所示为工步 1～5 基点坐标表。

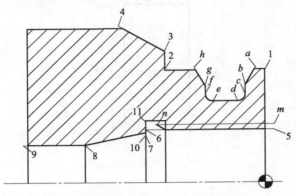

图 6-63　工步 1～5 基点坐标图

表 6-101　工步 1～5 基点坐标表

1(58,0)	d(42,−7)	7(26,−30)
2(58,−25)	e(42,−13)	8(20,−45)
3(68,−25)	f(46,−15)	9(20,−60)
4(81,−36.26)	g(50,−15)	10(24,−30)
a(59,−2.4)	h(59,−17.6)	11(32,−30)
b(50,−5)	5(28.25,2)	m(30,2)
c(46,−5)	6(28.25,−30)	n(30,−28)

图 6-64 所示为工步 6、7 基点坐标图，表 6-102 所示为工步 6、7 基点坐标表。

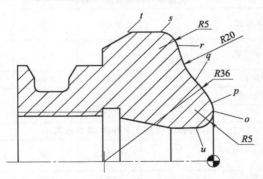

图 6-64　工步 6、7 基点坐标图

表 6-102　工步 6、7 基点坐标表

o(30,0)	q(55.3,−9.07)	s(78,−15.55)	u(20,−5)
p(34.84,−0.62)	r(65.48,−10.71)	t(78,−24.89)	

4）程序卡（表 6-103）

表 6-103　程序卡　　　　　　　　　　　　　　编制人：　　　　年　月　日

零件名称	连接套	零件图号	LJT	数控系统	FANUC
夹持 $\phi 80$ 外圆,伸出长度 36mm					
O0007；			主程序号		
N1；			车左端外形(含 60°锥面)		
N5	T0101 M8；		换 1 号刀,外圆车刀		
N10	M03 S600；		设定主轴转速,正转		
N15	G0 X82. Z2. ；		快速定位		
N20	G71 U1.5 R0.5；				
N25	G71 P30 Q60 U0.4 W0 F0.2；				
N30	G1 G42 X17.5 F0.15；				
N35	Z0；				
N40	X58. ；		点 1		
N45	Z−25. ；		点 2		
N50	X68. ；		点 3		
N55	X81. Z−36.26；		点 4		
N60	G1 G40 X82. ；				
N65	G70 P30 Q60；				
N70	G0 X150. Z150. ；				
N2；			加工左端内孔(含 $\phi 20$ 孔)		
N75	T0303 M8；		换 3 号刀,镗孔刀		
N80	M03 S600；		设定主轴转速,正转		
N85	G0 X17.5 Z2. ；		快速定位		
N90	G71 U1.5 R0.5；				
N95	G71 P100 Q125 U−0.4 W0 F0.2；				
N100	G1 G41 X28.25 F0.15；		点 5		
N105	Z−30. ；		点 6		
N110	X26. ；		点 7		
N115	X20. Z−45. ；		点 8		
N120	Z−60. ；		点 9		
N125	G1 G40 X17.5. ；				
N130	G70 P100 Q125；		精加工		
N135	G0 X150. Z150. ；		回换刀点		
N3；			切 5×2 内退刀槽		
N140	T0404 M8；		内切槽刀(a=5mm)		
N145	M03 S500 ；				
N150	G0 X24. Z2. ；		快速定位		
N155	G1 Z−30. F0.5；		点 10		
N160	X32. F0.1；		点 11		
N165	X24. ；				
N170	Z2. F0.5；				
N175	G0 X150. Z150. ；		回换刀点		
N4；			切 M30×1.5 内螺纹		
N180	T0505 M8；		换 5 号刀,螺纹刀		
N185	M03 S400；		设定主轴转速,正转		
N190	G0 X26. Z2. ；		快速定位		
N195	G92 X28.84 Z−28. F2. ；		切螺纹,点 m−n		
N200	X29.44；				
N205	X29.84；				
N210	X30. ；				
N215	G0 X150. Z150. ；		回换刀点		
N5；			切径向槽		
N220	T0202 M8；		换 2 号刀,切槽刀(a=8mm,刀角 $r2$)左刀尖对刀,02 号刀补		

零件名称		连接套	零件图号	LJT	数控系统	FANUC
N225	M03 S500 ;			设定主轴转速,正转		
N230	G0 X69. Z−14. ;			快速定位		
N235	G1 X59. F0.2 ;					
N240	G1 X42.1 F0.1 ;			去余量		
N245	X59. F0.2 ;			退刀		
N250	G1 G41 Z−17.6 ;			点 h		
N255	X50. Z−15. ;			点 g		
N260	X42. ;			点 f、e		
N265	G40 X59. ;					
N270	T0212 ;			右刀尖对刀,12 号刀补		
N275	G1 G42 Z−2.4 F ;			点 a		
N280	X50. Z−5. ;			点 b		
N285	X42. ;			点 c、d		
N290	Z−6.9 ;			点 e、f		
N295	G40 X59. ;					
N300	G0 X150. Z150. ;			回换刀点		
N315	G28 U0 W0 T0 M5 ;			返回参考点,主轴停		
N320	M30 ;			程序结束		
		工件掉头装夹 ϕ58 外圆、端面顶靠				
	O0052 ;			主程序号		
	N1 ;			加工右端外形		
N5	T0101 M8 ;			换 1 号刀,外圆车刀		
N10	M3 S600 ;					
N15	G0 X82. Z2. ;			快速定位		
N20	G71 U1.5 R0.5 ;					
N25	G71 P30 Q70 U0.4 W0 F0.2 ;					
N30	G1 G42 X19.5 F0.15 ;					
N35	Z0 ;					
N40	X30.			点 o		
N45	G3 X34.84 Z−0.62 R5. ;			点 p		
N50	G3 X55.3 Z−9.07 R36. ;			点 q		
N55	G2 X65.48 Z−10.71 R20. ;			点 r		
N60	G3 X78. Z−15.55 R5. ;			点 s		
N65	G1 Z−24.89 ;			点 t		
N70	G40 X82. ;					
N75	G70 P30 Q70 ;					
N80	G0 X150. Z150. ;			回换刀点		
	N2 ;			加工 R5 内倒圆		
N85	T0303 M8 ;			换 3 号刀 镗孔刀		
N90	M03 S600 ;			设定主轴转速,正转		
N95	G0 X30. Z1. ;			快速定位		
N100	G3 X20. Z−4. R5. F0.1 ;					
N105	G1 X19. ;					
N110	G41 X30. ;					
N115	Z0 ;			点 o		
N120	G3 X20. Z−5. R5. ;			点 u		
N125	G1 G40 X19. ;					
N130	G0 X150. Z150. ;			回换刀点		
N135	G28 U0 W0 T0 M5 ;			返回参考点,主轴停		
N140	M30 ;			程序结束		

第 7 章

数控车床操作

7.1 数控车床操作（FANUC 0T 系统）

7.1.1 控制面板

控制面板由 CRT 面板、MDI 键盘、机床操作面板组成，见图 7-1。

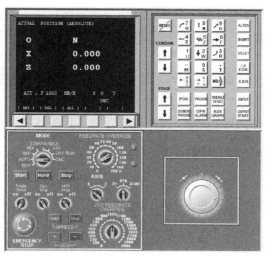

(a) 面板组成

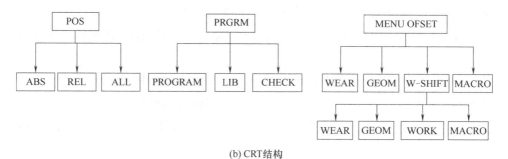

(b) CRT结构

图 7-1　控制面板

7.1.2　手动操作方式

（1）机床回零

将操作面板的 MODE 旋钮拨到 REF 上，如图 7-2 所示。扳转 X、Z 轴的控制旋钮  选择相应坐标轴，再按 中的加号键，此时所选择的坐标轴将回零，相应操作面板上坐标轴的回零指示灯亮（图 7-3），同时 CRT 上的坐标发生变化，显示出机床零点坐标值，如图 7-4 所示。

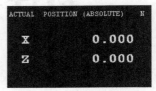

图 7-2　模式（MODE）旋钮　　图 7-3　回零指示灯亮　　图 7-4　机床零点坐标值

（2）手动/连续加工

① 将操作面板上 MODE 旋钮切换到 JOG 上。

② 配合移动键和 X、Z 轴的控制旋钮以及步进量调节旋钮，设置手脉对应按键或旋钮为 、 、 、 ，快速准确地调节机床。

③ 按 键，控制主轴的转动、停止。

（3）手动/单步加工

① 在手动/连续加工或在对基准时，需精确调节机床，可单步调节机床。

② 将操作面板上 MODE 旋钮切换到 STEP/HANDLE 上。STEP 是点动；HANDLE 是手轮移动。

③ 配合移动按钮和步进量调节旋钮，单步调节机床。设置 键和 旋钮，其中 X1 为 0.001mm，X10 为 0.01mm，X100 为 0.1mm。

④ 按机床主轴手工控制键 SPINDLE 控制主轴的转动或停止。

7.1.3　MDI方式（手动数据输入方式）

① 将操作面板上 MODE 旋钮切换到 MDI 上，进行 MDI 操作。

② 在 MDI 键盘上按 键，进入 MDI 编辑页面。

③ 输入数据指令：在输入键盘上按数字/字母键，第一次按为字母输入，其后再按均为数字输入，可以做取消、插入、删除等修改操作。

④ 按数字/字母键输入字母"O"，再输入程序编号，但不能与已有的程序编号重复。

⑤ 输入程序后，用回车换行键 结束一行的输入后换行。

⑥ 移动光标：按 PAGE 中的上下方向键 翻页。按 CURSOR 中的上下方向键 移动光标。

⑦ 按 键删除输入域中的数据；按 键删除光标所在处的代码。

⑧ 按键盘上 键输入所编写的数据指令。MDI 编辑页面如图 7-5 所示。

⑨ 输入完整数据指令后，按 键运行程序。运行结束后 PROGRAM MDI 页面上的数据被清空，如图 7-6 所示。

⑩ 按 键清除输入的数据。

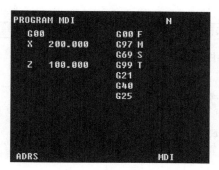

图 7-5　MDI 编辑页面

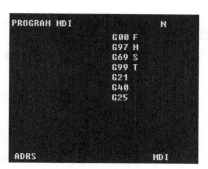

图 7-6　指令输入页面

7.1.4　编辑方式

CRT/MDI 面板操作见表 7-1。

表 7-1　CRT/MDI 面板操作

功能	MODE 旋钮	CRT/MDI 面板操作说明	备注
显示数控程序目录	EDIT	按 PRGRM 键；按 Lib 软键	
选择一个数控程序	EDIT 或 AUTO	按 PRGRM 键；按 7 键输入字母"O"；按数字键输入搜索的号码"××××"；按 CURSOR 中的 ↓ 键开始搜索。找到后，在屏幕右上角程序编号位置显示"O×××"，在屏幕上显示 NC 程序	
回到数控程序首部	EDIT 或 AUTO	按 PRGRM 键；按 7 键输入字母"O"；按 CURSOR 中的 ↓ 键	或者按 RESET 键
删除一个数控程序	EDIT	按 PRGRM 键；按 7 键输入字母"O"；按数字键输入要删除的程序号码"××××"；按 DELET 键	
删除全部数控程序	EDIT	按 PRGRM 键；按 7 键输入字母"O"；按 M 键输入"—"；按 9G 键输入"9999"；按 DELET 键	
搜索一个指定的代码	EDIT	按 PRGRM 键输入需要搜索的字母或代码；按 CURSOR 中的 ↓ 键开始在当前数控程序中搜索	代码可以是一个字母或一个完整的代码。例如"N0010""M"等
MDI 方式输入和运行程序	MDI	按 PRGRM 键进入程序编辑页面；按数字/字母键将数据输入输入域，按 INPUT 键输入；再按 Start 键开始运行。按 RESET 键可清除数据	

续表

功能	MODE 旋钮	CRT/MDI 面板操作说明	备注
编辑 NC 程序	EDIT	按 PRGRM 键移动光标；按 PAGE 中的 ↓ 或 ↑ 键翻页；按 CURSOR 中的 ↓ 或 ↑ 键移动光标；按数字/字母键将数据输入输入域；按 CAN 键删除输入域中的数据 按 DELET 键，删除光标处的代码 按 INPUT 键，将输入域的内容插入光标处的代码后面 按 ALTER 键，将输入域的内容替代光标处的代码	删除、插入、替换操作
通过 MDI 键盘手工输入 NC 程序	EDIT	按 PRGRM 键；按 7/O 键输入字母 "O"；按数字键输入程序编号，但不能与已有程序的编号重复；按 INPUT 键开始程序输入；用 /,# EOB 键结束一行的输入后换行	输入程序，每次可以输入一个代码；其方法见编辑 NC 程序中的输入数据操作和删除、插入、替换操作
从计算机输入一个数控程序	DNC	点击菜单"机床/DNC 传送…"选择数控程序文件；按 PRGRM 键；按数字键输入程序编号 "O××××"；按 INPUT 键读入数控程序	
向计算机输出数控程序	EDIT	按 PRGRM 键、再按 OUTPUT START 键，在弹出的对话框中输入文件名，按"保存"键	

7.1.5　自动加工方式

① 自动/连续方式。

a. 将机床回零。

b. 选择数控程序或自行编写一程序。

c. 将操作面板上的 MODE 旋钮切换到 AUTO 上，进入自动加工模式。

d. 按 Start Hold Stop 中的 Start 键，开始运行数控程序。

e. 数控程序在运行过程中可根据需要暂停、停止、急停和重新运行。

• 数控程序在运行时，按 Start Hold Stop 中的 Hold 键，程序暂停运行；再次按 Start 键，程序从暂停行开始继续运行。

• 数控程序在运行时，按 Start Hold Stop 中的 Stop 键，程序停止运行；再次按 Start 键，程序从开头重新运行。

• 数控程序在运行时，按下急停按钮 ，数控程序中断运行，继续运行时，先将急停按钮松开，再按 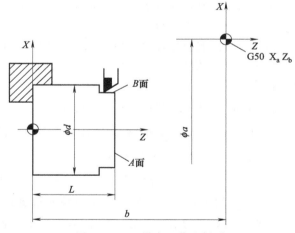（此处为 Start Hold Stop 键图）中的 Start 键，余下的数控程序从中断行开始作为一个独立的程序执行。

- 根据需要旋转进给速度（F）调节旋钮（FEEDRATE OVERRIDE 旋钮图），控制数控程序运行的进给速度，调节范围为 0～150%。

- 若此时将操作面板上 MODE 旋钮切换到 DRY RUN（空运行）上，则表示此时是以 G00 速度进给。此模式可用来检查程序。按（RESET）键，可使程序重置。

② 自动/单段方式。

a. 将机床回零。

b. 选择数控程序或自行编写一程序。

c. 将操作面板上 MODE 旋钮切换到 AUTO 上，进入自动加工模式。

d. 将单步开关（图）置 ON，运行程序时每次执行一条指令。

e. 按（Start Hold Stop）中的 Start 键，数控程序开始运行。在自动/单段方式下，执行每一行程序时，均需按一次 Start 键。

③ 跳过某段程序，将选择跳过开关（图）置 ON，此时数控程序中的跳过符号"/"有效。

④ M01 代码有效，将（图）置 ON，此时 M01 代码有效。

⑤ 检查运行轨迹。将操作面板的 MODE 旋钮切换到 AUTO 挡或 DRY RUN 挡，按（AUX GRAPH）键转入检查运行轨迹模式；再按操作面板上的（Start）键，即可观察数控程序的运行轨迹。检查运行轨迹时，暂停运行、停止运行、单段执行等同样有效。

7.1.6　工作坐标系设定

(1) 工作坐标系设定方法

方法一：G50 设定工作坐标系。

指令格式：G50　X_a　Z_b；

如用 G50　X_a　Z_b 设定工作坐标系，则在执行此程序段之前必须先进行对刀，通过调整机床，将刀尖放在程序所要求的起刀点位置（a,b）上，见图 7-7。

① 返回机床原点，建立机床坐标系。

② 试切测量。

a. 用 MDI 方式操作机床时，用基准刀将工件外圆试切一刀，Z 向退刀，记录 CRT 上显示的刀具在机床坐标中的 X 轴方向上的坐标值 X_t，并测量工件直径 d。

图 7-7　G50 设定工作坐标系

b. 同样的方式将工件右端面试切一刀，X 方向退刀，记录坐标值 Z_t，并测量试切端面至工件原点的距离尺寸 L 的长度。

③ 对刀。

根据以上数值，手动使刀具移至 CRT 所显示的刀具在机床坐标系中的位置坐标值为（$X_t + a - D$，$Z_t + b - L$）的点为止。这样就实现了将刀尖放在程序所要求的起刀点位置（a,b）上。

注：若工件原点在工件右端面上，则 Z 值为 $Z_t + b$。

④ 建立工作坐标系。

若执行程序段为 G50 X_a Z_b，则 CRT 将会立即变为显示当前刀尖在工作坐标系中的位置 (a,b)，数控系统用新建立的工作坐标系取代了前面建立的机床坐标系。

方法二：G54～G59 设定工作坐标系。

① 使用基准刀具对刀后，测得试切后工件外圆直径 D 及编程原点到工件右端面距离 L 值。

② 将 CRT 上 X、Z 显示值分别减去 D、L 值后，输入零点偏置的 G54～G57 中相应的 X、Z 值处。

注意：也可用直接对刀的方法设定工作坐标系（实际加工中应用较多），具体方法见刀具补偿参数设置 。

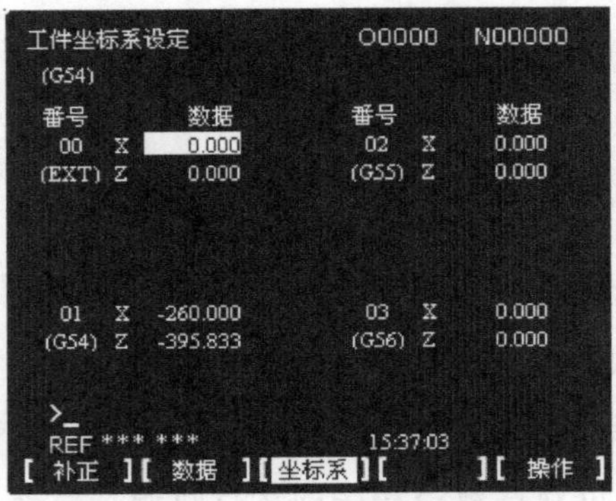

图 7-8　No. 1～No. 6 分别对应 G54～G59

(2) G54～G59 参数设置

① 按 ［MENU OFSET］键进入参数设定页面。

② 用 PAGE 中的 ↓ 或 ↑ 键在 No. 1～No. 3 坐标系页面和 No. 4～No. 6 坐标系页面（图 7-8）之间切换。

③ 按 CURSOR 中的 ↓ 或 ↑ 键选择坐标系。

④ 按数字键输入地址字（X、Z）和数值到输入域。

⑤ 按 ［INPUT］键把输入域中间的内容输入所指定的位置。

7.1.7　车床刀具补偿参数

车床的刀具补偿包括刀具的形状补偿参数和磨损量补偿参数，两者之和构成车刀偏置量补偿参数，设定后可在数控程序中调用。

(1) 刀具形状补偿参数（OFFSET/GEOMETRY）

① 选用实际使用的刀具用手动方式切削工件，实测刀具切削后直径 D 及刀具距离工件右端面数值 L。

② 按两次 ［MENU OFSET］键，进入参数设定页面。

③ 用 PAGE 中的 ↓ 或 ↑ 键选择补偿参数页面，见图 7-9。

④ 按 CURSOR 中的 ↓ 或 ↑ 键选择补偿参数编号。

⑤ 在输入域中输入补偿值，按 MX 键输入测量值 D，按 MZ 键输入测量值 L。

⑥ 按 ［INPUT］键把输入域中间的补偿值输入指定的位置。

注意：用输入刀补值的方法可直接设定工作坐标系，编程时可不用 G50 或 G54～G59；若使用 G50 或 G54～G59 设定工作坐标系，则应将基准刀具 MX、MZ 设为零，其余刀具输入与基准刀具的差值（机床坐标系中数值）即可。

(2) 输入磨损量补偿参数（OFFSET/WEAR）

① 按 ［MENU OFSET］键进入参数设定页面。

② 按 PAGE 中的 ↓ 或 ↑ 键选择刀具补偿参数页面，如图 7-10 所示。

③ 用 CURSOR 中的 ↓ 或 ↑ 键选择补偿参数编号。

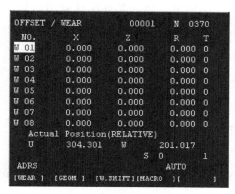

图 7-9 补偿参数页面　　　　　　　　图 7-10 刀具补偿参数页面

④ 在输入域中输入补偿值。

⑤ 按 █INPUT█ 键把输入域中间的补偿值输入光标所在行。

⑥ 在设置车床刀具补偿参数时，可通过按 █MENU OFFSET█ 键切换刀具磨损补偿和刀具形状补偿的页面。

7.2 数控车床操作（FANUC 0i 系统）

7.2.1 FANUC 0i 控制面板

(1) 系统操作面板

系统操作面板由 CRT 面板、MDI 键盘组成，如图 7-11 所示。

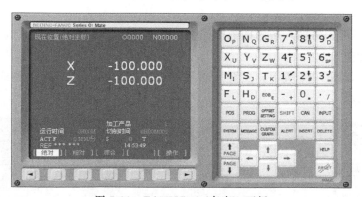

图 7-11　FANUC 0i（车床）面板

1) 数字/字母键

数字/字母键 █O_P N_Q G_R 7 8 9 / X_U Y_V Z_W 4 5 6 / M_I S_J T_K 1 2 3 / F_L H_D EOB_E -. 0. / █ 用于输入数据到输入域，系统自动判别取字母还是取数字。█SHIFT█ 键用于输入切换，如 O→P，7→A。

2) 编辑键

█ALERT█ 替换键　用输入的数据替换光标所在处的数据。

DELETE　删除键　删除光标所在处的数据，或者删除一个程序或全部程序。

INSERT　插入键　将输入域中的数据插入当前光标之后的位置。

CAN　取消键　消除输入域中的数据。

EOB E　回车换行键　结束一行程序的输入并且换行。

SHIFT　上档键。

3）页面切换键

PROG　用于切换至程序显示与编辑页面。

POS　用于切换至位置显示页面。位置显示有三种方式，按 PAGE 键进行选择。

OFFSET SETTING　用于切换至参数输入页面。按第一次进入坐标系设置页面，按第二次进入刀具补偿参数页面。进入不同的页面以后，按 PAGE 键进行切换。

SYSTEM　用于切换至系统参数页面。

MESSAGE　用于切换至信息页面，如报警页面。

CUSTOM GRAPH　用于切换至图形参数设置页面。

HELP　用于切换至系统帮助页面。

RESET　复位键。

4）翻页键（PAGE）

PAGE↑　用于向上翻页。　　　PAGE↓　用于向下翻页。

5）光标移动键（CURSOR）

↑　用于向上移动光标。　　　←　用于向左移动光标。

↓　用于向下移动光标。　　　→　用于向右移动光标。

6）输入键

INPUT　输入键　用于将输入域内的数据输入参数页面。

（2）机床操作面板

机床操作面板如图 7-12 所示，主要用于控制机床运行状态，由操作模式选择键、运行控制键等多个部分组成。

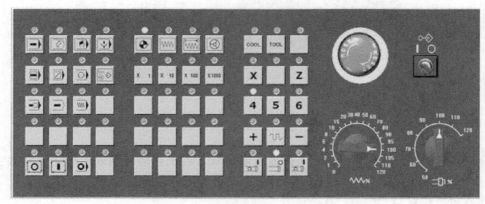

图 7-12　FANUC 0i（车床）面板

① 操作模式选择键。

AUTO：自动加工模式。

EDIT：编辑模式。

MDI：手动数据输入。

DNC：通过控制系统的 RS-232 接口连接 PC 机和数控机床，选择程序传输加工。

REF：回参考点。

JOG：在手动模式下，手动连续移动机床。

INC：增量进给。

HND：在手轮模式下移动机床。

② 控制键。

单步执行开关：每按一次程序，启动执行一条程序指令。

程序段跳读：在自动方式下按下此键，跳过程序段开头带有 "/" 符的程序。

程序停：在自动方式下，遇有 M01 程序停止。

手动示教。

程序重启动：由于刀具破损等原因自动停止后，程序可以从指定的程序段重新启动。

机床锁定开关：按下此键，机床各轴被锁住，只是程序在运行。

机床空运行：按下此键，各轴以固定的速度运动。

程序运行停止：在程序运行中，按下此键停止程序运行。

程序运行开始：模式选择键在 AUTO 和 MDI 位置时按下有效，其余时间按下无效。

M00 程序停止。

③ 机床主轴手动控制键。

手动主轴正转。

手动主轴反转。

手动停止主轴。

④ 手动移动机床各轴键。

⑤ 增量进给倍率选择键。

选择移动机床轴时，每一步的距离：×1 为 0.001mm，×10 为 0.01mm，×100 为 0.1mm，×1000 为 1mm。

⑥ 进给率（F）调节旋钮。

 用于调节数控程序运行中的进给速度，调节范围为 50%～120%。

⑦ 主轴转速倍率调节旋钮。

 用于调节主轴速度，速度调节范围为0~120%。

⑧ 冷却液开关。

cool 按下此键，冷却液开；再按一下，冷却液关。

⑨ 在刀库中选刀。

TOOL 按下此键，可在刀库中选刀。

⑩ 程序编辑锁定开关。

将 🔑 旋钮置于 〇 位置，可编辑或修改程序。

⑪ 紧急停止旋钮 🔴 。

7.2.2 手动操作方式

(1) 机床回零

① 检查操作面板上回原点指示灯 🔆 是否亮，若指示灯亮，则已进入回原点模式；若指示灯不亮，则按 ◈ 键转入回零模式。

② 在回原点模式下，先将 X 轴回原点，按操作面板上的 X 键，再按 + 键，此时 X 轴将回原点，X 轴回原点灯 变亮，CRT 上的 X 坐标变为 0.000。同样按 Z 轴方向移动键 Z ，使指示灯变亮，再按 + 键，此时 Z 轴将回原点。回原点灯变亮，即显示 X Z 。此时 CRT 上的坐标发生变化，显示出机床零点坐标值，如图 7-13 所示。

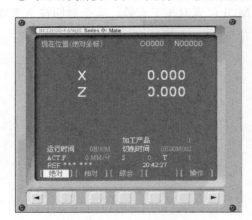

图 7-13　回零显示

(2) 手动/连续方式

① 按操作面板上的手动键，使 指示灯亮，机床进入手动模式，分别按 X 、 Z 键，选择移动的坐标轴，分别按 + 、 - 键，控制机床的移动方向。

② 按 键可控制主轴的转动或停止。

(3) 手动脉冲方式

① 在手动连续加工或对基准时，需要精确调节机床，可单步调节机床。

② 按操作面板上的手动脉冲键 或 钮，使 指示灯变亮。

③ 配合轴选择旋钮 X、Z 和步进量调节旋钮，单步调节机床。其中，X1 为 0.001mm，X10 为 0.01mm，X100 为 0.1mm，如图 7-14 所示。

④ 按 键可控制主轴的转动或停止。

图 7-14　手动脉冲方式

7.2.3　MDI方式（手动数据输入方式）

① 按操作面板上的 键，使其指示灯变亮，进入 MDI 模式。

② 在 MDI 键盘上按 PROG 键，进入编辑页面。

③ 输入数据指令：在输入键盘上按数字/字母键，第一次按键为字母输出，其后再按均为数字输出。可以做取消、插入、删除等修改操作。

④ 按数字/字母键输入字母"O"，再输入程序编号，但不能与已有程序的编号重复。

⑤ 输入程序后，用回车换行键 EOB/E 结束一行的输入后换行。

⑥ 按 PAGE PAGE 键翻页。按 ↑ ↓ ← → 键移动光标。

⑦ 按 CAN 键删除输入域中的数据；按 DELETE 键删除光标所在的代码。

⑧ 按 INSERT 键输入所编写的数据指令。MDI 编辑页面如图 7-15 所示。

⑨ 输入完整数据指令后，按运行控制键 ↑ 运行程序。运行结束后，MDI 编辑页面上的数据被清空，如图 7-16 所示。

⑩ 按 RESET 键清除输入的数据。

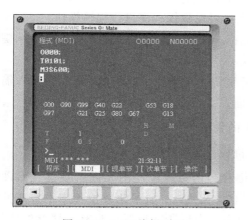

图 7-15　MDI 编辑页面

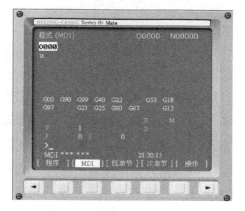

图 7-16　指令输入页面

7.2.4　编辑方式

(1) 数控程序管理

① 显示数控程序目录。按操作面板上的编辑键 ，编辑状态指示灯 变亮，此时已进入编辑状态。按 MDI 键盘上的 PROG 键进入 MDI 编辑页面。按 DIR 软键显示已有数控程序，如图 7-17 所示。

② 选择一个数控程序。按 MDI 键盘上的 PROG 键进入MDI 编辑页面。利用 MDI 键盘输入"O×"（×为数控程序目录中显示的程序号），按 ↓ 键开始搜索，搜索到后，在屏幕首行程序号位置显示"O××××"，在屏幕上显示 NC 程序。

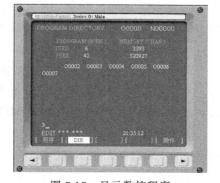

图 7-17　显示数控程序

③ 删除一个数控程序。在编辑状态下利用 MDI 键盘输入"O×"（×为要删除的数控程序

在目录中显示的程序号），按DELETE键，程序即被删除。

④ 新建一个 NC 程序。在编辑状态下按 MDI 键盘上的PROG键进入 MDI 编辑页面。利用 MDI 键盘输入"O×"（×为程序号，但不可与已有的程序号重复），按INSERT键，在 CRT 页面上显示一个空程序，可以通过 MDI 键盘输入程序。输入一段代码后，按INSERT键，在 CRT 界面上显示输入域中的内容，用回车换行键$^{EOB}_E$结束一行的输入后换行。

⑤ 删除全部数控程序。在编辑状态下按 MDI 键盘上的PROG键进入 MDI 编辑页面。利用 MDI 键盘输入"O-9999"，按DELETE键，全部数控程序即被删除。

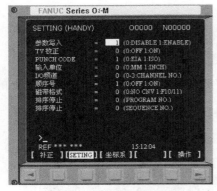

图 7-18　参数页面

⑥ 自动生成程序段号。按OFFSET SETTING键，按【【SETING】】软键，如图 7-18 所示，在参数页面顺序号中输入"1"，所编程序自动生成程序段号（如 N10、N20 等）。

(2) 编辑程序

① 按操作面板上的编辑键，编辑状态指示灯变亮，此时已进入编辑状态。按 MDI 键盘上的PROG键进入 MDI 编辑页面。选定一个数控程序后，此程序显示在 CRT 页面上，可对数控程序进行编辑操作。

② 移动光标。按$^↑_{PAGE}$ $^↓_{PAGE}$键翻页，按↑ ↓ ← →键移动光标。

③ 插入字符。先将光标移到所需位置，按 MDI 键盘上的数字/字母键，将代码输入输入域中，按INSERT键将输入域的内容插入光标所在代码后面。

④ 删除输入域中的数据。按CAN键删除输入域中的数据。

⑤ 删除字符。先将光标移到所要删除的字符的位置，按DELETE键删除光标所在的代码。

⑥ 查找。输入需要搜索的字母或代码，按 ↓ 键在当前数控程序中光标所在位置后搜索（代码可以是一个字母或一个完整的代码。例如 N0010、M 等）。如果此数控程序中有所搜索的代码，则光标停留在找到的代码处；如果此数控程序中光标所在位置后没有所搜索的代码，则光标停留在原处。也可按 ↑ 键向后搜索。

⑦ 替换。先将光标移到所需替换字符的位置，将替换后的字符通过 MDI 键盘输入到输入域中，按ALTER键把输入域的内容替代光标所在行的代码。

(3) 导入、导出数控程序

程序导入、导出是通过控制系统的 RS-232 接口把机床数据读出（如零件程序、系统参数等）并保存到外部设备中，同样也可以从外部设备把数据读入系统中。数控程序也可直接用 MDI 键盘输入。

① 导入数控程序（FANUC 0i 系统）。按操作面板上的编辑键，编辑状态指示灯变亮（钥匙应处于开启状态，即程序可编辑状态）。按 MDI 键盘上的PROG键进入 MDI 编辑页面。再按"操作"软键，在出现的下级子菜单中按 ▶软键，按 READ 软键，转入如图 7-19 所示页面。按 EXEC 软键，则数控程序被导入并显示在 CRT 页面上。注意：导入的数控程

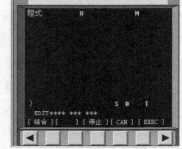

图 7-19　导入数控程序

序名不能是内存中已有的程序名。

② 导出数控程序。按操作面板上的编辑键 ，编辑状态指示灯 变亮，进入程序可编辑状态。按 MDI 键盘上的 **PROG** 键，再按"操作"软键，在出现的下级子菜单中按 ▶ 软键。输入需导出程序的程序名，按 PUNCH 软键，按 EXEC 软键导出数控程序。

③ DNC 边传边做（在线加工）。将钥匙处于关闭状态，即程序不可编辑状态。按远程执行键 ，按循环启动键 ，数控系统执行外部程序完成加工。

7.2.5 自动加工

① 自动/连续方式。

a. 将机床回零。

b. 选择数控程序或自行编写一程序。

c. 按操作面板上的自动运行键 ，使其指示灯 变亮，进入自动加工模式。

d. 按 中的 键，数控程序开始运行。

e. 数控程序在运行过程中可根据需要暂停、停止、急停和重新运行。

• 数控程序在运行时，按暂停键 ，程序暂停运行，再次按 键，程序从暂停行开始继续运行。

• 数控程序在运行时，按停止键 ，程序停止运行，再次按 键，程序从开头重新运行。

• 数控程序在运行时，按下急停按钮 ，数控程序中断运行，继续运行时，先将急停按钮松开，再按 键，余下的数控程序从中断行开始作为一个独立的程序执行。

f. 可以通过主轴转速倍率调节旋钮 和进给率调节旋钮 来调节主轴旋转的速度和移动的速度。

g. 若此时将控制面板上 键（空运行）按下，则表示此时是以 G00 速度进给。此模式可用来检查程序。按 **RESET** 键可将程序重置。

② 自动/单段方式。

a. 将机床回零。

b. 选择数控程序或自行编写一程序。

c. 按操作面板上的自动运行键 ，使其指示灯 变亮，进入自动加工模式。

d. 按操作面板上的单节键 ，运行程序时每次执行一条指令。

e. 按 键，数控程序开始运行。在自动/单段方式下，执行每一行程序时均需按一次 键。

③ 按单节跳过键 ，则程序运行时跳过符号"/"有效，该行成为注释行，不执行。

④ 按选择性停止键 ，则程序中 M01 有效。

⑤ 检查运行轨迹

按操作面板上的自动运行键，使其指示灯变亮，转入自动加工模式，按 MDI 键盘上的 **PROG** 键，按数字/字母键输入"O×"（×为所需要检查运行轨迹的数控程序号），按 ↓ 键开始搜索，找到后，在 CRT 界面上显示程序。按 ^{CUSTOM} 键进入检查运行轨迹模式，按操作面板上的循环
启动键 [↕]，即可观察数控程序的运行轨迹。

图 7-20　FANUC 0i-T（车床）

7.2.6　位置显示

按 ^{POS} 键切换到位置显示页面。位置显示有三
种方式，用 ^{PAGE}↓ 和 ↑_{PAGE} 键或者软键切换。

① 工件坐标系（绝对坐标系）位置：显示工件
坐标系中的当前刀具位置。

② 相对坐标系位置：在操作者设定的相对坐标
系中显示刀具的当前位置，即显示相对于前一位置
的坐标。

③ 综合显示：同时显示当前刀具在以下坐标系
中的位置，如图 7-20 所示。

绝对坐标系中的位置	ABSOLUTE
相对坐标系中的位置	RELATIVE
机床坐标系中的位置	MACHINE
当前运动指令的剩余移动量	DISTANCE TO GO

7.2.7　刀具补偿参数

（1）刀具偏置测量的直接输入

试切对刀可获得刀具在机床坐标系中的坐标值。

1）Z 轴偏置量的设定

① 在手动方式下，用一把实际刀具切削 A 面。假定工件坐标
系已经设定，如图 7-21 所示。

② 仅仅在 X 轴方向上退刀，不要移动 Z 轴，停止主轴。

③ 测量工件坐标系的零点至 A 面的距离 L，用下述方法将该
值设为指定刀号的 Z 向测量值。

按 ^{OFFSET}_{SETTING} 键和 █ 补正 █ 软键显示刀具补偿页面。如果几何补偿
值和磨损补偿值需分别设定，就显示与其相应的页面。图 7-22 所
示为 █ 形状 █（几何）补偿值页面。

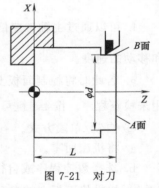

图 7-21　对刀

用 ↑_{PAGE} 和 ^{PAGE}↓ 键选择补偿参数编号。用 ↑ ↓ ← → 键选择补偿参数输入位置。按 Z 地址键
输入测量值（注意有正负号）L。按"测量"软键，则测量值 L 与编程的坐标值之间的差值作
为偏置量被设入指定的刀偏号。

2）X 轴偏置量的设定

① 在手动方式中切削 B 面。

② 仅仅在 Z 轴方向上退刀，不要移动 X 轴，停转主轴。

③ 测量 B 面的直径 d。

用与上述设定 Z 轴的相同方法将该测量值设为指定刀号的 X 向测量值。

④ 对所有使用的刀具重复以上步骤，则其刀偏值可自动计算并设定。

注：如果在刀具几何尺寸补偿页面设定测量值，则所有的补偿值变为几何尺寸补偿值，并

且所有的磨损补偿值均被设定为0。如果在刀具磨损补偿界面设定测量值，则所测得的补偿值和当前磨损补偿值之间的差值将成为新的补偿值。

（2）刀具偏置量的计数器输入

设置刀具偏置值可完成多把刀具对刀。

① 选择一把刀作为基准刀具，采用直接测量的方法获得基准刀具的偏置量并输入。

② 按 MDI 键盘上 pos 键和"相对"软键，进入相对坐标显示页面。

③ 将轴的相对坐标值复位为0。

a. 输入一个轴地址（如 X 或 Z），于是指定轴的地址闪烁，软键变化如图 7-23 所示。

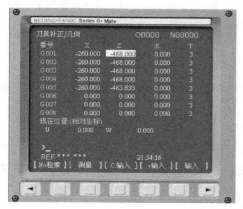

图 7-22　形状（几何）补偿值页面

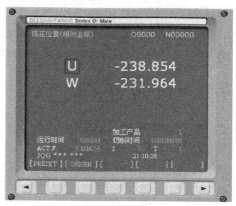

图 7-23　坐标设定

b. 欲将坐标值复位为0，按【 ORIGIN 】软键，闪烁轴的相对坐标复位为0。

c. 为了将坐标值预置为指定值，可输入一个值并按【 PRESET 】软键。闪烁轴的相对坐标则被设定为输入值。

④ 移动需要设定偏置量的刀具，使刀尖分别与基准刀切削过的表面接触。按下 X_U 或 Z_W 地址键和【 C 输入 】软键，则可设置好相应刀具的偏置量。

7.2.8　输入零点偏置数据

（1）零点偏置数据的直接输入

1）数据获得

① 使用基准刀具对刀后，测得试切后工件外圆 d 及编程原点到工件右端面距离 L 值，如图 7-24 所示。

② 将 CRT 上 X、Z（机床坐标系中坐标值）显示值分别减去 d、L 值后，输入零点偏置的 G54～G59 中相应的 X、Z 值处。

2）输入方法

① 按 OFFSET SETTING 键进入参数设定页面，按【 坐标系 】软键，如图 7-25 所示。

② 用 ↑PAGE↓ 键或 ↓ ↑ 键选择坐标系。

在输入域输入地址字（X/Z）和计算的数值。

③ 按【 输入 】软键或 INPUT 键，把输入域中间的内容输入指定的位置，如图 7-26 所示。

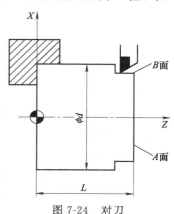

图 7-24　对刀

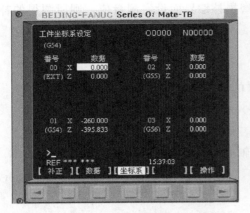

图7-25　FANUC 0i-T（车床）工件坐标系页面

图7-26　数据输入

注意：如果按 $\boxed{+输入}$ 软键，则输入的数值将和原有的数值自动相加以后输入指定的位置。

（2）零点偏置数据的测量输入

1）Z 轴偏置量的设定

① 在手动方式中，用一把实际刀具切削 A 面。假定工件坐标系已经设定，如图7-27所示。

② 仅仅在 X 轴方向上退刀，不要移动 Z 轴，停止主轴。

③ 测量工件坐标系的零点至 A 面的距离 L。

按 $\boxed{\text{OFFSET SETTING}}$ 键和 $\boxed{\text{坐标系}}$ 软键进入坐标系参数设定页面（图7-28），输入"0×"（01表示G54，02表示G55，以此类推），按"No检索"软键，光标停留在选定的坐标系参数设定区域，也可以用 ↑ ↓ ← → 键选择所需的坐标系和坐标轴。

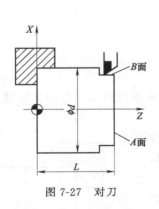

图7-27　对刀

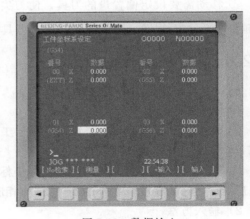

图7-28　数据输入

按 Z 地址键，输入测量值（注意有正负号）L。按"测量"软键，则测量值 L 与编程的坐标值之间的差值作为偏置量被设入指定的坐标系偏置值中。

2）X 轴偏置量的设定

① 在手动方式中切削 B 面。

② 仅仅在 Z 轴方向上退刀，不要移动 X 轴，停止主轴。

③ 测量 B 面的直径 d。

用与上述设定 Z 轴相同的方法将该测量值设为指定的坐标系偏置值 X 向测量值。

（3）G50 设定工作坐标系

指令格式：G50　X_a　Z_b；

G50　X_a　Z_b 设定工作坐标系，则在执行此程序段之前必须先进行对刀，通过调整机床，将刀尖放在程序所要求的起刀点位置 (a, b) 上，如图 7-29 所示。

① 返回机床原点，建立机床坐标系。

② 试切测量。

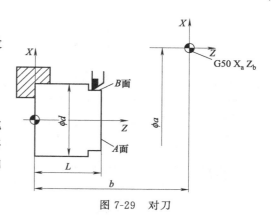

图 7-29　对刀

a. 用 MDI 方式操作机床时，先用基准刀将工件外圆试切一刀，Z 向退刀，记录 CRT 上显示的刀具在机床坐标中的 X 轴方向上的坐标值 X_t，并测量工件直径 d。

b. 用同样方式将工件右端面试切一刀，X 方向退刀，记录坐标值 Z_t，并测量试切端面至工件原点的距离尺寸 L 的长度。

③ 对刀。根据以上数值，手动使刀具移至 CRT 所显示的刀具在机床坐标系中的位置坐标值为 (X_t+a-D, Z_t+b-L) 的点为止。这样就实现了将刀尖放在程序所要求的起刀点位置 (a, b) 上。

注意：若工件原点在工件右端面上，则 Z 值为 Z_t+b。

④ 建立工作坐标系。若执行程序段 G50 X_a Z_b，则 CRT 将会立即变为显示当前刀尖在工作坐标系中的位置 (a, b)，数控系统用新建立的工作坐标系取代前面建立的机床坐标系。

7.3　数控车床操作（SIEMENS 系统）

7.3.1　系统操作

（1）车床操作面板

SIEMENS 802D 车床操作面板见图 7-30，其功能见表 7-2。

图 7-30　SIEMENS 802D 车床操作面板

表 7-2　SIEMENS 802D 操作面板功能

旋钮和按键	名　称	功　能　简　介
	紧急停止	紧急状态下（如危及人身、机床、刀具、工件时）按下此按钮，驱动系统断电，各类动作停止
	手动操作方式（JOG）	用于手动控制机床动作
	半自动运行操作方式（MDA）	通过一个或数个程序段控制机床动作
	自动运行操作方式（AUTO）	通过程序的自动运行来控制机床动作
	复位	按下此键，取消当前程序的运行；监视功能信息被清除（除了报警信号，电源开关、启动和报警确认）；通道转向复位状态
	单段	当此键被按下时，运行程序时每次执行一条数控指令
	循环保持	程序运行暂停，在程序运行过程中，按下此键后运行暂停。按  ◇ 键恢复运行
	运行开始	程序运行开始
	主轴正转	按下此键，主轴开始正转
	主轴停止	按下此键，主轴停止转动
	主轴反转	按下此键，主轴开始反转
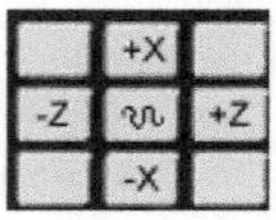	移动按钮	按下此键，坐标轴按按键指示方向运动，连续运动 ∿ 按键与相关按键配合可实现快速运动
	返回参考点	在 JOG 方式下，机床必须首先执行返回参考点操作，然后才可以运行
	主轴倍率	调节数控程序自动运行时的主轴速度倍率，调节范围为 50%～120%
	进给倍率	调节数控程序自动运行时的进给速度倍率，调节范围为 0%～120%

（2）系统控制面板

用操作键盘结合显示屏可以进行数控系统操作，如图 7-31 所示。

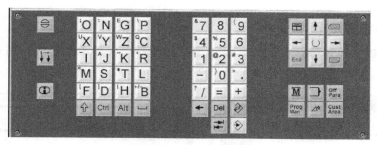

图 7-31　系统控制面板

数字/字母键用于输入数据到输入域，如图 7-32 所示。

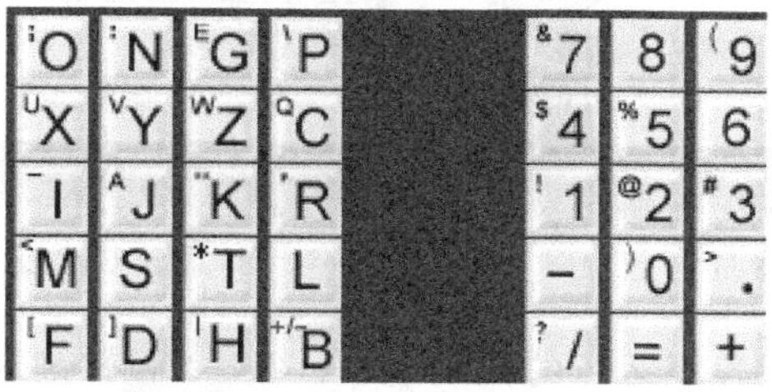

图 7-32　数字/字母键

图 7-31 所示各按键含义如下。

⊖	报警应答键	↕↕	通道转换键
ⓘ	信息键	⇧	上档键
Ctrl	控制键	Alt	ALT 键
⌴	空格键	←	删除键（退格键）
Del	删除键	⊘	插入键
⇄	制表键	⊗	回车/输入键
M	加工操作区域键	⌐	程序操作区域键
Off Para	参数操作区域键	Prog Man	程序管理操作区域键
⚠	报警/系统操作区域键	⊞	未使用
▭ ▯	翻页键	↑ ↓ ← →	光标键

0 9 数字键，上档键转换对应字符

J Z 字母键，上档键转换对应字符

○ 选择/转换键（当光标后有 U 时使用）

(3) 机床回零操作方式

系统启动之后，机床将自动处于回参考点模式。

在其他模式下，依次按下 和 键可进入回参考点模式，按顺序按 +X +Z 键，即可自动回到参考点。在回参考点页面中显示 ，则坐标已到达参考点。

机床回零页面状态见图 7-33。

(4) 自动加工操作方式

① 将机床回零。

② 选择一数控程序。

③ 设置运行程序时的控制参数。

按下控制面板上的自动方式键 →，若 CRT 当前界面为加工操作区，则系统显示出如图 7-34 所示的页面，否则仅在左上角显示当前操作模式（"自动"）而页面不变。

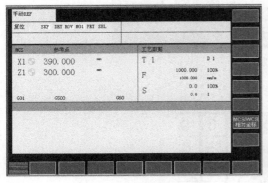

图 7-33　机床回零页面

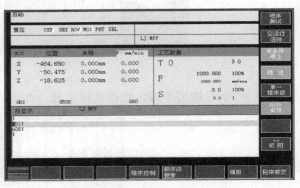

图 7-34　运行程序时的控制参数

"程序控制"软键可设置程序运行的控制选项。按 返回 软键返回前一页面。图 7-34 中竖排软键对应的状态说明如表 7-3 所示。

表 7-3　程序控制软键对应的状态说明

软键	显示	说　　明
程序测试	PRT	在程序测试方式下所有到进给轴和主轴的给定值被禁止输出,机床不动,但显示运行数据
空运行进给	DRY	进给轴以空运行设定数据中的设定参数运行,执行空运行进给时编程指令无效
有条件停止	M01	程序在执行到有 M01 指令的程序时停止运行
跳过	SKP	前面有斜线标志的程序在程序运行时跳过不予执行,如/N100G…
单一程序段	SBL	此功能生效时,零件程序按如下方式逐段运行:每个程序段逐段解码,在程序段结束时有一暂停,但在没有空运行进给的螺纹程序段时为一例外,只有在螺纹程序段运行结束后才会产生一暂停。单段功能只有处于程序复位状态时才可以选择
ROV 有效	ROV	按快速修调键,修调开关对于快速进给也生效

④ 在操作面板上按 → 键,进入自动加工模式。

⑤ 通过按 ◇、暂停 ▽ 键来控制程序的运行、停止,同时状态栏也随之变化。

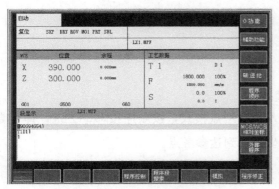

图 7-35　自动加工模式页面

⑥ 在自动加工时,如果按 ≈ 键切换机床进入手动模式,将出现 016913 ⊟ 警告框,此时按 ⊟ 键可取消警告,继续操作。

⑦ 也可以按 → 键进入单行执行状态,每按一次 ◇ 键,执行一行程序。

⑧ 按复位键 ⌇ 可使程序重置。

自动加工模式页面见图 7-35。

(5) 手动/连续加工操作方式

① 按 ≈ 键切换机床进入手动模式。

② 按 -X -Z +X +Z 键可向相应方向调节机床位置。

③ 连续按 ⊡ 键，在显示屏幕左上方显示增量的距离，包括 1INC、10INC、100INC、1000INC（1INC＝0.001mm），三轴以增量移动。

④ 按 键控制主轴的转动、停止。

（6）手动/单步加工操作方式

① 在手动/连续加工或对基准时，需精确调节机床，可采用单步方式。

② 连续按单步点动键 ⊡ ，可在点动距离 0.001mm、0.01mm、0.1mm、1mm 间切换，同样也是配合移动 X、Z 键来移动机床进行微调，使其达到要求的位置。

③ 按 手轮方式 键改变手轮移动的轴，摇动 ◯ 旋钮使机床移动。

④ 按机床主轴手动控制 键控制主轴的转动、停止。

⑤ 再次按 键可重新回到连续加工。手轮方式页面见图 7-36。

（7）MDA（手动数据输入）操作方式

① 切换操作面板，按 键进入 MDA 模式，进行程序编辑操作。

② 输入数控程序，按 ◇ 键执行程序。

③ 按"语句区放大"软键，显示已运行、正在运行和将要运行的程序。

④ 按复位键 可清除数据，MDA 模式页面见图 7-37。

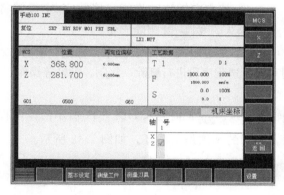

图 7-36 手轮方式页面

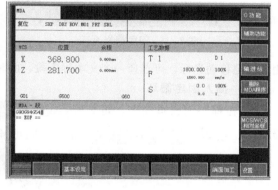

图 7-37 MDA 模式页面

7.3.2 数控程序处理

（1）程序管理

① 按程序管理键 PROGRAM MANAGER ，进入程序管理页面，见图 7-38。

② 按"程序"软键，按 键以及光标移动键找到需要的程序。可以对所选程序进行执行、打开、复制、删除、重命名等操作，或者新建一个程序。

（2）新建一个程序

① 在程序管理页面中，按"新程序"软键，弹出新程序对话框，输入程序名（以 2 个英文字母开头），按 ⟩ 键确定，如图 7-39 所示。

② 按"确认"软键接受输入，生成新程序文件，即可对新程序进行编辑。

③ 按"中断"软键结束程序的编制，这样才能返回程序目录管理层。

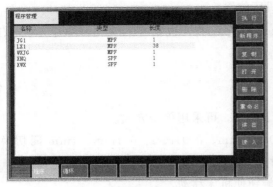

图 7-38　程序管理页面

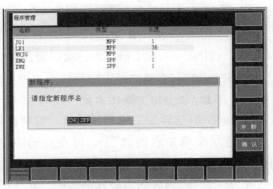

图 7-39　在程序管理页面中输入程序名

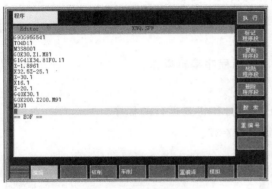

图 7-40　程序编辑页面

（3）编辑程序

① 在程序管理页面中，按 键找到要修改的程序，按"打开"软键进入程序编辑页面，对程序进行编辑和修改；在手动、自动或 MDA 状态下，按 键，也可进入当前已打开的程序，进行编辑和修改。程序编辑页面见图 7-40。

② 按方向键移动光标；按数字/字母键将数据输入；按 键删除字符。

③ 在编辑菜单中，按下"标记"软键，用方向键移动光标，可选择一个文本程序段，此时可对所选程序段进行删除、复制、粘贴等操作。

（4）插入固定循环

① 在程序编辑页面中，可看到 钻削 与 车削 软键，按 车削 软键进入如图 7-41 所示的车削程序页面，按 切削 螺纹 凹槽 退刀槽 软键，则可插入不同的车削加工循环，如图 7-42 所示。

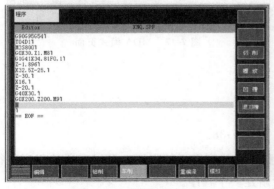

图 7-41　车削程序页面

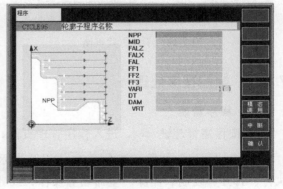

图 7-42　切削循环

② 在程序界面中按 钻削 软键进入如图 7-43 所示的钻削程序页面，按 钻中心孔 、 钻削沉孔 、

深孔钻 、 镗孔 、 攻丝 等软键（不同程序类型对应不同的软键），则可插入不同的钻削加工循环，如图 7-44 所示。

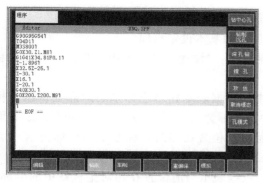

图 7-43 钻削程序页面

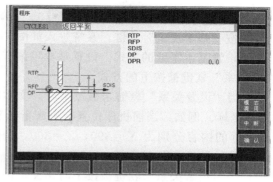

图 7-44 钻削循环页面

7.3.3 程序的输入和输出及轨迹查看

(1) 查看轨迹

① 用 →️ 键切换到自动加工状态，程序控制页面见图 7-45。

② 按 CRT 面板上的"程序控制"软键，按"程序测试"和"空运行进给"软键。

③ 选择一数控程序使之自动运行或在 MDA 下运行，按"模拟"软键，即可观察运行轨迹。

④ 通过暂停、执行命令控制程序的运行 ◇ 或停止 ◇ 。

⑤ 按复位键 ✓ ，可使程序重置。

(2) 程序导入、导出

程序导入、导出是通过控制系统的 RS-232 接口把机床数据读出（如零件程序、系统参数等）并保存到外部设备中，同样也可以从外部设备把数据读入系统中。当然 RS-232 接口必须与外部设备相匹配。

操作时按"PROGRAM MANAGER"软键打开"程序管理器"，进入 NC 程序主目录。按"读出"软键可读出存储零件程序，按"读入"软键可装载零件程序，按"启动"软键可启动输入、输出过程，按"全部文件"软键可选择所有的文件，按"停止"软键可终止操作。程序导入、导出页面如图 7-46 所示。

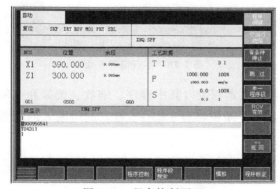

图 7-45 程序控制页面

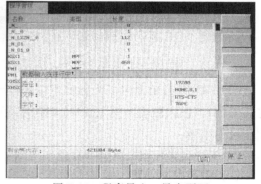

图 7-46 程序导入、导出页面

7.3.4 参数设置

(1) 零偏参数设置

1) 基本设定

在相对坐标系中设定临时参考点（相对坐标系的基本零偏），进入基本设定页面。

① 按 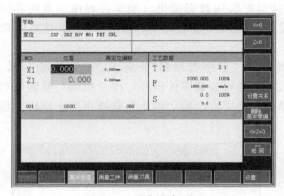 键切换到手动方式或按 键切换到 MDA 方式下。

② 按 "基本设定" 软键，系统进入如图 7-47 所示的基本设定页面。

③ 设置基本零偏的方式。设置基本零偏有两种方式："设置关系" 软键未被按下的方式和 "设置关系" 软键被按下的方式。

a. 当 "设置关系" 软键未被按下时，文本框中的数据表示相对坐标系的原点在机床坐标系中的坐标。例如：当前机床位置在机床坐标系中的坐标为 $X=390$，$Z=300$，基本设定界面中文本框的内容分别为 $X=390$，$Z=300$，则此时机床位置在相对坐标系中的坐标为 $X=0$，$Z=0$。

b. 当 "设置关系" 软键被按下时，文本框中的数据表示当前位置在相对坐标系中的坐标。例如：文本框中的数据为 $X=100$，$Z=100$，则此时机床位置在相对坐标系中的坐标为 $X=100$，$Z=100$。

④ 基本设定的操作方法：直接在文本框中输入数据，使用 X=0 Z=0 软键，将对应文本框中的数据设成零；使用 X=Z=0 软键，将所有文本框中的数据设成零；使用 删除基本零偏 软键，用机床坐标系原点来设置相对坐标系原点。

2）输入和修改零偏值

① 若当前不在参数操作区，按 MDI 键盘上的参数操作区域键 Off Para （即 OFFSET），切换到参数区。

② 若参数区显示的不是零偏页面，按 "零点偏移" 软键切换到零点偏移页面，如图 7-48 所示。

图 7-47　基本设定页面

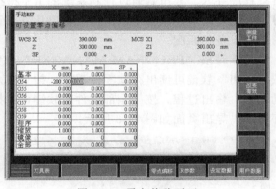

图 7-48　零点偏移页面

③ 使用 MDI 键盘上的光标键定位到修改的数据文本框上（其中程序、缩放、镜像和全部等为只读），输入数值，按 INPUT 键 或移动光标，系统将显示 改变有效 软键，此时输入的新数据还没有生效。

④ 按 "改变有效" 软键使新数据生效。

(2) 刀具参数设置

1）新建刀具

① 按 Off Para 软键（即 OFFSET）进入参数设置。

② 按 "刀具表" 软键进入刀具补偿，刀具补偿参数设置如图 7-49 所示。

③ 按 "新刀具" 软键，弹出如图 7-50 所示新刀具对话框。

④ 输入刀具号并按 "确认" 软键，进入刀具补偿设置，默认 D 号为 1。

图 7-49　刀具补偿参数设置

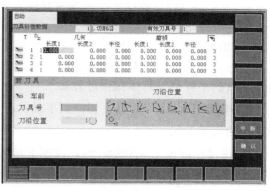

图 7-50　新刀具对话框

⑤ 设置刀沿数据，按上、下键将光标移到几何尺寸项上，输入刀具的长度、半径补偿参数，按  键确认，或通过对刀功能得出。对于一些特殊刀具，可以使用 **扩 展** 键输入参数。刀具补偿数据输入页面如图 7-51 所示。

2）新建刀沿

① 按 OFFSET 软键进入参数设置。

② 按"刀具补偿"软键进入刀具补偿。

③ 按"新刀沿"软键，弹出新刀沿对话框，显示当前刀号和刀型，不可输入。

图 7-51　刀具补偿数据输入页面

④ 按"确认"软键，进入刀具补偿设置，默认 D 号递增 1。

⑤ 设置刀沿数据，按上、下键将光标移到几何尺寸项上，输入刀具的长度、半径补偿参数，按 键确认，或通过对刀功能得出；按"复位刀沿"软键，可将当前刀沿数据归零。

3）移到相邻刀具/刀沿

进入参数刀具补偿页面。当新建一个以上的刀具时，按"T≫"软键，即可进入当前刀具的下一个刀具；按"≪T"软键，可进入当前刀具的上一个刀具。

当一个刀具有两个以上的刀沿时，同样按"≪D""D≫"软键，也可以在不同刀沿间切换。

4）搜索刀具

如果刀具号太多，选用"≪T 或"T≫"软键太慢，则用"搜索"软键直接选择所需的刀具。按"参数""刀具补偿""搜索"软键，弹出相应对话框，填好刀号后按"确认"软键，则进入"刀具补偿"页面，显示此刀具的各个参数值可作修改。

5）删除刀具

用"T≫"或"≪T""搜索"软键选择需要删除的刀具号，则此刀具为当前刀具。按"删除刀具"软键，当前刀具即被删除。其下一个刀具则自动变为当前刀具。继续按"删除"软键，可以连续删除刀具。

(3) 对刀

数控程序一般按工件坐标系编程，对刀过程就是建立工件坐标系与机床坐标系之间对应关系的过程。常见的是将工件右端面中心点设为工件坐标系原点。

SIEMENS 802D 提供了两种对刀方法：用测量工件方式对刀和使用长度偏移法对刀。下面分别进行介绍。

1）用测量工件方式对刀

此方式对刀是用所选的刀具试切零件的外圆和端面，测量后经过系统计算自动得到零件端面中心点的坐标值。具体操作过程如下。

① 按操作面板中 ﷯ 键，切换到手动状态，适当按 -x +X ， +z -z 键，使刀具移动到可切削零件的大致位置。

② 按操作面板上 ﷯ 或 ﷯ 键，控制主轴的转动。

③ 按 测量工件 软键，进入工件测量页面，如图 7-52 所示。

④ 按 ﷯ 键选择存储工件坐标原点的位置（可选 Base，G54，G55，G56，G57，G58，G59）。

⑤ 按 -z 键，用所选刀具试切工件外圆，按 +z 键，将刀具退至工件外部，按操作面板上的 ﷯ 键，使主轴停止转动。

⑥ 测量工件试切外圆处直径值 X2，将 X2 输入距离对应的文本框中，并按 ﷯ 键。

⑦ 按 计 算 软键可得工件坐标原点的 X 分量在机床坐标系中的坐标，见图 7-52。

⑧ 按 Z 软键继续测量工件坐标原点的 Z 分量，见图 7-53。

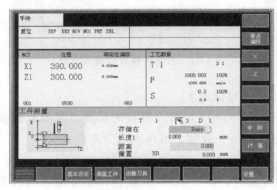

图 7-52　X 值对刀　　　　　　　　图 7-53　Z 值对刀

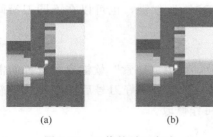

(a)　　　　　　(b)

图 7-54　Z 值的对刀方法

⑨ 按 +z 键，将刀具移动到如图 7-54（a）所示的位置，按操作面板上 ﷯ 或 ﷯ 键，控制主轴的转动。

⑩ 按 -x 键试切工件端面，如图 7-54（b）所示，然后按 +X 键将刀具退出工件外部；按操作面板上的 ﷯ 键使主轴停止转动。

⑪ 在 距离 0.000 文本框中输入"0"，并按 ﷯ 键。

⑫ 按 计 算 软键即可得到工件坐标原点的 Z 分量在机床坐标系中的坐标。至此，使用测量工件方式对刀的操作已经完成。

2）使用长度偏移法对刀

① 按 测量刀具 软键，切换到测量刀具页面，然后按 手动测量 软键进入刀具测量对话框；按操作

面板上的 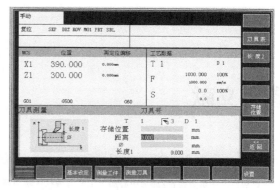 键进入手动状态。

② 试切零件外圆，并测量被切的外圆的直径。

③ 将所测得的直径值写入 ⌀ 后的文本框内，按 ⬦ 键，依次按 存储位置、设置长度1 软键，此时页面变为如图 7-55 所示，系统自动将刀具长度 1 记入"刀具表"。

图 7-55　刀具长度 1（X 向）测量页面

④ 试切工件端面。

⑤ 按 长度2 软键切换到测量 Z 的页面，如图 7-56 所示。在"Z0"后的文本框中输入"0"，按 ⬦ 键，再按 设置长度2 软键，完成 Z 方向上的刀具参数设置。

刀具表中的信息显示如图 7-57 所示，此时即用长度偏移法完成了一把刀的对刀。

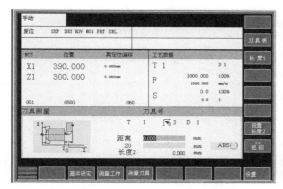

图 7-56　刀具长度 2（Z 向）测量页面

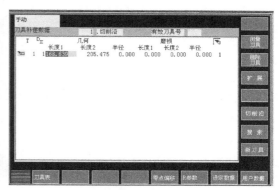

图 7-57　刀具参数设置

参考文献

[1] 翟瑞波. 图解数控铣/加工中心加工工艺与编程从新手到高手. 北京：化学工业出版社，2019.

[2] 翟瑞波. 数控车床编程与操作实例. 北京：机械工业出版社，2007.

[3] 翟瑞波. 数控加工工艺. 北京：机械工业出版社. 2012.